中等职业教育公共课系列教材



# 计算机应用基础实训指导

主　编　任旭光　钟雪莹
副主编　刘玉艳　孙莉娜　苏　莉
参　编　杨　葳　许　瑞　付艳君
主　审　韩　燕

中国轻工业出版社

**图书在版编目（CIP）数据**

计算机应用基础实训指导/任旭光，钟雪莹主编．—北京：中国轻工业出版社，2022.8
中等职业教育“十三五”规划教材
ISBN 978-7-5184-2505-1

Ⅰ.①计…　Ⅱ.①任…②钟…　Ⅲ.①电子计算机—中等专业学校—教材　Ⅳ.①TP3

中国版本图书馆 CIP 数据核字（2019）第 152290 号

责任编辑：崔丽娜　　责任终审：孟寿萱　　封面设计：锋尚设计
版式设计：王超男　　责任校对：吴大朋　　责任监印：张京华

出版发行：中国轻工业出版社（北京东长安街 6 号，邮编：100740）
印　　刷：三河市万龙印装有限公司
经　　销：各地新华书店
版　　次：2022 年 8 月第 1 版第 3 次印刷
开　　本：787×1092　1/16　印张：15
字　　数：350 千字
书　　号：ISBN 978-7-5184-2505-1　定价：38.00 元
邮购电话：010-65241695
发行电话：010-85119835　传真：85113293
网　　址：http://www.chlip.com.cn
Email：club@chlip.com.cn
如发现图书残缺请与我社邮购联系调换
221059J3C103ZBW

# 前　言　PREFACE

信息化是当今世界经济和社会发展的趋势，以计算机技术为代表的信息技术已经成为人类不可或缺的工具，具有越来越重要的地位。中等职业学校致力于培养未来的高素质劳动者和技能型人才，让学生掌握必备的计算机应用基础知识和基本技能，不仅可以提高学生应用计算机解决工作和生活中实际问题的能力，还可以为学生职业生涯发展和终身学习能力奠定坚实的基础。

**教材编写目标**

本教材是中等职业教育课程改革国家规划实训新教材，根据教育部最新颁布的“中等职业学校计算机应用基础教学大纲”内容进行编写，围绕计算机应用基础课程实训教学目标，提升学生的信息素养，增强学生的计算机文化意识，使学生了解和遵守相关法律法规、信息道德及信息安全准则，强调运用计算机技术获取、加工、表达与交流信息的能力。为学生通过学习后提高利用计算机解决学习、工作、生活中常见问题的能力，顺利通过计算机能力水平测试奠定基础。

**教材内容组成**

本教材以计算机基础知识、Windows 7 操作系统、Office 2010 办公软件（包括文字处理软件 Word 2010、电子表格软件 Excel 2010、演示文稿制作软件 PowerPoint 2010）、计算机网络与 Internet 应用、多媒体软件应用为主要内容，全书最后还附有各项目习题的参考答案，以及《计算机应用基础》综合能力测试模拟题十套，以便读者能够自我检测对相关知识的掌握程度，为学业质量监测做好综合能力提升。

**教材编写特点**

本教材从实用性和操作性出发，采用项目引导、实训任务驱动的模式，依据“教学大纲”中的教学内容将每一章的知识点归纳成多个实训主题，结合主题内容进行引导，强调实践操作能力的培养，使学生通过上机实操进而掌握计算机应用基础的知识与技能。本教材的项目、实训内容以及案例经过精心挑选和编排，从中体现计算机的典型应用，强调学生的动手操作和主动探究能力，在实践中学习和总结计算机的操作方法，指导教师在上机课教学中强化训练质量，使其成为教师在课堂教学中的得力助手。

**教材配套资源情况**

本教材配套资源有 PPT 课件、电子教案等。

本教材各章节学时安排建议见下表（仅供参考）。

| 项目 | 教学内容 | 学时 |
|---|---|---|
| 1 | 计算机基础知识 | 10 |
| 2 | Windows 7 操作系统 | 12 |
| 3 | 文字处理软件 Word 2010 | 20 |
| 4 | 电子表格软件 Excel 2010 | 20 |
| 5 | 演示文稿制作软件 PowerPoint 2010 | 8 |
| 6 | 计算机网络与 Internet 应用 | 12 |
| 7 | 多媒体软件应用 | 14 |
| | 机　动 | 12 |
| | 合　计 | 108 |
| 说明 | 建议使用配套教学资源 PPT 课件及电子教案 | |

本教材编者全部来自沈阳市装备制造工程学校，其中由任旭光、钟雪莹担任主编，刘玉艳、孙莉娜、苏莉担任副主编，杨葳、许瑞、付艳君担任参编。其中任旭光负责项目一、项目二的编写；钟雪莹负责项目三的编写；刘玉艳负责项目四、项目五的编写；孙莉娜负责项目六、课后习题及模拟题七、八的编写；苏莉负责项目七、课后习题及模拟题九、十的编写；杨葳负责项目三课后习题及模拟题三、四的编写；许瑞负责项目四、项目五课后习题及模拟题五、六的编写；付艳君负责项目一、项目二课后习题及模拟题一、二的编写。全书由任旭光、钟雪莹负责统稿。本教材在编写过程中引用了很多专家及学者的著作，在此一并表示感谢。

本教材在编写上遵循学习规律，注重内容在实际应用上的层次性和实用性，强化学生实际技能的训练和培养。每个项目末均附有课后习题，便于学生巩固和加深对知识点的理解和掌握，提高学生的实际应用能力。本教材既可作为中等职业学校各专业计算机应用基础课程的配套教材，也可作为上机实践教学用书。中等职业学校《计算机应用基础》综合能力测试模拟题共计十套，涵盖了职业技能水平测试所有内容，对于学生顺利通过计算机能力水平测试具有重要的参考价值。

由于计算机技术发展日新月异，教材内容需要不断更新，我们迫切希望使用本教材的广大教师和学生对教材中的问题提出批评和建议，以便能够进一步完善本教材，读者意见反馈邮箱：qxex@ 163. com。

编者

2019 年 5 月

# 目 录 | CONTENTS

项目一

# 计算机基础知识

## 实训一　计算机硬件组装

### 实训目的

掌握计算机硬件组装的过程。

### 实训内容

计算机硬件组装。

### 实训步骤

1. 准备计算机部件与安装工具

要组装一台完整的多媒体计算机，应先准备好计算机的各个部件和固定计算机部件使用到的十字螺丝刀、尖嘴钳和镊子等工具。

2. 硬件安装过程中的注意事项

①防止静电。 在安装之前用手触摸接地的导体或者洗手释放掉身上可能携带的静电。

②防止液体进入计算机内部，以免造成短路或器件损坏。

③检查各部件的说明书和驱动程序是否齐全，仔细阅读使用说明，明确它们的类型，以便正确安装。

④计算机各部件应做到轻拿轻放，切忌猛烈碰撞，尤其是硬盘。

⑤使用正确的安装方法，不可粗暴安装，因为计算机配件的很多插口都有防错插的防呆式设计，如果安装位置不到位，再加上用力过猛，就有可能导致配件的变形或折断。

⑥主板装进机箱前，先安装处理器和内存。

3. 硬件的安装

（1）安装电源

电源的一面通常有 4 个螺丝孔，安装电源时把这个有 4 个螺丝孔的一面对准机箱上的电源固定位，将 4 个螺丝孔对齐并拧上，然后依次按照对角方式拧紧 4 个螺丝，这样安装比较稳固。 如图 1-1 所示。

图 1-1　安装电源

（2）安装 CPU

把主板放好，并把主板 CPU 插座上的固定杆轻微地向外侧掰，在向外掰的同时把固定杆提起，此时 CPU 插座会发生轻微的位移，CPU 就可以插入了。 在插入之前，应该先找到 CPU 表面上的小三角标志，它和 CPU 插座上的小三角标志对齐后安装即可。 当 CPU 插入完成后，固定杆按照反方向重新归位，CPU 就安装完成了。 如图 1-2 所示。

（3）安装风扇

CPU 安装完成后，在 CPU 表面上均匀涂抹少许导热硅脂。 接着把风扇平稳地放置在主板固定支架内，并将扣具的小挂钩放在支架上的卡口内，用力压下扣具的另一头，使小挂钩滑入支架的另一个卡口内。 另一个扣具按照同样方法进行安装，始终保证风扇的平稳就可以完成。 如图 1-3 所示。

图 1-2　安装内存

图 1-3　安装风扇

（4）安装内存

在安装内存前，要把内存插槽两端的卡子向两侧掰开，然后把内存平行放到插槽中并向下用力压入，此时内存与插槽两端的卡子配合并稳定地插入插槽内，卡子也会相应地恢复到原位。 在安装内存时需要特别注意，内存金手指那一段有一个不对称的缺口，这个缺口刚好与内部插槽“凸起”部分相对应。 插入内存时一定要事先观察内存插槽，以免使用蛮力安装，造成内存的损坏。 如图 1-4 所示。

（5）安装主板

拆开机箱内部后面的对应挡片，将主板上的接口与机箱的镂空对齐，把主板放入机箱内部，有各种接口的那一面对应机箱后面的安装位。 首先倾斜地放入主板，然后将主板放平，主板上的固定螺丝孔要对应着机箱内部的螺丝柱，拧紧螺丝即可。安装主板时需要注意以下两点：一是螺丝的大小是否合适，有些机箱配置的螺丝大小不一，应该找到与主板最为合适的螺丝拧入；二是个别劣质机箱，螺丝的安装位与主板无法对应，无法拧紧时最好不要采取强硬措施，以免主板变形损坏。

（6）安装硬盘和光驱

普通主板上有两个 IDE 接口，每个接口可以连接两个 IDE 设备：硬盘和光驱。硬盘正面朝上、接口向外放入机箱架，拧紧螺丝固定。将光驱从机箱前面推入托架，用螺丝钉固定。

（7）安装显卡

当前主流显卡大多采用 PCI-E 接口设计，与主板上灰褐色的插槽相对应。安装显卡时，先把有金手指的那面插入，然后双手平行向下按下。

（8）连接机箱前面的按键和指示灯

几乎所有的机箱前面板都有电源键、重启键、电源指示灯等，要想正常工作就必须把机箱内部的连接线正确插接在主板上。

（9）连接数据线和电源线

数据线的一边为花边，连接硬盘与光驱时花边靠近电源接口。连接数据线时要注意：如果只有一个硬盘和光驱，最好将这两个设备都设置为主盘；如果有两个，需要把多出来的那个硬盘或光驱设置为从盘。

硬盘、光驱及它们与主板之间的数据线连接好之后，还要连接电源线。PC 电源通常具备多种接口的电源线，只有正确地连接之后才能够为电脑内的各个配件正常供电。通常将电源上的那个供电接口插入到主板上相对应的插座即可。

完成机箱内部安装后（见图 1-5），合上机箱后盖。

图 1-4 安装内存

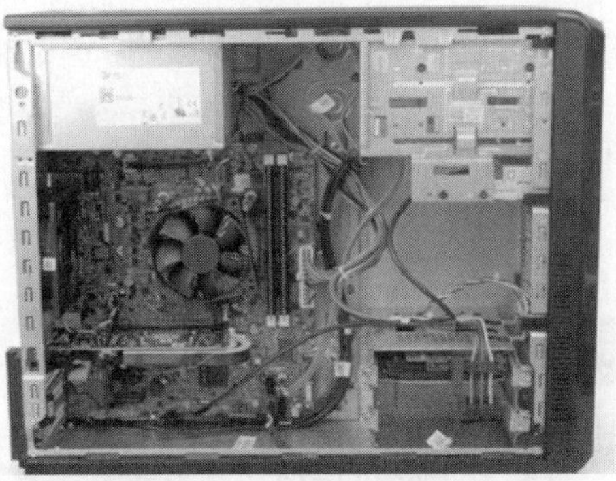

图 1-5 机箱内部结构图

4. 连接外部设备

机箱外面的接口可以连接显示器、键盘、鼠标、打印机、USB 设备、音响等。根据各个设备的接口类型在机箱后面（或前面）找到相应的接口连接即可。

5. 开机检测

安装完成后，应先进行全面检查:安装是否牢固，位置、接口、连线是否正确。 接电启动，如果机箱指示灯正常，报警系统没有异常，而且屏幕上正常显示启动信息就说明安装正确；否则需要对安装过程、各个部件进行检查，重新安装调试，直到正常启动。

## 实训练习

在教师的指导下练习组装计算机主机。

# 实训二 品牌机与组装机的识别

## 实训目的

掌握品牌机与组装机的识别。

## 实训内容

1. 组装机的识别。
2. 品牌机的识别。
3. 各种型号品牌机的识别。

## 实训步骤

1. 组装机的识别

(1)看主机机箱上的标示

组装机的主机箱上标示的是机箱的品牌。

如：组装机使用的是多彩的主机机箱，主机箱上有多彩的标志，如图 1-6 所示。

(2)看显示器上的标志

组装机的显示器使用的是各种品牌的显示器，其标志在显示器上都有标志。 如图 1-7 所示就是三星显示器和 LG 显示器的标志。

图 1-6　组装机机箱标志　　　　图 1-7　显示器品牌标志

(3)看其他设备

如键盘鼠标、音箱等有各自的品牌。

(4)确认其为组装机

综合以上各个指标进行最后的确认。

2. 品牌机的识别

(1)看主机机箱上的标示

品牌机的主机箱上标示的是其品牌。

如：联想的品牌机，如图 1-8 所示。其他品牌在主机上也有其标志，如图 1-9 所示。

图 1-8　联想品牌机主机箱上的标志

图 1-9　品牌机的标志

(2)看显示器上的标志

品牌机的显示器使用的是自己品牌的显示器，在显示器上都有标志。

(3)看其他设备

如键盘鼠标、音箱等均有其品牌标志。

(4)开机

打开主机，显示器首先显示的就是该品牌的标志。

(5)确认其为品牌机

综合以上各个指标进行最后的确认。

3. 品牌机型号的识别

将一台计算机确认为品牌机后，需要进一步确认是什么品牌的，其具体型号是什么，以便于将来计算机保修、维修的使用。

①关闭电源。

②翻转机箱，仔细观察机箱后面的铭牌，如图 1-10 所示。

③记录其铭牌和型号。

④登录品牌的官方网站，进一步确认。

图 1-10　品牌机的铭牌

## 实训练习

在教师的指导下练习品牌机与组装机的识别。

# 实训三　开机与键盘指法

## 实训目的

掌握正确的开机、关机方法，熟悉计算机键盘和鼠标的各种功能。

通过实践训练培养正确的操作姿势和指法习惯。

提高计算机键盘操作的速度和准确性，提高计算机使用效率。

## 实训内容

1. 计算机的启动方法。
2. 鼠标的操作方法。
3. 键盘的基本操作。
4. 打字的标准姿势和方法。

## 实训步骤

1. 计算机的启动方法

计算机的启动方法分为冷启动和热启动两种。

（1）冷启动

冷启动是指通过接电来启动计算机的方式。 其步骤为：先打开显示器电源开关，然后打开主机电源开关。

（2）热启动

热启动是指计算机已经开机，并进入 Windows 操作系统后，由于增加新的硬件设备和软件程序或修改系统参数后，系统需要重新启动。当发生软件故障使计算机不接受任何指令时，也需要热启动计算机。热启动计算机的步骤为：单击桌面上的“开始”按钮，选择“重新启动”命令。

（3）复位方式

在计算机使用过程中，由于用户操作不当、软件故障或病毒感染等多种原因，造成计算机“死机”或“计算机死锁”等故障时，可以用系统复位方式来重新启动计算机，即按机箱面板上的复位键（也就是 Reset 按钮）。如果系统复位还不能重新启动计算机，再用冷启动的方式启动。

（4）使用计算机时应该注意的问题

计算机开机后各种设备不要随意搬动，不要插拔各种接口卡，不要连接或断开主机和外部设备之间的电缆，这些操作都应该在断电的情况下进行。

2. 鼠标的操作方法

目前，鼠标在 Windows 操作系统环境是一个主要且常用的输入设备，目前常用的鼠标多为光电式。鼠标的基本操作有单击、双击、移动、拖动、与键盘组合等。

（1）单击

单击即快速按下鼠标按键，单击分为左击和右击两种。左击是选定鼠标指针所指向的所有内容，右击是打开鼠标指针所指内容的快捷菜单。一般情况下若未特殊指明，单击操作均指左击。

（2）双击

双击即快速单击鼠标左键两次。双击的作用是首先选定鼠标指针所指向的内容，然后执行一个默认的操作，与单击后再按 Enter 键的效果是一样的。若双击之后没有反应，说明两次单击的速度不够快。

（3）移动

移动即不按鼠标的任何键移动鼠标，此时屏幕上鼠标指针相应移动。

（4）拖动

拖动即鼠标指针指向某一对象或者某一点时，按住鼠标左键不放，同时移动鼠标至目的地时再松开鼠标左键，鼠标左键所指向的对象即被移动到一个新的地方。

（5）与键盘组合

有些功能仅仅使用鼠标不能完全实现，需要借助键盘上的某些按键组合。例如，与 Ctrl 键组合，可选定不连续的多个文件；与 Shift 键组合，选定的是单击的两个文件所形成的矩形区域之间的所有文件。

3. 键盘的基本操作

键盘作为计算机的标准输入设备，每个操作计算机的人都应熟练使用，并掌握准确的操作方法。

(1) 键盘布局

键盘分为主键盘区、功能键区、控制键区、数字键区和其他功能键区，如图 1-11 所示。

图 1-11 键盘布局

①主键盘区：是键盘中的主体部分，共有 61 个键位，其中包括 26 个字母键、10 个数字键、21 个符号键和 14 个控制键，用于输入数字、文字、符号等。

②功能键区：是键盘最上面的一排键位，其中包括取消键 Esc、特殊功能键 F1～F12 和屏幕打印键 Print Screen、滚动锁定键 Scroll Lock、暂停键 Pause Break.

③控制键区：位于主键盘区的右侧，主要用于对光标进行移动操作。

④数字键区：位于控制键区的右侧，主要用于输入数字以及加、减、乘、除等运算符号。 数字键适合处理大量数字的人员使用，如银行职员、收银员等。

⑤状态指示灯：在数字键区上方还有 Num Lock 数字键盘的锁定灯、Caps Lock 大写字母锁定灯和 Scroll Lock 滚屏锁定灯 3 个状态指示灯。

(2) 常用键的作用

键盘常用键的作用如表 1-1 所示。

表 1-1 键盘常用键的作用

| 按键 | 名称 | 作用 |
|---|---|---|
| Space | 空格键 | 按一下产生一个空格 |
| Backspace | 退格键 | 删除光标左边的字符 |
| Shift | 换挡键 | 同时按住 Shift 键和具有上下挡字符的键，输出上挡的字符 |
| Ctrl | 控制键 | 与其他键组合成特殊的控制键 |
| Alt | 控制键 | 与其他键组合成特殊的控制键 |
| Tab | 制表定位 | 按一次，光标向右移动 8 个字符位置 |
| Caps Lock | 大小写转换键 | Caps Lock 灯亮为大写状态，否则为小写状态 |
| Enter | 回车键 | 命令确认，且光标定位到下一行 |
| Insert | 插入覆盖转换键 | 插入状态是在光标左边插入字符，否则会覆盖当前字符 |
| Delete | 删除键 | 删除光标右边的字符 |

续表

| 按键 | 名称 | 作用 |
|---|---|---|
| Page Up | 向上翻页键 | 光标定位到上一页 |
| Page Down | 向下翻页键 | 光标定位到下一页 |
| Num Lock | 数字锁定转换键 | Num Lock 灯亮时小键盘数字键起作用,否则为下挡的光标定位键起作用 |
| Esc | 取消、退出键 | 中断、取消操作。比如,单击了某个菜单或调出了某个对话框,又不想做这个操作了,可以按一下该键取消 |

4. 打字的标准姿势和方法

（1）手指的键位分工

双手在键盘中的各个键位上的分工，遵循着各执其政、分工明确和互不帮助的原则。在准备操作键盘时，首先应将双手放在基准键位上。如图 1-12 所示的 A、S、D、F、J、K、L 和“;”这 8 个键称为基准键位，其中 F 键和 J 键称为定位键（键帽上有一个小横杠），其作用是定位左右食指，这样其余 3 指依次放下就能找到基准键位。

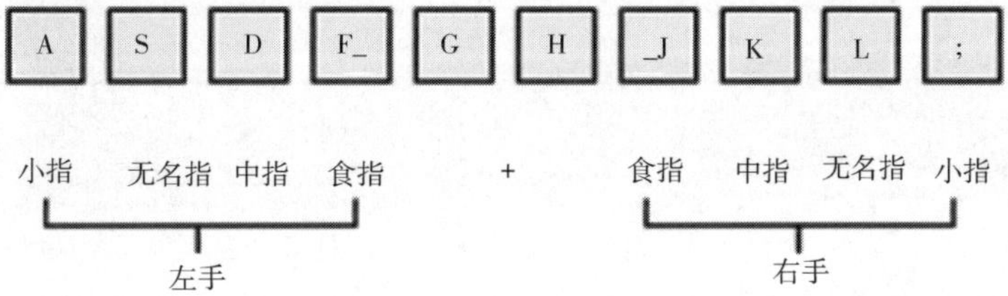


图 1-12　基准键位分布

每个手指除了指定的基准键外，还分有其他的键，称为范围键，如图 1-13 所示。

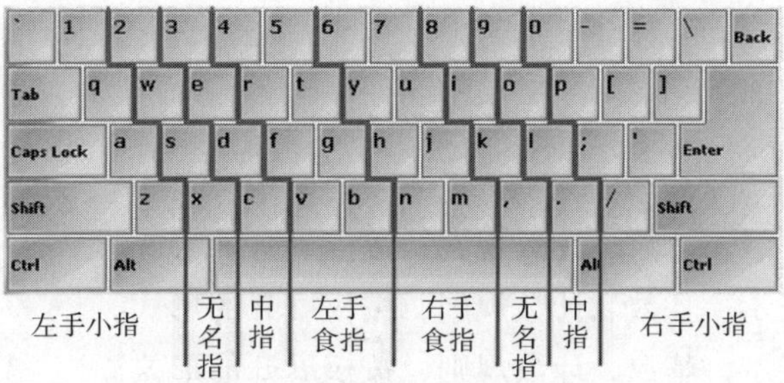


图 1-13　指法分区示意图

（2）键盘输入的正确姿势和要领

正确的打字姿势：平坐在椅子上，腰背要挺直，身体稍微向前倾斜，两脚自然地平放在地上；使用高度适当的工作台和椅子，便于手工操作；眼睛与显示器的距离一般为 30cm 左右；两肘轻贴身体两侧，手指轻放在基准键位上，手腕悬空平直；将文稿放在键盘的左侧，键盘稍向左放置，眼睛要看稿子，不要盯着键盘；身体其他部分不要接触工作台和键盘。

正确的击键方法：击键而不是按键，击键时力量要适中；手指的全部动作只限于手指部分，手腕要平直，手臂不动；手腕至手指呈弧状，指头的第一关节与键面垂直；击键时以指尖垂直向键位瞬间爆发冲击力，并立即由反弹力返回。击键要迅速、果断、不能拖拉犹豫，操作时要稳、准、快。击键用力部位是指关节，不要手腕用力，可以把指力和腕力结合使用。

### 实训练习

在教师指导下进入有关指法练习的软件，如使用金山打字通等相关指法练习软件进行指法练习。注意使用正确的指法。

## 实训四　计算机中的数制及相互转换

### 实训目的

掌握各种数制的表示。
掌握各种数制的基数和计数规则。
掌握各种数制按位权展开的形式。
掌握不同数制之间的相互转换。

### 实训内容

1. 十进制数的表示、基数、计数规则、按权展开的形式。
2. 二进制数的表示、基数、计数规则、按权展开的形式。
3. 八进制数的表示、基数、计数规则、按权展开的形式。
4. 十六进制数的表示、基数、计数规则、按权展开的形式。
5. 将二进制数、八进制数、十六进制数转换为十进制数。
6. 将十进制数转换为二进制数、八进制数、十六进制数。
7. 二进制数与八进制数的相互转换。
8. 二进制数与十六进制数的相互转换。

## 实训步骤

1. 十进制数（D）

十进制数用0、1、2、3、4、5、6、7、8、9十个数字表示大小不同的数。十进制数基数为10；计数规则是“逢十进一，借一当十”。它的权是以10为底的幂，按位权展开的形式是：$a_n \times 10^{n-1}+a_{n-1} \times 10^{n-2}+\cdots+a_1 \times 10^0+a_{-1} \times 10^{-1}+\cdots+a_{-m} \times 10^{-m}$。

例如，一个十进制数N=321.52可以写成：$N=3 \times 10^2+2 \times 10^1+1 \times 10^0+5 \times 10^{-1}+2 \times 10^{-2}$。

2. 二进制数（B）

二进制数用0和1两个数字表示大小不同的数。二进制数的基数为2；计数规则是“逢二进一，借一当二”。它的权是以2为底的幂，按位权展开的形式是：$a_n \times 2^{n-1}+a_{n-1} \times 2^{n-2}+\cdots+a_1 \times 2^0+a_{-1} \times 2^{-1}+\cdots+a_{-m} \times 2^{-m}$。

例如，一个二进制数$N=(101111.01)_2$可以写成：$N=1 \times 2^5+0 \times 2^4+1 \times 2^3+1 \times 2^2+1 \times 2^1+1 \times 2^0+0 \times 2^{-1}+1 \times 2^{-2}=(47.25)_{10}$。

3. 八进制数

八进制数用0、1、2、3、4、5、6、7八个数字来表示大小不同的数。八进制数的基数为8；计数规则是“逢八进一，借一当八”。它的权是以8为底的幂，按位权展开的形式是：$a_n \times 8^{n-1}+a_{n-1} \times 8^{n-2}+\cdots+a_1 \times 8^0+a_{-1} \times 8^{-1}+\cdots+a_{-m} \times 8^{-m}$。

例如，一个八进制数$N=(132.54)_8$可以写成：$N=1 \times 8^2+3 \times 8^1+2 \times 8^0+5 \times 8^{-1}+4 \times 8^{-2}=(90.6875)_{10}$。

4. 十六进制数

十六进制数用0、1、2、3、4、5、6、7、8、9、A、B、C、D、E、F十六个数字来表示大小不同的数，其中字母A、B、C、D、E、F分别表示10、11、12、13、14、15。十六进制数的基数为16；计数规则是“逢十六进一，借一当十六”。它的权是以16为底的幂，按位权展开的形式是：$a_n \times 16^{n-1}+a_{n-1} \times 16^{n-2}+\cdots+a_1 \times 16^0+a_{-1} \times 16^{-1}+\cdots+a_{-m} \times 16^{-m}$。

例如，一个十六进制数$N=(1EF.48)_{16}$可以写成：$N=1 \times 16^2+14 \times 16^1+15 \times 16^0+4 \times 16^{-1}+8 \times 16^{-2}=(495.28125)_{10}$。

5. 将二进制数、八进制数、十六进制数转换为十进制数

将任何一个二进制数、八进制数、十六进制数转换为十进制数，只需把各数位的值乘以该位位权，再按十进制数加法相加即可。

**【例1-1】**将二进制数1100101.01转换为十进制数。

$(1100101.01)_2=1 \times 2^6+1 \times 2^5+0 \times 2^4+0 \times 2^3+1 \times 2^2+0 \times 2^1+1 \times 2^0+0 \times 2^{-1}+1 \times 2^{-2}=64+32+4+1+0.25=101.25$

**【例1-2】**将八进制数1302.4转换为十进制数。

$(1302.4)_8=1 \times 8^3+3 \times 8^2+0 \times 8^1+2 \times 8^0+4 \times 8^{-1}=512+192+0+2+0.5=706.5$

【例 1-3】将十六进制数 2AD. C 转换为十进制数。

$(2AD.C)_{16}=2\times16^2+10\times16^1+13\times16^0+12\times16^{-1}=512+160+13+0.75=685.75$

6. 将十进制数转换为二进制数、八进制数、十六进制数

整数部分采用“除基取余倒读”法，小数部分采用“乘基取整顺读”法，再把两部分组合起来，就可以得到对应的结果。

【例 1-4】将十进制数 75. 375 转换为二进制数和八进制数。

（1）转换为二进制数

分析：将整数部分转换为二进制数，应采用除 2 取余倒读法。

将小数部分转换为二进制数，应采用乘 2 取整顺读法。

```
       0.375
    ×      2        所取整数
    ----------
       0.750           …… 0     最高位
    ×      2
    ----------
1.500  …… 1
    ----------
       0.5
    ×  2
    ----------
       1.0             …… 1     最低位
```

所得结果为：$(75.375)_{10}=(1001011.011)_2$

（2）转换为八进制数

整数部分转换为八进制数：

小数部分转换为八进制数：

```
       0.375
    ×      8        所取整数
    ----------
       3.000        ………… 3
```

所得结果为：$(75.375)_{10}=(113.3)_8$

依此类推，可以将 75. 375 转换为十六进制数。

7. 二进制数与八进制数的相互转换

（1）二进制数转换为八进制数

以小数点为中心，分别向左、右每三位划分成一组。 不足三位的分别向高位或低位以 0 补足，每组分别转换为对应的一位八进制数，最后将这些数字从左到右连接起来即可。

（2）八进制数转换为二进制数

将每一位八进制数转换成对应的三位二进制数，不足三位分别向高位以 0 补足，再将这些二进制数从左至右连接起来即可。

【例 1-5】将二进制数 11010110. 1001 转换为八进制数，将八进制数 326. 44 转换为二进制数。

| | | | | | | | | | | | | | |
|---|---|---|---|---|---|---|---|---|---|---|---|---|---|
| 011 | 010 | 110 | . | 100 | 100 | | 3 | 2 | 6 | . | 4 | 4 | |
| 3 | 2 | 6 | . | 4 | 4 | | 011 | 010 | 110 | . | 100 | 100 | |

$(11010110.1001)_2=(326.44)_8$　　$(326.44)_8=(11010110.1001)_2$

8. 二进制数与十六进制数的相互转换

（1）二进制数转换为十六进制数

以小数点为中心，分别向左、右每四位划分成一组。不足四的分别向高位或低位以0补足，每组分别转换为对应的一位十六进制数，最后将这些数字从左到右连接起来即可。

（2）十六进制数转换为二进制数

将每一位十六进制数转换成对应的四位二进制数，不足四位分别向高位以0补足，再将这些二进制数从左至右连接起来即可。

【例1-6】将二进制数11011010101.101011转换为十六进制数，将十六进制数6D5.AC转换为二进制数。

| | | | | | | | | | | | |
|---|---|---|---|---|---|---|---|---|---|---|---|
| 0110 | 1101 | 0101 | . | 1010 | 1100 | 6 | D | 5 | . | A | C |
| 6 | D | 5 | | A | C | 0110 | 1101 | 0101 | . | 1010 | 1100 |

$(11011010101.101011)_2=(6D5.AC)_{16}$　　$(6D5.AC)_{16}=(11011010101.101011)_2$

注意：在转换过程中一定要补充前后0。

## 实训练习

练习将二进制数11111110转换成十进制，将二进制数11101111转换成八进制数，将二进制数11111011转换成十六进制数，将十六进制数$(8BC.AC)_{16}$转换成二进制数。

# 实训五　计算机中的数据单位

## 实训目的

掌握计算机中数据单位的表示方法。

## 实训内容

1. 了解计算机中的数据单位：位、字节、字、字长的概念。

2. 了解各种数据单位的换算关系。

## 实训步骤

1. 位（bit）

位是计算机中数据存储的最小单位，表示一位二进制信息，可存放一个 0 或 1，通常称为比特，简称为“b”。

2. 字节（Byte）

字节是计算机中数据存储的基本单位，规定 8 位二进制位组成一个字节（Byte），简称为 B，即 1B = 8bit。一个汉字占用两个字节。

除了字节外，人们也常用千字节（KB）、兆字节（MB）、千兆字节（GB）和兆兆字节（TB）作为度量单位，它们的换算关系是：

1KB = 1024B 1MB = 1024KB 1GB = 1024MB 1TB = 1024GB

随着“大数据”时代的到来，PB、EB、ZB 等数据单位也相继出现。

3. 字（Word）

由若干字节组成，是信息处理的单位。计算机处理数据时，处理器通过数据总线一次存取、加工、传送的数据称为字。一个字通常由一个字节或若干个字节组成。字是计算机信息交换、处理和存储的基本单元。

4. 字长

字长是处理器能同时处理的二进制数据的位数。它直接关系到计算机的精度、功能和速度，是衡量计算机性能的一个重要指标。字长越长，精度越高，计算机的处理能力就越强。常见的微机字长有 8 位、16 位和 32 位。

# 实训六 计算机病毒

## 实训目的

正确认识计算机病毒，并能进行预防、检测和查杀操作。

## 实训内容

1. 了解计算机病毒的概念、特点和传播方式。
2. 有效地预防、检测和杀毒。

## 实训步骤

1. 计算机病毒的概念

计算机病毒是指编制或在计算机程序中插入的破坏计算机功能或毁坏数据，影响计算机使用，并能自我复制的一组计算机指令或程序代码。

2. 计算机病毒的特点

计算机病毒的特点包括寄生性、潜伏性、隐蔽性、破坏性、传染性和顽固性。

3. 计算机病毒的传播方式

计算机病毒必须通过某种方式进入到计算机内部才能工作，所以要想杜绝计算机病毒，首先应该了解计算机病毒的传播方式。早期，计算机病毒是通过磁盘、光盘、U 盘等文件载体进行传播，目前计算机病毒主要通过网络传播，主要包括以下 3 种传播途径：

（1）通过文件交换进行传播

如通过 U 盘、光盘等媒体文件进行文件交换的时候，容易将其携带的病毒进行传播。

（2）通过访问网页文件以及网络文件下载传播

当人们通过网络进行无纸化办公、网上娱乐、网上购物、网络交际、资源共享的同时，如果不加注意，随意打开一些站点链接或者进入不知名的一些站点，在浏览网页的同时，将病毒传播到本地计算机。一些计算机病毒开发者针对网络用户文件下载浏览的需要，将病毒封装隐藏在文件之中，当用户下载含有计算机病毒的文件，并将文件打开后，捆绑在其中的计算机病毒程序代码就被执行。

（3）通过即时通信及电子邮件附件传播

当用户使用网络即时通信如 QQ、微信等软件的同时，部分病毒可以通过其他途径进行传播，电子邮件由于可以携带附件，从而病毒就会跟随发送的文件通过电子邮件进行传播。

4. 计算机病毒的预防

从病毒的传播途径来看，加强使用人员的安全意识、限制对一些网络站点的访问以及安装必要的防病毒软件、定期检查本地计算机安全信息是非常重要的安全途径。其中，安装杀毒软件并定期更新病毒库也是预防病毒的有效措施。

在使用计算机时，应该建立如下机制来防范计算机病毒。

（1）建立有效的病毒防护机制

用户应给计算机建立起有效的病毒防护机制，如安装防火墙、杀毒软件等，当防火墙和杀毒软件处于正常工作状态时，如果用户在网络应用中下载带有病毒的文件，打开了含有病毒代码的网页，受到了来自黑客的攻击，防火墙和杀毒软件都会立即发生作用，对病毒文件进行查杀，对黑客攻击进行拦截，对病毒代码的执行进行阻止，以保护计算机系统的安全。

（2）注意培养良好的使用习惯

对来自于即时通信软件、网站、电子邮件等携带的网络链接地址或者附件，不要轻易打开和访问。

（3）加强对系统补丁的巩固，保持系统更新

计算机中的各类软件，如操作系统、杀毒软件、防火墙软件有可能会存在缺陷，一旦这些缺陷被病毒制造者所利用，病毒将如入无人之境般畅通无阻地进入用户计算机系统中。 在使用计算机时，一定要随时注意对操作系统、杀毒软件、防火墙以及应用软件进行升级，安装补丁，弥补各种程序漏洞。

（4）做好数据加密和重要数据的备份工作

很多计算机病毒攻击的最终目标是对计算机的数据进行窃取和破坏，通过对计算机数据的加密，保证用户数据即便丢失也不会被攻击者轻易获得真实信息，对一些重要数据要定期备份，这样即便计算机系统感染了病毒，重要数据被泄露或者破坏，也可以将损失降到最低。

5. 常见杀毒软件

目前，大部分的杀毒软件已经开始免费，主要的品牌有：360 杀毒软件、卡巴斯基、江民、瑞星、金山毒霸等。

# 实训七　360 杀毒软件设置

## 实训目的

掌握 360 杀毒软件和 360 安全卫士软件的设置方法，会使用杀毒软件进行日常杀毒工作。

## 实训内容

1. 认识 360 杀毒软件。
2. 认识 360 安全卫士软件。

## 实训步骤

1. 认识 360 杀毒软件

（1）运行程序

在桌面任务栏右边找到一个浅绿色盾牌的图标，双击该图标运行 360 杀毒软件，如图 1-14 所示。

（2）练习使用 360 杀毒软件进行病毒扫描和查杀

该软件具有实时病毒防护和手动扫描功能，为系统提供全面的安全防护。实时防护功能在文件被访问时对文件进行扫描，及时拦截活动的病毒。在发现病毒时会通过提示窗口警告用户。手动扫描是用户自行选择的扫描方式，可以选择全盘扫描也可以选择快速扫描，还可以选择自定义扫描。

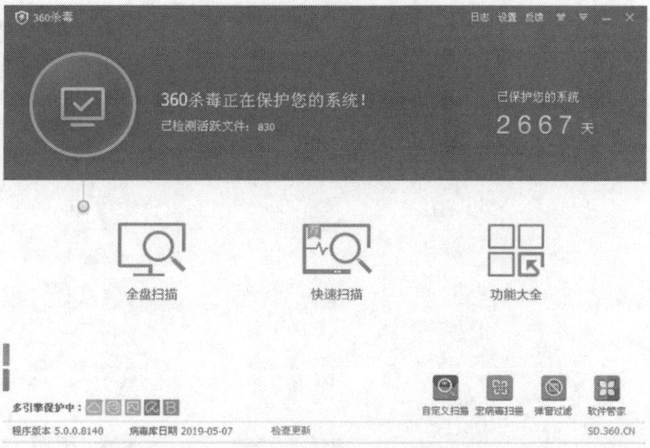


图 1-14　360 杀毒软件基本界面

2. 认识 360 安全卫士软件

计算机杀毒软件主要作用虽然是杀毒，但是计算机的安全问题不仅仅是病毒问题，还包括很多功能需要其他软件来完成，此类软件也很多。360 安全卫士就是其中一款功能强、效果好、受用户欢迎的上网安全软件。该软件拥有查杀木马、清理插件、修复漏洞、电脑体检、保护隐私等多种功能，并独创了“木马防火墙”功能，依靠抢先侦测和云端鉴别，这样就可以拦截各类木马，保护用户的账号以及其他隐私等重要信息，并可以修复常见的上网设置、系统设置，对系统中的垃圾如插件、痕迹、注册表垃圾等进行清理，自动对系统进行优化加速处理，并提供系统自动修复等功能，可以说功能是非常全面的。

（1）软件安装

安装完该软件后，每次开机该软件将自动启动，进入主界面后，建议对系统做一次全面体检。全面体检对系统主要安全问题进行逐一检测，发现问题后，可以选择进行修复和处理。360 安全卫士界面如图 1-15 所示。

图 1-15　360 安全卫士界面

（2）功能了解

除了主界面所提到的功能，360 安全卫士还提供其他诸多安全功能，如图 1-16 所示。

图 1-16　360 安全卫士提供的其他安全功能

（3）木马查杀界面

木马查杀是奇虎在安全卫士中的功能，能查杀出目前网络上流行的绝大部分木马。单击“常用”选项，然后单击“木马查杀”出现如图 1-17 所示的界面。 第一次运行的时候，建议“扫描方式”选择“全盘扫描”，全面检查系统中是否存在木马，然后单击“开始扫描”。 接着出现扫描窗口，如图 1-18 和图 1-19 所示，扫描结果和查杀报告将显示在界面下方的列表中。

图 1-17　木马查杀扫描界面

（4）电脑清理垃圾、插件和痕迹

单击“常用”选项，打开“常用”窗口，在选项栏上单击“电脑清理”，然后单击“全面清理”，如图 1-20 所示。 等待扫描结束后出现如图 1-21 所示的界面，进行垃圾、插件、痕迹的清理，释放更多的空间。 检索完成后，单击“一键清理”按钮即可将不需要的垃圾、插件清除掉，如图 1-22 所示。

图 1-18　扫描结果

图 1-19　查杀报告

图 1-20　“全面清理”界面

图 1-21 “一键清理”界面

图 1-22 清理垃圾、插件、痕迹报告结果

（5）系统修复

单击“系统修复”按钮，360 卫士自动切换到系统修复模块，等待片刻后扫描出系统中的可疑位置，如图 1-23 所示。点击“全面修复”按钮，出现如图 1-24 所示的“完成修复”界面。修复结束后，不但显示了扫描结果的详细结果，还在左边诊断结果中进行分类，便于用户分类查看，如图 1-25 所示。

（6）优化加速

单击“优化加速”按钮，360 卫士自动切换到优化加速模块，如图 1-26 所示。单击“全面加速”按钮，扫描可优化项，给出优化项提示，如图 1-27 所示。点击“立即优化”按钮进行优化处理，结束后会将优化结果以报告的形式进行展示，如图 1-28 所示。

图 1-23　“系统修复”界面

图 1-24　“完成修复”界面

图 1-25　系统修复诊断结果

图 1-26 “优化加速”界面

图 1-27 “立即优化”界面

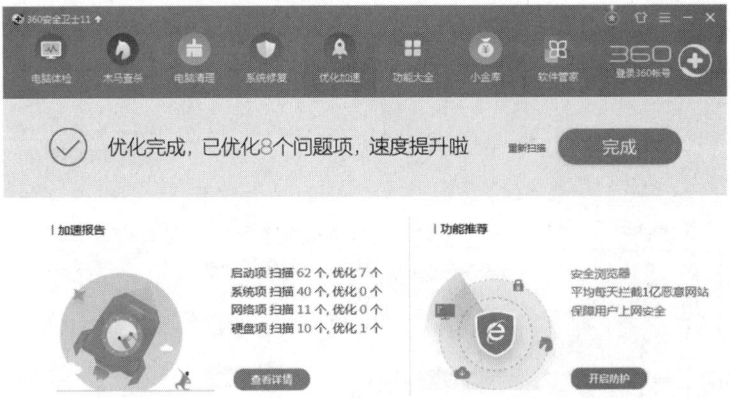


图 1-28 “优化结果”显示报告

## 实训练习

1. 练习开启网络防火墙的功能。
2. 利用 360 杀毒软件进行杀毒，如果发现有病毒，则将其删除。

## 习 题

### 一、选择题

1. CPU 是计算机硬件系统的核心，它是由(　　)组成的。

A. 运算器和存储器　　B. 控制器和存储器

C. 运算器和控制器　　D. 加法器和乘法器

2. 计算机最初的功能是(　　)。

A. 数据处理　　B. 过程控制　　C. 辅助制造　　D. 科学计算

3. 当前的计算机一般被认为是第四代计算机，它所采用的逻辑元件是(　　)。

A. 集成电路　　B. 晶体管

C. 电子管　　D. 大规模集成电路

4. 某计算机主机箱上有如图 1-29 所示的标志，该机是(　　)。

A. 组装机　　B. 品牌机

C. 大型机　　D. 以上都不对

图 1-29　计算机主机机箱标志

5. 某计算机主机箱上有如图 1-30 所示的标志，该机是(　　)。

A. 组装机　　B. 品牌机

C. 大型机　　D. 以上都不对

图 1-30　计算机主机机箱标志

6. 计算机之所以应用范围广，自动化程度高，是由于计算机(　　)。

A. 内部采用二进制存储数据　　B. 采用程序控制工作方式

C. 运算器速度快　　D. 价格便宜，设计先进

7. 下面关于显示器的叙述，正确的是(　　)。

A. 显示器是输入设备　　B. 显示器是输出设备

C. 显示器是输入/输出设备　　D. 显示器是存储器

8. PC 机上通过键盘输入一段文章时，该段文章首先存放在主机的(　　)中，如果希望将这段文章长期保存，应以(　　)形式存储于(　　)中。

A. 内存、文件、外存　　B. 外存、数据、内存

C. 内存、字符、外存　　D. 键盘、文字、打印机

9. 计算机的存储系统通常包括(　　)。

A. 内存储器和外存储器　　B. 软盘和硬盘

C. 内存和硬盘　　D. ROM 和 RAM

10. 人们根据自己的需要，预先为计算机编制的指令序列称为(　　)。

A. 软件　　B. 程序　　C. 语言　　D. 文件

11. 计算机硬件能直接识别和执行的程序设计语言是(　　)。

A. 汇编语言　　B. 机器语言　　C. 符号语言　　D. 高级语言

12. 在存储一个汉字内码的两个字节中，每个字节的最高位是(　　)。

A. 1 和 1　　B. 1 和 0　　C. 0 和 1　　D. 0 和 0

13. 信息安全的特征不包括(　　)。

A. 持续性　　B. 保密性　　C. 完整性　　D. 可用性

14. 网上“黑客”是指(　　)的人。

A. 匿名上网　　B. 总在晚上上网

C. 不花钱上网　　D. 在网上私闯他人计算机系统

15. (　　)是信息安全技术中最核心的。

A. 加密技术　　B. 防火墙　　C. 数字签名　　D. 防病毒

16. 计算机病毒是可以造成计算机故障的(　　)。

A. 一种微生物　　B. 一段有破坏性的程序代码

C. 一块特殊芯片　　D. 一个程序逻辑错误

17. (　　)不属于计算机病毒特征。

A. 潜伏性　　B. 传染性　　C. 激发性　　D. 免疫性

18. 计算机病毒造成的危害是(　　)。

A. 破坏计算机系统　　B. 损坏计算机芯片

C. 使计算机电源短路　　D. 使计算机内存断裂

19. (　　)将自身植入被感染程序中，并替代主程序中不常用的功能模块，较难消除。

A. 源码型病毒　　B. 外壳型病毒　　C. 嵌入式病毒　　D. 操作系统型病毒

20. (　　)不属于计算机感染病毒的可能途径。

A. 打开来历不明的邮件　　B. 计算机机箱内不清洁

C. 运行网站上下载的软件　　D. 使用多人共用的 U 盘

二、判断题

1. 计算机主频越高，计算机速度越快。　　(　　)

2. 段落的标记是在输入 Shift+Enter 之后产生的。　　(　　)

3. 摄像头是一种输入设备。　　(　　)

4. 计算机显示器只能显示字符，不能显示图形。　　(　　)

5. 计算机病毒是一种以危害计算机系统为目的的计算机程序。　　(　　)

项目二

# Windows 7 操作系统

## 实训一　Windows 7 的基本操作

### 实训目的

掌握 Windows 7 的基本操作。

### 实训内容

1. Windows 7 的启动与退出。
2. Windows 7 桌面图标的排列与显示。
3. 任务栏的属性设置。
4. 窗口和对话框的基本操作。
5. 小工具的设置。

### 实训步骤

1. Windows 7 的启动与退出

（1）Windows 7 的启动

先打开显示器等外设的电源开关，再打开主机开关，计算机在完成自检后自动启动 Windows 7，进入 Windows 7 桌面，如图 2-1 所示。

（2）Windows 7 的退出

退出 Windows 7 之前，首先关闭所有打开的窗口。单击“开始”按钮打开“开始”菜单，如图 2-2 所示，单击“关机”按钮，即可退出 Windows 7 操作系统。之后，关闭主机和显示器电源。

若单击“关机”右侧的三角按钮，可以弹出更详细的命令，如图 2-3 所示。选择“注销”或“切换用户”选项，可以在不关闭计算机的情况下让其他用户使用该计算机；选择“睡眠”选项，计算机将处于低功耗状态，显示器和硬盘自动关闭，需要继续使用计算机时只需移动一下鼠标，即可使系统恢复到用户登录状态；选择“重新启动”选项，将关闭计算机并重新启动。

图 2-1　Windows 7 桌面

图 2-2　关闭 Windows 7 操作系统

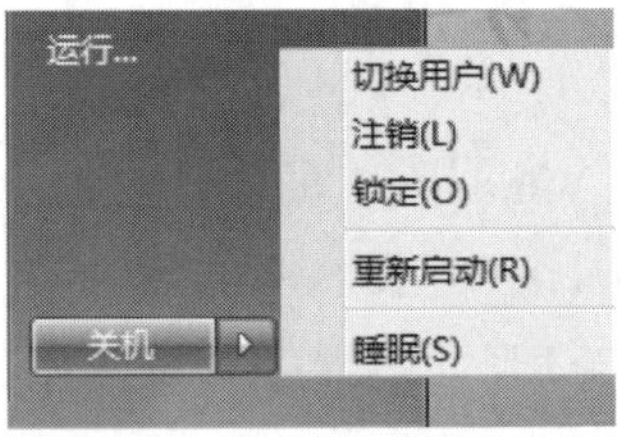


图 2-3　“关机”下拉菜单

2. Windows 7 桌面图标的显示与排列

（1）添加或删除常用的桌面图标

操作方法为：通过桌面快捷菜单中的“个性化”命令，打开“个性化”窗口，如图 2-4 所示，单击“更改桌面图标”链接，打开“桌面图标设置”对话框，如图 2-5 所示，在“桌面图标”区域中选中想要添加到桌面的每个图标的复选框或清除想要从桌面上删除的每个图标的复选框，然后单击“确定”按钮。

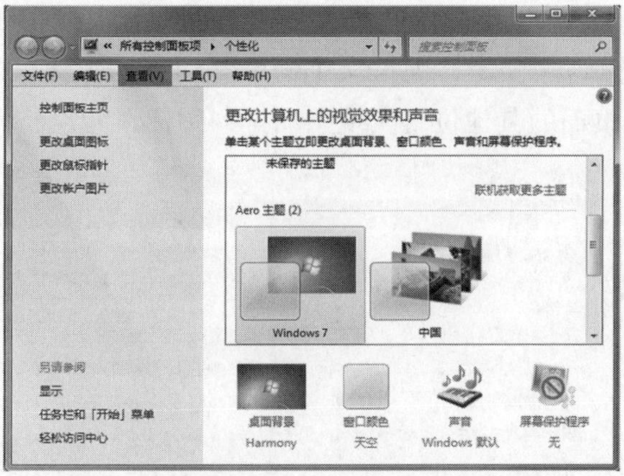


图 2-4 “个性化”窗口

图 2-5 “桌面图标设置”对话框

（2）创建桌面快捷方式

操作方法为：单击“开始”按钮，打开“开始”菜单，单击“所有程序”按钮打开程序菜单，单击“附件”打开附件菜单，如图 2-6 所示。将光标置于“写字板”上，单击鼠标右键，打开如图 2-7 所示的快捷菜单，依次单击“发送到”｜“桌面快捷方式”命令，即在桌面上创建了写字板的快捷方式。

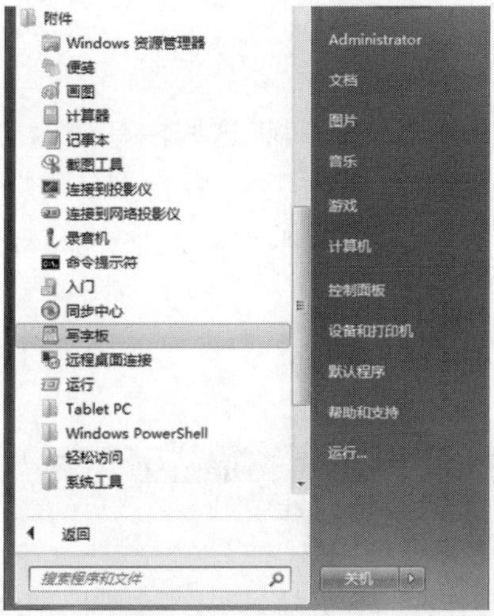


图 2-6 “附件”菜单

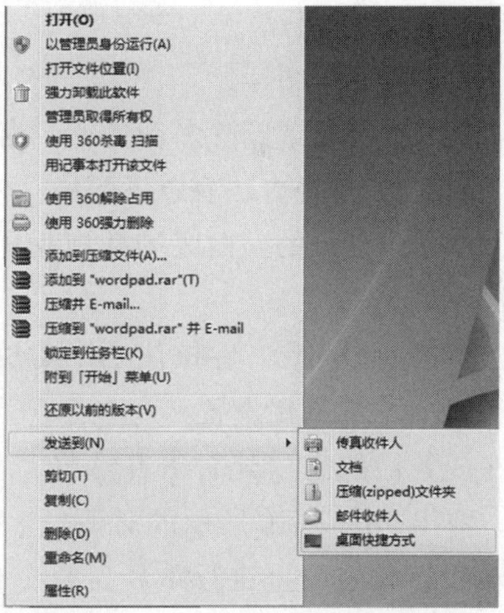


图 2-7 创建“写字板”快捷方式

（3）从桌面上删除图标

右击该图标并选择“删除”命令，即可删除该图标。如果该图标是快捷方式，则只会删除该快捷方式，原始项目不会被删除。

（4）排列图标

操作方法为：在桌面中的空白处单击鼠标右键，弹出如图 2-8 所示的桌面快捷菜单，在“排序方式”级联菜单中选择按名称、大小、项目类型和修改日期排列图标。另外，也可以让 Windows 自动排列图标，操作方法为：右击桌面上的空白区域，在弹出的快

捷菜单中选择“查看” | “自动排列图标”命令（如图 2-9 所示），Windows 将图标排列在左上角并将其锁定在此位置。若要对图标解除锁定，则再次单击“自动排列图标”去掉前面的“√”，这时可以左键拖动图标到桌面的其他位置实现手动排列图标。

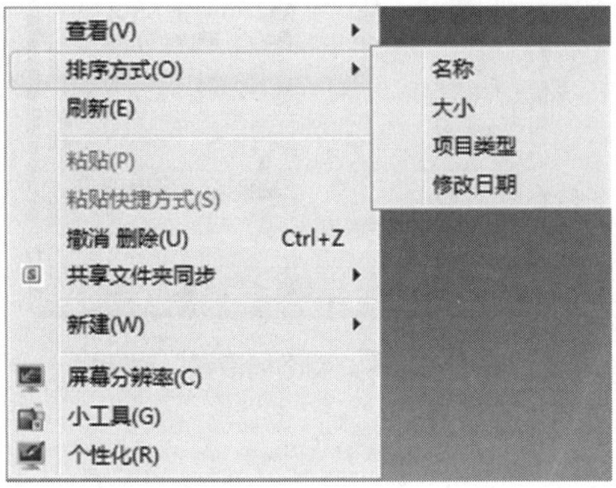


图 2-8 “排序方式”级联菜单

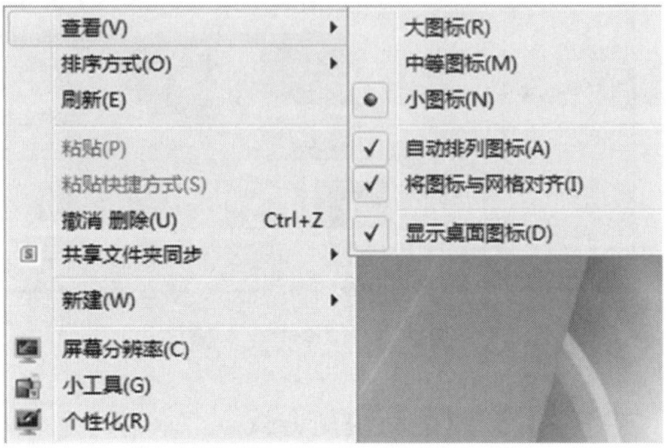


图 2-9 自动排列图标

（5）隐藏桌面图标

右击桌面上的空白区域，在弹出快捷菜单的“查看”级联菜单中单击“显示桌面图标”清除复选标记，则所有的图标将被隐藏。同样，可以通过再次单击“显示桌面图标”选项来显示图标。

（6）选择多个图标

若要一次移动或删除多个图标，必须先选中这些图标，然后将这些图标作为一组来拖动或删除。选择方法有以下两种：

①单击桌面上的空白区域并拖动鼠标，用出现的矩形框包围要选择的图标，然后释放鼠标左键。

②单击一个图标，在按住 Ctrl 或 Shift 键的同时单击其他图标。

3. 任务栏的属性设置

在任务栏的空白处右击并选择“属性”命令，弹出如图 2-10 所示的对话框，在其中可以对任务栏的位置进行重新定义，也可以选择自动隐藏任务栏等。

图 2-10 “任务栏和开始菜单属性”对话框

4. 窗口和对话框的基本操作

（1）窗口的最大化、最小化和还原

操作方法为：执行“开始” | “所有程序” | “附件” | “写字板”命令，启动“写字板”程序。用鼠标对“写字板”窗口进行如下操作。

①窗口最大化与还原：用鼠标单击窗口的最大化按钮，则窗口将放大充满整个屏幕空

间，此时最大化按钮将变成还原按钮，单击还原按钮则窗口恢复到原来的大小。

②窗口最小化与还原：用鼠标单击窗口的最小化按钮，则窗口将缩小为图标，成为任务栏中的一个按钮，要将图标还原成窗口，则单击图标按钮即可。

（2）窗口的移动

操作方法为：执行“开始”｜“所有程序”｜“附件”｜“记事本”命令，启动“记事本”程序。将鼠标指向窗口的标题栏，单击鼠标左键并拖动鼠标将窗口移动到指定位置。

（3）窗口大小的改变

操作方法为：执行“开始”｜“所有程序”｜“附件”｜“画图”命令，启动“画图”程序。用鼠标改变窗口的高度和宽度。

①改变窗口的宽度：将鼠标指向窗口的左边或右边，当鼠标变成双向箭头↔后，将鼠标拖动到所需宽度的位置。

②改变窗口的高度：将鼠标指向窗口的上边或下边，当鼠标变成双向箭头↕后，将鼠标拖动到所需高度的位置。

③同时改变窗口的宽度和高度：将鼠标指向窗口的任意一个角，当鼠标变成倾斜双向箭头⤢后，将鼠标拖动到所需大小的位置。

（4）窗口的切换

操作方法为：对以上打开的“写字板”“记事本”“画图”窗口进行切换。单击“任务栏”上指定的任务图标按钮，即可打开相应的任务窗口，使之成为当前的活动窗口。

（5）排列窗口

操作方法为：对以上打开的“写字板”“记事本”“画图”分别进行如下排列，并观察区别：

①层叠窗口；

②堆叠显示窗口；

③并排显示窗口；

在“任务栏”空白处单击鼠标右键，弹出如图 2-11 所示的“任务栏”快捷菜单，选择对应的菜单项即可。

（6）窗口内容的滚动

操作方法为：打开一个 Word 文档，找到水平滚动条和垂直滚动条，用鼠标进行如下操作：

①小步滚动窗口内容：单击滚动箭头；

②大步滚动窗口内容：单击滚动箭头和滚动条之间的区域；

③滚动窗口内容到指定位置：拖动滚动条到指定位置。

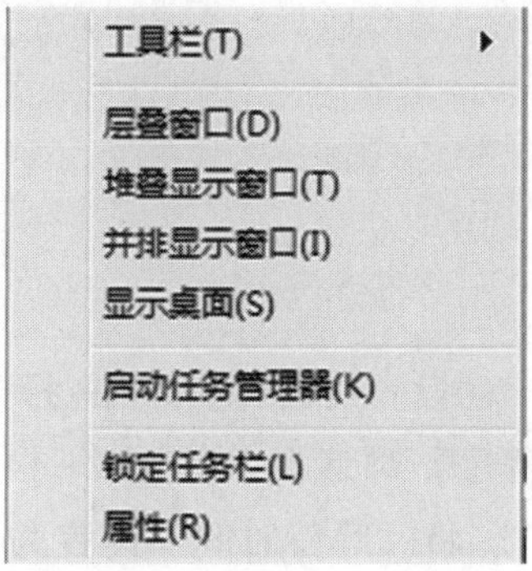

图 2-11　“任务栏”快捷菜单

（7）显示属性的设置与对话框的操作

操作方法为：

①选择 Windows 7 主题：双击“控制面板”中的“个

性化”图标，显示“个性化”窗口，在“主题”列表中选择“Windows 7”。

②桌面背景选用：在“个性化”窗口中单击“桌面背景”，打开“桌面背景”窗口，单击“图片位置”选择图片，在“图片位置”列表框中选择“拉伸”，如图 2-12 所示。

图 2-12 “桌面背景”窗口

③查看并设置屏幕分辨率：如果分辨率为 1440 × 900 像素，则设置为 1280 × 800 像素，否则设置为 1440 × 900 像素。

双击“控制面板”中的“显示”图标，显示“显示”窗口，选择“调整分辨率”，显示“屏幕分辨率”窗口，拖动“分辨率”滑块改变屏幕分辨率。 如图 2-13 所示。

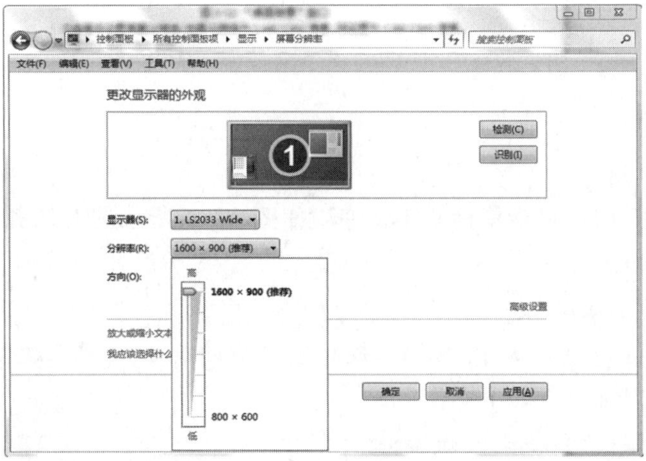


图 2-13 设置屏幕分辨率

④设置屏幕保护程序：打开“个性化”窗口，选择“屏幕保护程序”，打开“屏幕保护程序”对话框，如图 2-14 所示。 在“屏幕保护程序”下拉列表框中选择“三维文字”，将“等待时间”设置为 1 分钟。 单击“设置”按钮，打开“三维文字设置”对话框，如图 2-15 所示。 在“自定义文字”文本框中输入“天道酬勤”，然后单击“确定”

按钮，返回到“屏幕保护程序”对话框。单击“屏幕保护程序”对话框的“预览”按钮，观看设置效果，然后单击“应用”按钮，保存设置。

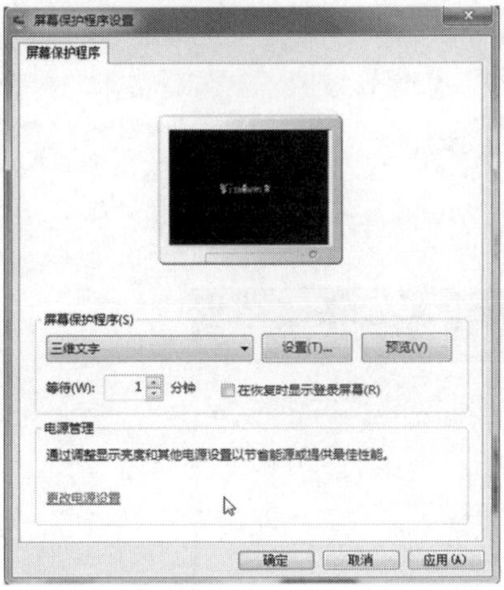


图 2-14 “屏幕保护程序”对话框

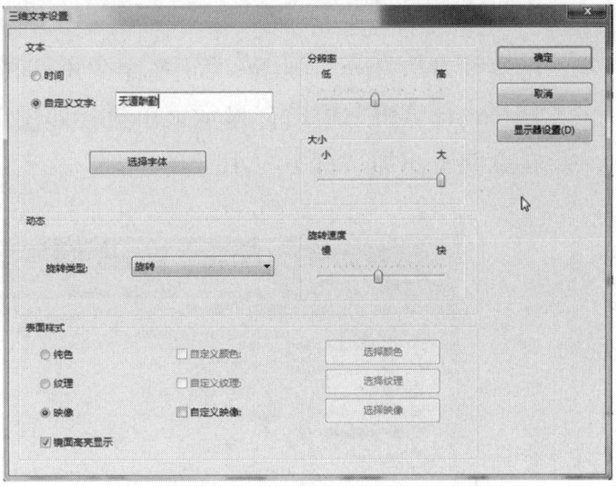


图 2-15 “三维文字设置”对话框

5. 小工具的设置

（1）打开小工具箱

操作方法为：右击桌面上的空白区域并选择“小工具”命令，打开如图 2-16 所示的小工具窗口，在此不仅可以选择窗口中已经给出的小工具，而且可以从网络上获取更多的小工具。

图 2-16 小工具窗口

（2）加载小工具

操作方法为：双击窗口中指定的小工具，会直接将其加载到桌面上，例如双击“时钟”小工具，在桌面上会出现一个时钟。

（3）删除小工具

操作方法为：将鼠标指针指向桌面小工具，则在其右上角附近会出现“关闭”按钮和“选项”按钮，单击“关闭”按钮即可删除桌面小工具。

## 实训练习

1. 用多种方法打开“画图”程序(至少用四种方法)。
2. 打开“计算机”窗口，显示菜单栏，如图 2-17 所示。
3. 在桌面上添加“日历”小工具。

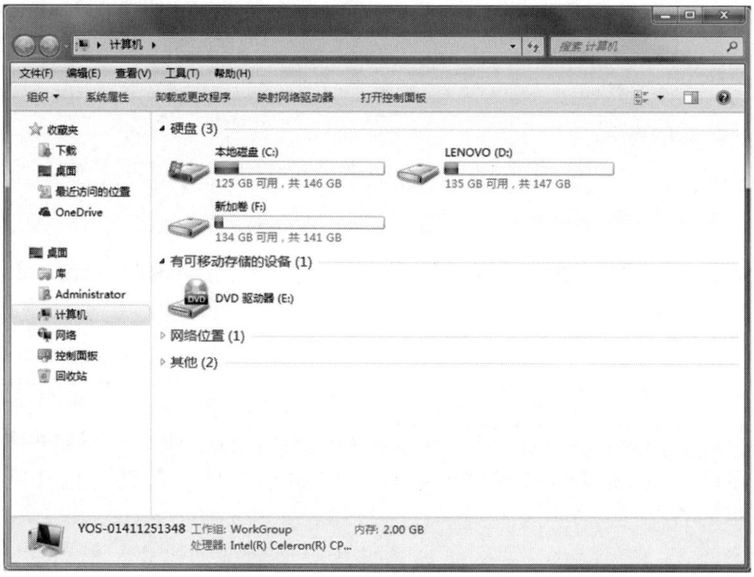

图 2-17 “计算机”窗口

# 实训二 文件和文件夹的管理

## 实训目的

掌握用资源管理器对文件和文件夹进行管理的方法。

## 实训内容

新建、移动、复制、删除、重命名、查看文件和文件夹等基本操作。

## 实训步骤

1. 打开资源管理器

方法 1：右击“开始”按钮并选择“打开 Windows 资源管理器”命令，如图 2-18 所示。

方法 2：双击桌面上的“计算机”“网络”“回收站”“用户”图标中的任意一个“资源管理器窗口”，如图 2-19 所示。

图 2-18　“开始”按钮的快捷菜单

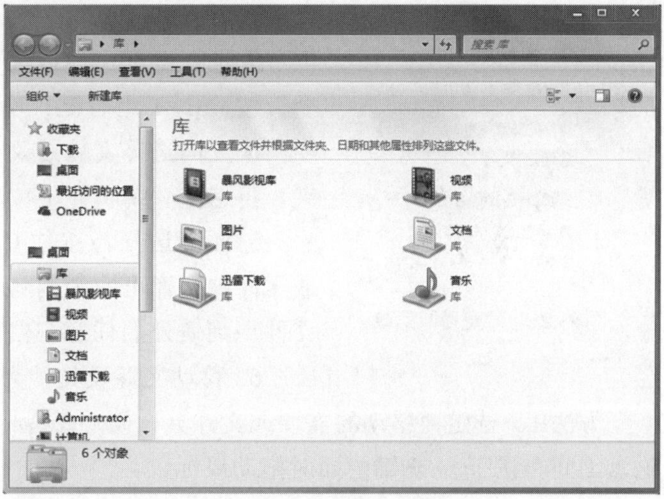


图 2-19　资源管理器窗口

2. 文件及文件夹信息显示方式

方法 1：单击工具栏中的“更改您的视图”按钮  右边的下拉按钮，在下拉列表中选择显示方式，如图 2-20 所示。

方法 2：单击“查看”菜单，在其下拉菜单中选择显示方式，如图 2-21 所示。

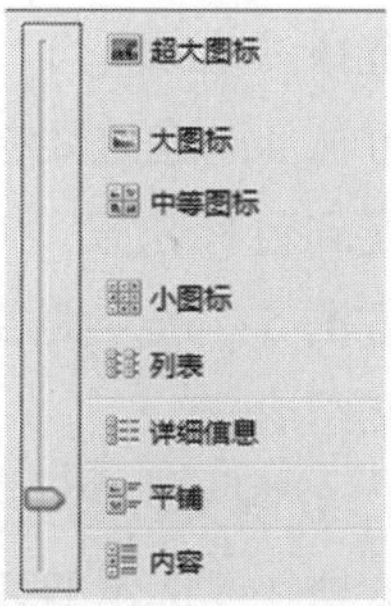


图 2-20　“更改您的视图”下拉列表

3. 文件及文件夹的排列方式

单击“查看”|“排序方式”，在级联菜单中选择排列方式。

4. 创建文件及文件夹

创建文件的方法：在文件夹内容区的空白处右击，在弹出的快捷菜单中选择“新建”，在级联菜单中选择文件类型，键入新的文件名称，再按 Enter 键。

创建文件夹的方法有以下两种：

方法 1：找到要创建文件或文件夹的位置，选择“文件”|“新建”|“文件夹”命令。

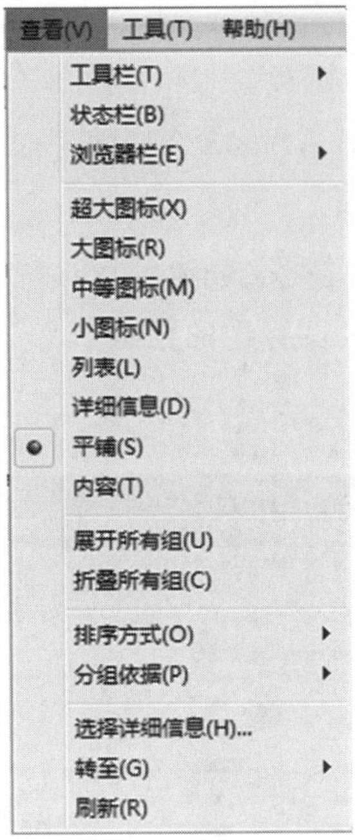


图 2-21 “查看”菜单

方法 2：在文件夹内容区的空白处右击，在弹出的快捷菜单中选择“新建”｜“文件夹”命令。

5. 选择文件及文件夹

①选择一个文件或文件夹：单击所需的文件或文件夹。

②选择连续的多个文件或文件夹：先选择第一个，然后按住 Shift 键不放，再单击最后一个。

③选择不连续的多个文件或文件夹：先选择第一个，然后按住 Ctrl 键不放，再依次单击要选择的其他文件或文件夹。

④选择全部文件或文件夹：选择“编辑”｜“全选”命令；按 Ctrl+A 组合键；单击“组织”｜“全选”命令。

⑤反向选择文件或文件夹：先选定不需要的文件或文件夹，再选择“编辑”｜“反向选择”命令。

⑥取消选择：按住 Ctrl 键不放，单击某个已选定的文件或文件夹，即可取消对该文件或文件夹的选定；单击文件及文件夹列表外的任意空白处可以取消全部选定。

6. 移动文件及文件夹

方法 1：选定要移动的文件或文件夹，同一磁盘中用鼠标直接拖动到目标位置，不同磁盘之间在按下 Shift 键的同时拖动鼠标。

方法 2：选定要移动的文件或文件夹，选择“编辑”｜“剪切”命令，找到目标位置，选择“编辑”｜“粘贴”命令。

方法 3：选定要移动的文件或文件夹，选择“组织”｜“剪切”命令，找到目标位置，选择“组织”｜“粘贴”命令。

方法 4：选定要移动的文件或文件夹并右击，在弹出的快捷菜单中选择“剪切”命令，找到目标位置，右击，在弹出的快捷菜单中选择“粘贴”命令。

方法 5：选定要移动的文件或文件夹并右击，按 Ctrl+X 组合键，找到目标位置，按 Ctrl+V 组合键。

7. 复制文件及文件夹

方法 1：选定要复制的文件或文件夹，同一磁盘中按住 Ctrl 键的同时用鼠标拖动到目标位置，不同磁盘之间直接用鼠标拖动到目标位置。

方法 2：选定要复制的文件或文件夹，选择“编辑”｜“复制”命令，找到目标位置，选择“编辑”｜“粘贴”命令。

方法 3：选定要复制的文件或文件夹，选择“组织”｜“复制”命令，找到目标位置，选择“组织”｜“粘贴”命令。

方法 4：选定要复制的文件或文件夹并右击，在弹出的快捷菜单中选择“复制”命令，找到目标位置，右击，在弹出的快捷菜单中选择“粘贴”命令。

方法 5：选定要复制的文件或文件夹并右击，按 Ctrl+C 组合键，找到目标位置，按

Ctrl+V 组合键。

8. 删除文件及文件夹

方法 1：把要删除的文件或文件夹用鼠标拖到回收站中（如果在拖动的同时按住 Shift 键，则文件或文件夹将直接从计算机中删除，而不保存到回收站中）。

方法 2：选中要删除的文件或文件夹，按 Delete 键。

方法 3：右击要删除的文件或文件夹图标，在弹出的快捷菜单中选择“删除”命令。

从回收站中恢复已删除的文件或文件夹的操作步骤：

①双击桌面上的“回收站”图标或者在“资源管理器”窗口中单击“回收站”文件夹，打开“回收站”窗口。

②选中要恢复的文件或文件夹，选择“文件”｜“恢复”命令。

9. 重命名文件及文件夹

方法 1：右击要重命名的文件或文件夹，在弹出的快捷菜单中选择“重命名”命令。

方法 2：在选中的文件或文件夹名字上单击（不能单击图标）。

方法 3：选中要重命名的文件或文件夹，选择“文件”｜“重命名”命令。

方法 4：选中要重命名的文件或文件夹，选择“组织”｜“重命名”命令。

方法 5：选中要重命名的文件或文件夹，按 F2 键。

10. 查看文件及文件夹的属性

方法 1：单击要查看的文件或文件夹，选择“组织”｜“属性”命令。

方法 2：单击要查看的文件或文件夹，选择“文件”｜“属性”命令。

方法 3：右击要查看的文件或文件夹，在弹出的快捷菜单中选择“属性”命令。

11. 查找文件及文件夹

方法 1：单击“开始”按钮，在“搜索”框中输入要搜索的文件或文件夹名，搜索结果将显示在“开始”菜单左侧窗格中的搜索框上方。

方法 2：“计算机”或“库”窗口中的“搜索”框功能更强大，单击“搜索”框可以指定搜索的类型、修改日期等。在“搜索”框中输入要搜索的文件或文件夹名或者指定搜索的类型即可。

## 实训练习

在 F 盘根目录新建一个 sys 文件夹，在其下建立 S1 和 S2 两个子文件夹，在 S1 子文件夹中新建空白的 W1 Word 文档和 E1 Excel 表格文件，分别复制 W1、移动 E1 文件到 S2 文件夹中。重命名 S2 文件夹中的 W1 文件为 DOC，删除 DOC 文件，查看 E1 文件的属性。

# 实训三　控制面板的应用

## 实训目的

掌握控制面板的基本应用。

## 实训内容

1. 利用控制面板进行各种设置。
2. 添加 Windows 启动时自动运行的程序。

## 实训步骤

1. 打开“控制面板”窗口

方法 1：单击“开始”｜“控制面板”命令。

方法 2：打开“计算机”窗口，如图 2-22 所示，在左侧窗格中单击“控制面板”选项。

“控制面板”窗口如图 2-23 所示。

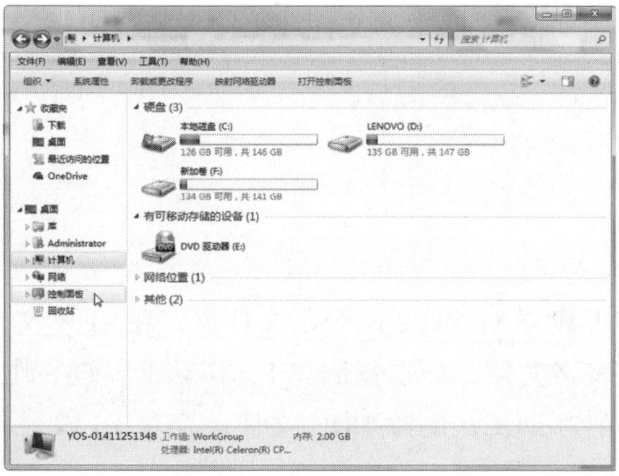


图 2-22　“计算机”窗口

图 2-23　“控制面板”窗口

2. 添加打印机

在“控制面板”窗口中单击“硬件和声音”，再单击“设备和打印机”下的“添加打印机”选项，如图 2-24 所示。 在弹出的“添加打印机”对话框中选择“添加本地打印机”或“添加网络、无线或 Bluetooth 打印机”选项，如图 2-25 所示。 添加过程按向导提示进行，如果添加成功，将打印测试页。

图 2-24　选择“添加打印机”选项

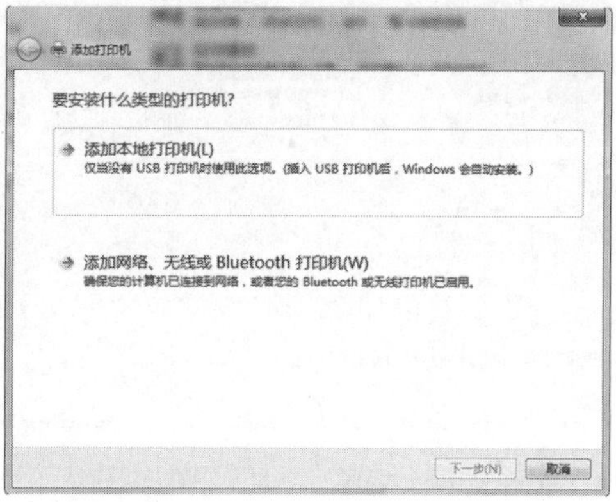


图 2-25　“添加打印机”对话框

3. 鼠标的设置

在“控制面板”窗口中单击“硬件和声音”，再单击“设备和打印机”下的“鼠标”选项，弹出如图 2-26 所示的对话框，在其中可以通过不同的选项卡对鼠标进行设置。

4. 卸载程序

在“控制面板”窗口中单击“程序”，再单击“程序和功能”下的“卸载程序”选项，弹出如图 2-27 所示的窗口，选择要卸载的程序并单击“卸载”按钮即可。

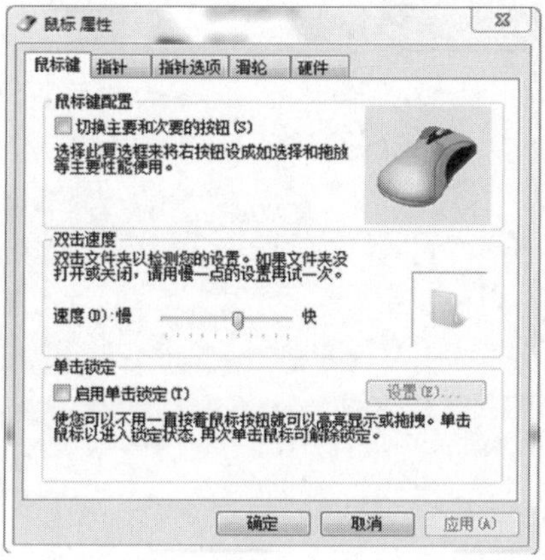

图 2-26　“鼠标属性”对话框　　　　图 2-27　卸载程序

5. 添加用户账户

在“控制面板”窗口中单击“用户账户和家庭安全”，再单击“用户账户”下的“添加或删除用户账户”选项，如图 2-28 所示。在弹出的“管理账户”窗口中可以创建一个新的用户账户、删除账户或为账户创建密码等，如图 2-29 所示。

图 2-28 选择“添加或删除用户账户”选项

图 2-29 “管理账户”窗口

注意：Administrators 是系统的超级管理员账户，不能删除。

## 实训练习

创建一个名为 syzbxx 的账户，并将账户类型设置为管理员，同时为 syzbxx 账户设置密码。

# 实训四 磁盘的管理

## 实训目的

掌握对磁盘的基本操作。

## 实训内容

1. 格式化磁盘。
2. 查看磁盘属性。
3. 整理磁盘。

## 实训步骤

1. 格式化磁盘

①打开“计算机”窗口，右击需要格式化的驱动器图标，在弹出的快捷菜单中选择“格式化”命令。

②在弹出的对话框中的“文件系统”下拉列表框中选择 NTFS 文件系统。

③在“卷标”文本框中输入磁盘的卷标名称。

④选中“快速格式化”复选框，单击“开始”按钮，即可开始格式化操作，如图 2-30 所示。

注意：用户一般不要对硬盘进行格式化，因为格式化会造成磁盘中的数据丢失，一定要谨慎使用。

2. 查看磁盘属性

双击桌面上的“计算机”图标打开“计算机”窗口，右击需要查看的磁盘，在弹出的快捷菜单中选择“属性”命令，弹出磁盘属性对话框，在其中可以查看磁盘空间或设置共享，如图 2-31 所示。

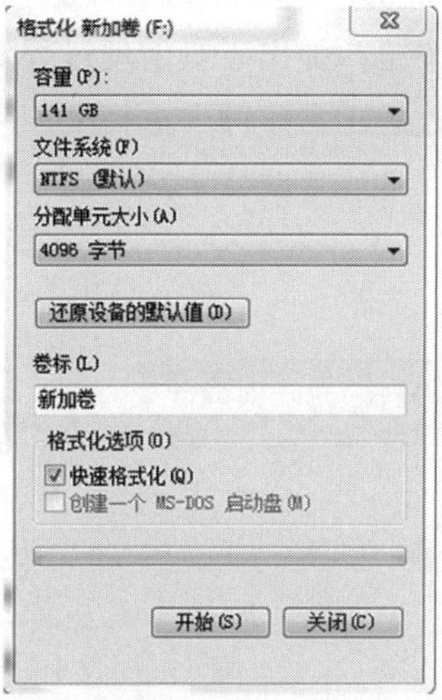


图 2-30 格式化对话框

图 2-31 磁盘属性对话框

3. 整理磁盘

（1）磁盘碎片整理程序

方法 1：打开磁盘属性对话框，选择“工具”选项卡，单击“立即进行碎片整理”按钮，如图 2-32 所示，弹出“磁盘碎片整理程序”对话框，在其中选择需要整理的驱动器，单击“磁盘碎片整理”按钮，即可开始对选择的磁盘进行碎片整理。

方法 2：选择“开始”｜“所有程序”｜“附件”｜“系统工具”｜“磁盘碎片整理程序”命令，如图 2-33 所示，弹出“磁盘碎片整理程序”对话框，其他操作方法同方法 1。

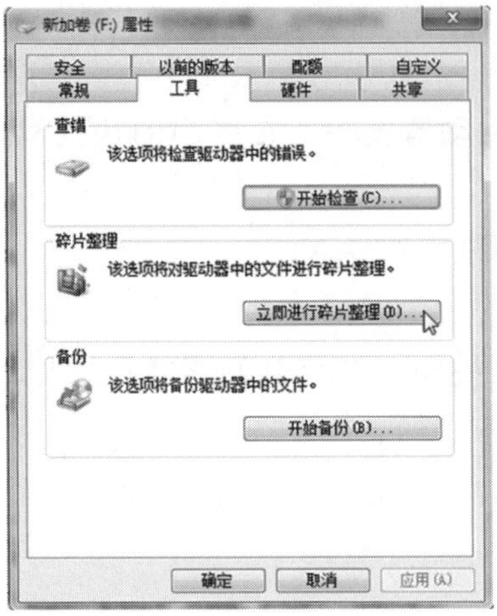


图 2-32　单击“立即进行碎片整理”按钮

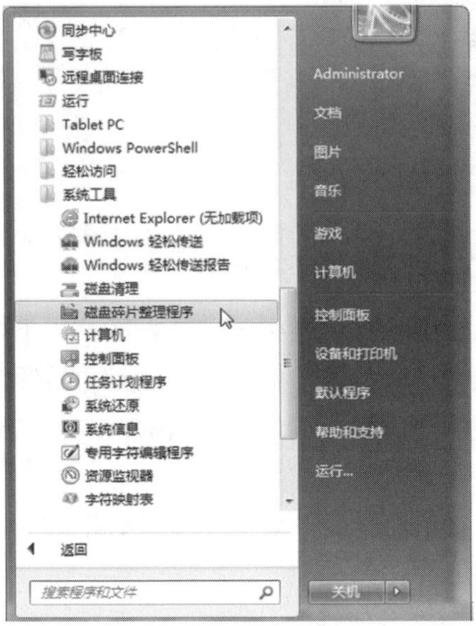


图 2-33　选择“磁盘碎片整理程序”命令

（2）磁盘清理

选择“开始”|“所有程序”|“附件”|“系统工具”|“磁盘清理”命令，在弹出的对话框中选择需要清理的驱动器，单击“确定”按钮，弹出磁盘清理过程对话框，磁盘清理后显示“磁盘清理”对话框，其中显示了可释放的磁盘空间，选择要删除的文件，然后单击“确定”按钮。

# 实训五　Windows 7 常用应用程序

## 实训目的

掌握 Windows 7 自带的常用应用程序的使用方法。

## 实训内容

1. 使用记事本。
2. 使用画图程序。

## 实训步骤

1. 使用记事本

①单击“开始”|“所有程序”|“附件”|“记事本”命令，打开“记事本”程序，如图 2-34 所示。

图 2-34 “记事本”窗口

②单击“格式”菜单，选择“自动换行”命令。

③在记事本输入相关内容，单击“文件”|“保存”命令，打开“另存为”对话框，保存文件。

2. 使用画图程序

将“控制面板”窗口以图片文件的形式保存在桌面上，文件名为“控制面板 . bmp”。

①打开“控制面板”窗口，使用 Alt+Print Screen 组合键，把“控制面板”窗口复制到剪贴板。

②单击“开始”|“所有程序”|“附件”|“画图”命令，打开“画图”程序。

③使用 Ctrl+V 组合键，粘贴到画图中，如图 2-35 所示。

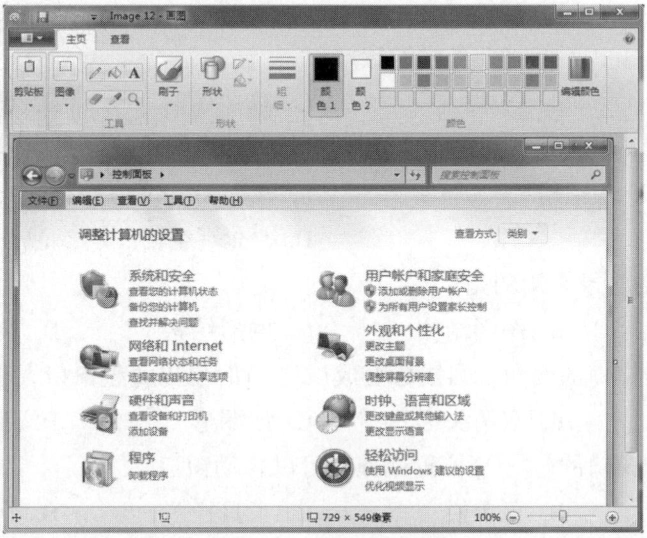


图 2-35 “画图”窗口

④按 Ctrl+S 组合键，打开“另存为”对话框。

⑤在“保存为”下拉列表中，选择保存路径。

⑥选择保存类型，在文件名文本框中输入“控制面板窗口”，单击“保存”按钮。

## 实训练习

使用“画图”程序制作一幅精美的图片，并用该图片作为桌面背景。

## 习 题

### 一、选择题

1. 操作系统是一种(　　)。

A. 系统软件　　B. 应用软件　　C. 工具软件　　D. 调试软件

2. 操作系统的作用是(　　)。

A. 将源程序翻译成目标程序

B. 控制和管理计算机系统的各种硬件和软件资源的使用

C. 负责诊断机器的故障

D. 负责外设与主机之间的信息交换

3. Windows 7 中默认的键盘中英文切换方法是(　　)。

A. Ctrl+Space　　B. Ctrl+Shift　　C. Ctrl+Alt　　D. Shift+Alt

4. 操作系统中对 CPU 的管理归根结底就是对(　　)的管理。

A. 进程　　B. 存储　　C. 设备　　D. 文件

5. 在 Windows 中，不能将任务栏设置成(　　)。

A. 自动隐藏　　B. 居中　　C. 总在最前　　D. 显示时钟

6. 中文版 Windows 7 默认状态下实现中英文间转换的快捷键是(　　)。

A. <Ctrl>+<Shift>+空格　　B. <Ctrl>+<Alt>+空格

C. <Ctrl>+空格　　D. <Alt>+空格

7. Windows 7 的目录采用的是(　　)。

A. 表格形结构　　B. 图形结构　　C. 网形结构　　D. 树形结构

8. 移动鼠标至窗口的四角，当鼠标变成(　　)时可以调整窗口大小。

A. 箭头形　　B. 双箭头形　　C. 沙漏形　　D. 手形

9. 将鼠标移到窗口的(　　)位置拖拽，可以移动窗口。

A. 标题栏　　B. 菜单栏　　C. 工具栏　　D. 状态栏

10. 在 Windows 7 中，关于回收站叙述正确的是(　　)。

A. 暂存硬盘中被删除的对象

B. 回收站的内容不可以恢复

C. 清空回收站后，仍可用命令方式恢复

D. 回收站的内容不占用硬盘空间

11. 在 Windows 7 中，下列不能用在文件名中的字符是(　　)。

A. ,　　B. ^　　C. ?　　D. +

12. 在 Windows 中，下列不能作为图标排列依据的是(　　)。

A. 修改时间　　B. 类型　　C. 属性　　D. 大小

13. 在 Windows 中，当鼠标指针的形状为 ⌛ 时，表示(　　)。

A. 帮助选择　B. 后台运行　C. 忙　D. 正常选择

14. 要将当前屏幕图像复制到剪贴板，可以使用的快捷键是(　　)。

A. <Alt>+<Print Screen>　B. <Ctrl>+<Print Screen>

C. <Shift>+<Print Screen>　D. <Print Screen>

15. Windows 7 系统中采用(　　)，方便了应用程序间信息的复制、移动等交换行为。

A. 编辑　B. 复制　C. 剪贴板　D. 磁盘操作

16. 在 Windows 7 中，若系统长时间不响应用户的要求，为了结束该任务，应使用的组合键是(　)。

A. Shift+Esc+Tab　B. Ctrl+Shift+Enter

C. Alt+Shift+Enter　D. Alt+Ctrl+Del

17. “记事本”程序可用来编辑扩展名为(　　)的文件。

A. TXT　B. COM　C. EXE　D. BMP

18. Windows 7 系统中，确定一个文件的存放位置的是(　　)。

A. 文件名称　B. 文件属性　C. 文件大小　D. 文件路径

19. 在 Windows 7 系统的窗口中，窗口最底部的部分称为(　　)。

A. 标题栏　B. 状态栏　C. 菜单栏　D. 工具栏

20. 在 Windows 7 中，为保护文件不被修改，可将它的属性设置为(　　)。

A. 只读　B. 存档　C. 隐藏　D. 系统

**二、判断题**

1. Windows 7 中默认的键盘中英文切换方法是使用 Ctrl+Shift 组合键。(　　)

2. 资源管理器不可以管理计算机中所有的文件与文件夹。(　　)

3. 在 Windows 7 中，有关文件名不能使用“\”符号。(　　)

4. 在 Windows 的“回收站”窗口中，要想恢复选定的文件或文件夹，可以使用”文件”。(　　)

5. 复制指所选文件或文件夹内容在指定的位置创建一个备份，而在原位置仍然保留被复制的内容。(　　)

**三、操作题**

在 D 盘下新建文件夹“ROOM”，在该文件夹下进行如下操作：

1. 新建文件“AFC”，在“AFC”文件夹中新建文件“WO. docx”。
2. 新建文件夹“BOLL”，设置属性为隐藏。
3. 将“WO. docx”文件更名为“mail. txt”。
4. 新建文件夹“ADD”，将“mail. txt”文件移动到该文件夹中。
5. 删除文件夹“AFC”。
6. 将“ADD”文件夹拷贝到 D 盘根目录下，并设置只读属性。

项目三

# 文字处理软件 Word 2010

## 实训一　Word 2010 的基本操作

### 实训目的

了解 Word 2010 窗口界面。

掌握新建文档、保存文档、打开文档的方法。

掌握文本的录入及编辑对象的选定操作。

掌握 Word 2010 中文本的录入及编辑操作。

掌握特殊字符的插入操作方法。

### 实训内容

1. 启动并配置 Word 2010 工作环境。
2. Word 2010 文件的新建、打开、保存。
3. 文本录入及插入、删除、移动、复制等编辑操作方法。
4. 插入特殊字符操作方法。

### 实训步骤

#### 任务 1　Word 2010 启动及基本操作

1. 启动并配置 Word 2010 工作环境

（1）启动 Word 2010

启动 Word 的方法有很多，常见的方法如下。

①在“开始”菜单中找到“程序”菜单并打开，选择“Microsoft Office”下的“Microsoft Word 2010”命令，即启动 Word 2010，并自动创建一个“文档 1”的空白文档。如图 3-1 所示。

②双击桌面上的 Word 2010 快捷方式图标。

③双击已存在的 Word 2010 文件(其文件类型名为:docx，图标为 )。

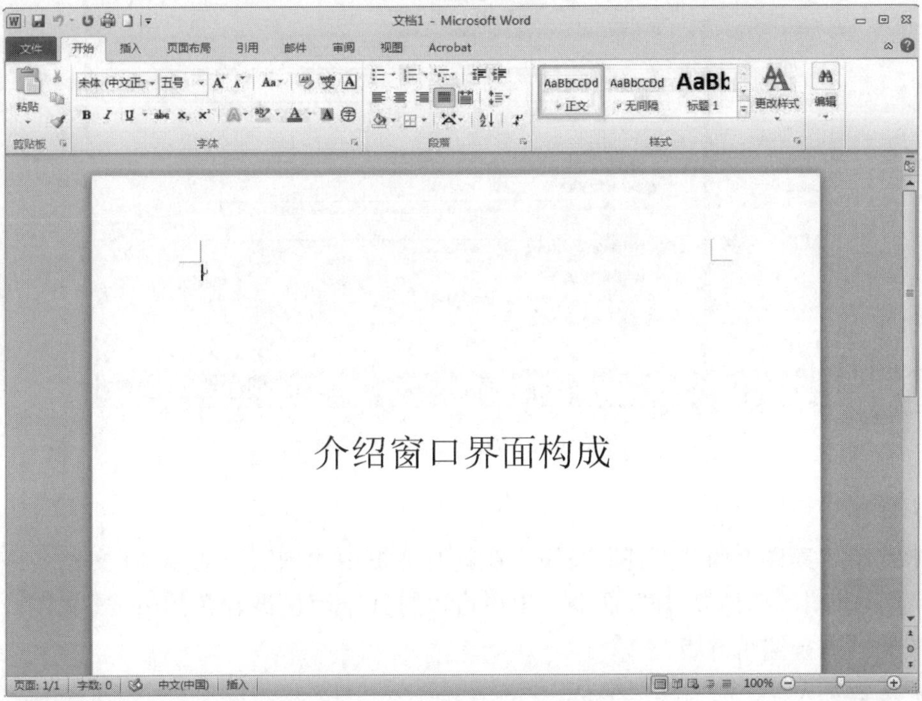


图 3-1　Word 2010 窗口界面

(2)配置 Word 2010 工作环境

启动 Word 2010 工作窗口后，还可以对工作环境进行配置。

①修改自动保存时间间隔。Word 2010 默认情况下每隔 10 分钟会自动保存一次文件，可以根据实际情况设置自动保存时间间隔。打开 Word 2010 窗口，依次单击“文件”｜“选项”命令，在打开的“Word 选项”对话框中切换到“保存”选项卡，在“保存自动恢复信息时间间隔”编辑框中设置合适的数值，并单击“确定”按钮。

②设置文件的默认保存路径。我们在保存新建的 Word 文件时，其默认的保存路径是“我的文档”。其实，该默认路径是可以自己设置的。打开 Word 2010 窗口，依次单击“文件”｜“选项”命令，在打开的“Word 选项”对话框中切换到“保存”选项卡，单击“默认文件位置”右侧的“浏览”按钮，选择一个保存路径，然后单击“确定”即可。如图 3-2 所示。

2. Word 2010 文件的建立、打开和保存

(1)建立新文档

启动 Word 2010 后，系统自动建立一个默认的空白文档。

用户还可以根据 Word 2010 提供的模板建立文档。单击“文件”选项卡中的“新建”命令，在右侧窗格的“可用模板”中选择某个模板，可以快速创建一个专业文档。

图 3-2 “Word 选项”对话框

（2）打开文档

单击常用工具栏上的“打开”按钮，在其对话框中找到需要的 Word 文档名；或者单击“文件”选项卡中的“打开”命令，用户可以打开一个已经存盘的 Word 文档，打开后可以对该文档进行编辑排版。

（3）文本录入

在新建的空白 Word 文档中，录入下列内容，如图 3-3 所示。

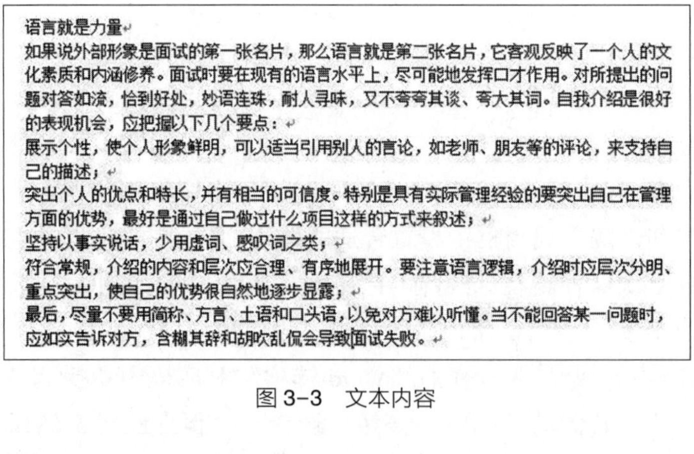
语言就是力量
如果说外部形象是面试的第一张名片，那么语言就是第二张名片，它客观反映了一个人的文化素质和内涵修养。面试时要在现有的语言水平上，尽可能地发挥口才作用。对所提出的问题对答如流，恰到好处，妙语连珠，耐人寻味，又不夸夸其谈、夸大其词。自我介绍是很好的表现机会，应把握以下几个要点：
展示个性，使个人形象鲜明，可以适当引用别人的言论，如老师、朋友等的评论，来支持自己的描述；
突出个人的优点和特长，并有相当的可信度。特别是具有实际管理经验的要突出自己在管理方面的优势，最好是通过自己做过什么项目这样的方式来叙述；
坚持以事实说话，少用虚词、感叹词之类；
符合常规，介绍的内容和层次应合理、有序地展开。要注意语言逻辑，介绍时应层次分明、重点突出，使自己的优势很自然地逐步显露；
最后，尽量不要用简称、方言、土语和口头语，以免对方难以听懂。当不能回答某一问题时，应如实告诉对方，含糊其辞和胡吹乱侃会导致面试失败。

图 3-3 文本内容

**文本录入小常识**

①插入点：指 Word 的文档编辑区闪烁的光标｜，它指示当前插入的字符、图片等操作对象的位置。

②文字录入顺序：文字的输入从插入点开始，每输入到一行的末尾时，Word 会自动将插入点转到下一行，若要另起一行或插入一个空行时，按一下 Enter 键，产生一个段落。

③段落：在 Word 中，以一个包含有文字的段落符 ↵ 代表一个段落。

④为了提高文档录入与编排的工作效率，通常可先将所有文档内容录入之后，再统一进行格式设置。

（4）保存文档

对于新建的文档或编辑后的文档，都应该将其保存下来。 如果在保存之前遇到突然断电、计算机死机等意外情况，用户所做的工作可能会丢失，因此要及时保存文件，养成随时保存文档的习惯，保存文档的操作方法如下：

①在当前文档中打开“文件”选项卡，在该选项卡左侧单击“保存”按钮；

②在弹出的“另存为”对话框中选择保存文档的路径，输入要保存文件的名称后，单击“保存”按钮即可保存文档，如图 3-4 所示。

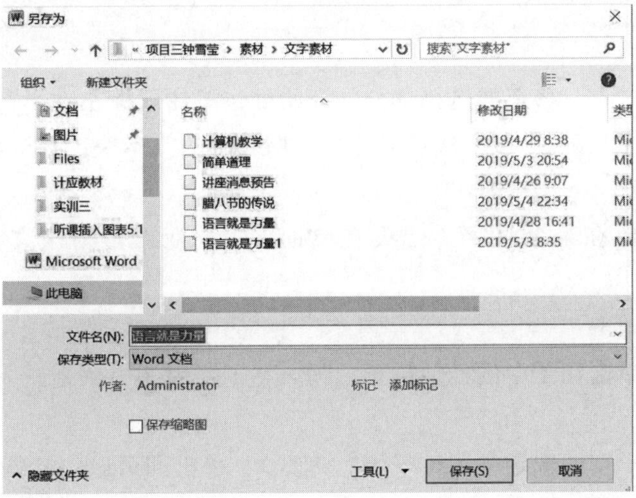


图 3-4　“另存为”对话框

**操作小提示**

保存文档的其他方法：

①在快速访问工具栏中单击“保存”按钮，即可完成保存操作。

②单击“文件”按钮，执行“另存为”命令，也可以完成保存操作。

③按快捷键 Ctrl+S，可以快速地保存文档。

将以上录入内容保存到 D:\班级\word 实例 文件夹中，文件名为：语言就是力量 .docx，并且另存到 D:\班级\word 实例\实训一\任务 1. docx。

## 任务 2　编辑操作初步

录入如图 3-5 所示的文档，并保存到 D:\班级\word 实例 文件夹中，文件名为：讲座信息预告 .docx

1. 文本编辑对象的选定

在文档的编辑操作中需要选择相应的文本之后，才能对其进行删除、复制、移动或编

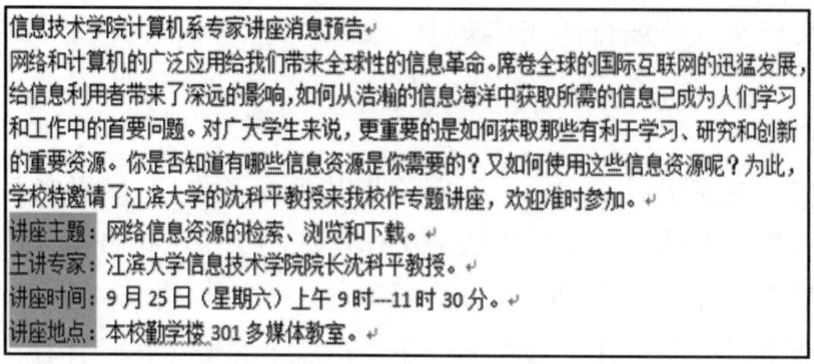
信息技术学院计算机系专家讲座消息预告

网络和计算机的广泛应用给我们带来全球性的信息革命。席卷全球的国际互联网的迅猛发展，给信息利用者带来了深远的影响，如何从浩瀚的信息海洋中获取所需的信息已成为人们学习和工作中的首要问题。对广大学生来说，更重要的是如何获取那些有利于学习、研究和创新的重要资源。你是否知道有哪些信息资源是你需要的？又如何使用这些信息资源呢？为此，学校特邀请了江滨大学的沈科平教授来我校作专题讲座，欢迎准时参加。

讲座主题：网络信息资源的检索、浏览和下载。

主讲专家：江滨大学信息技术学院院长沈科平教授。

讲座时间：9月25日（星期六）上午9时—11时30分。

讲座地点：本校勤学楼301多媒体教室。

图 3-5　矩形区域选定

辑等操作。文本被选择后将呈反白显示，Word 提供多种选择文本的方法，下面介绍使用鼠标的选择方法。

（1）拖动选择

将插入点光标“｜”移至要选择部分的开始处，按住鼠标左键一直拖动到选择部分的末端，然后松开鼠标左键。该方法可以选择任何长度的文本块，甚至整个文档。

（2）选择字词

把插入点光标放在某个汉字（或英文单词）上，双击，则该文字（词）变为选中状态。

（3）选择一个句子

按住 Ctrl 键并单击句子中的任何位置，则该句子变为选中状态。

（4）选择一行

光标放置于这一行的选定栏（该行的左边界），单击即可选中该行。

（5）选择一个段落

将光标移到选定栏，双击段落左边的选定栏，即可选中鼠标指针所对应段落。

（6）对整个文档的选择

将光标移到选定栏，鼠标变成一个向右指的箭头，然后三击鼠标，即可选中整个文档。

（7）对矩形文本块的选择

将插入光标置于要选择文本的左上角，然后按住 Alt 键和鼠标左键，拖动到文本块的右下角，即可选中一块矩形的文本。

2. 文本复制和移动

打开 D:\班级\word 实例 文件夹中的“语言就是力量 .docx”文档。

①将“语言就是力量 .docx”中的第二、三、四、五自然段复制到文档尾部（另起一行空 2 个字符位）。

②先将复制后的四个自然段合并成一个段落，再将本段落从“坚持以事实说话……”位置分为两段。

③将原文中的二、三自然段交换位置。

操作步骤：

①选中第二、三、四、五自然段，右击鼠标，在快捷菜单中单击“复制”命令，然后，在文档末尾另起一行，空 2 个字符位置，右击鼠标，在快捷菜单中单击“粘贴”。

②鼠标单击被连接段的起始位置，利用退格键，将四个自然段连接为一段。然后，鼠标在“坚持以事实说话……”前单击，然后按回车键将一个自然段分为两段。

③用“剪切”和“粘贴”命令，将原文中二、三自然段交换位置。效果如图 3-6 所示。

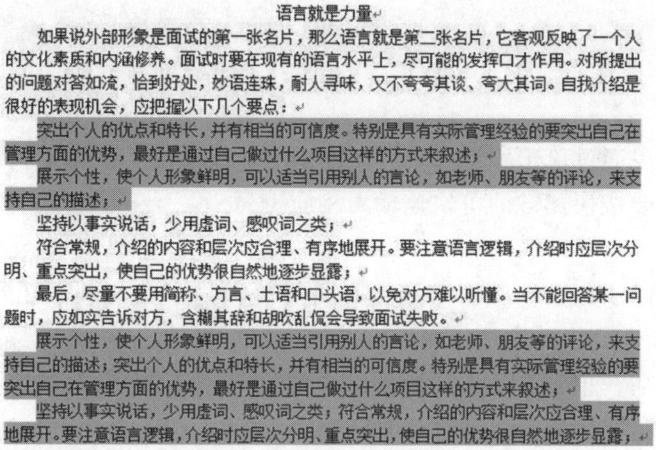

语言就是力量

如果说外部形象是面试的第一张名片，那么语言就是第二张名片，它客观反映了一个人的文化素质和内涵修养。面试时要在现有的语言水平上，尽可能的发挥口才作用。对所提出的问题对答如流，恰到好处，妙语连珠，耐人寻味，又不夸夸其谈、夸大其词。自我介绍是很好的表现机会，应把握以下几个要点：

突出个人的优点和特长，并有相当的可信度。特别是具有实际管理经验的要突出自己在管理方面的优势，最好是通过自己做过什么项目这样的方式来叙述；

展示个性，使个人形象鲜明，可以适当引用别人的言论，如老师、朋友等的评论，来支持自己的描述；

坚持以事实说话，少用虚词、感叹词之类；

符合常规，介绍的内容和层次应合理、有序地展开。要注意语言逻辑，介绍时应层次分明、重点突出，使自己的优势很自然地逐步显露；

最后，尽量不要用简称、方言、土语和口头语，以免对方难以听懂。当不能回答某一问题时，应如实告诉对方，含糊其辞和胡吹乱侃会导致面试失败。

展示个性，使个人形象鲜明，可以适当引用别人的言论，如老师、朋友等的评论，来支持自己的描述；突出个人的优点和特长，并有相当的可信度。特别是具有实际管理经验的要突出自己在管理方面的优势，最好是通过自己做过什么项目这样的方式来叙述；

坚持以事实说话，少用虚词、感叹词之类；符合常规，介绍的内容和层次应合理、有序地展开。要注意语言逻辑，介绍时应层次分明、重点突出，使自己的优势很自然地逐步显露；

图 3-6　文本复制移动操作结果

3. 输入特殊符号

在建立文档时，除了输入中文或英文外，还需要输入一些键盘上没有的特殊字符或图形符号，如数字符号、数字序号、单位符号和特殊符号，以及汉字的偏旁部首等。

（1）符号

有些符号不能从键盘直接输入，例如要在文档中插入符号“★”，操作步骤如下：

①确定插入点后，单击“插入”选项卡“符号”组的“符号”按钮，可显示一些可以快速添加的符号按钮，如果包含自己需要的符号，直接选择即可完成操作；如果没有找到自己想要的符号，可选择最下边的“其他符号”选项，如图 3-7 所示。

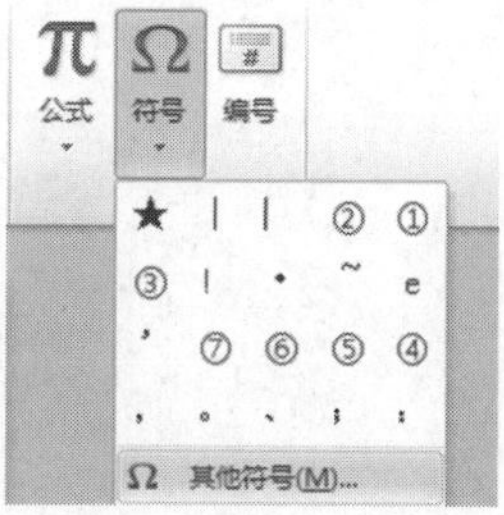


图 3-7　插入特殊符号

②弹出“符号”对话框，在“符号”选项卡下，在“字体”下拉列表框中选择字体，在“子集”下拉列表框中选择一个专用字符集，选中自己所需要的符号，如图 3-8 所示。

③单击“插入”按钮，或者在步骤②直接双击需要的符号即可在插入点后插入符号。

**操作小提示**

近期使用过的符号会按时间的先后顺序在用户单击“符号”按钮时出现，并且随时更

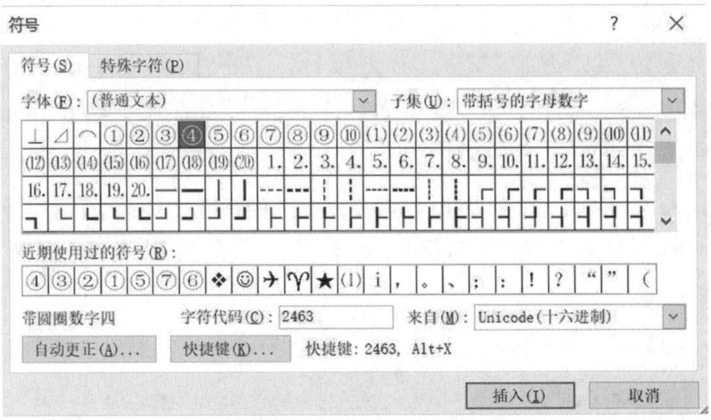


图 3-8 “符号”对话框

新；另外，用户可以通过单击“符号”对话框中的“快捷键”按钮定义一些常用符号的快捷键，定义后只需要按快捷键即可快速输入相应符号。

（2）特殊符号

通常，文档中除了包含一些汉字和标点符号外，为了美化版面还会包含一些特殊符号，如©™、§等。具体操作步骤如下。

①确定插入点后，单击“插入”选项卡“符号”组的“符号”按钮，在弹出的下拉列表中选择“其他符号”选项，打开符号对话框。

②在弹出的“符号”对话框中，单击“特殊字符”选项卡，如图 3-9 所示。

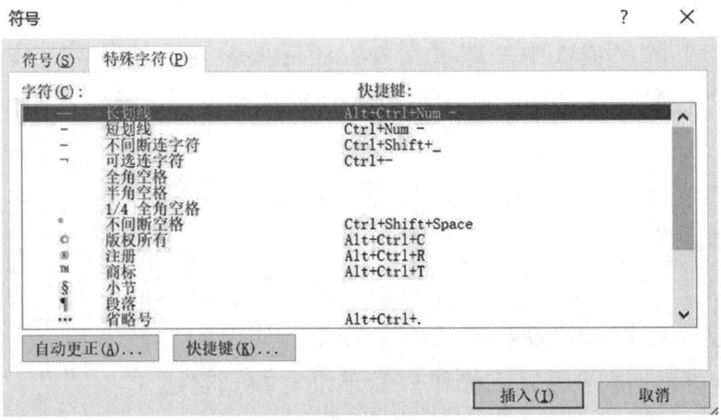


图 3-9 “特殊字符”选项卡

③在“字符”列表框中选中所需要的符号。

④单击“插入”按钮即可。系统还为某些特殊符号定义了快捷键，用户直接应用这些快捷键就可快速插入该符号。

**技能训练**

将以上文档标题两边分别插入符号♈，将每个自然段前插入符号✈，每个自然段后插入符号☺。

完成以上操作，将文件另存到 D:\班级\word 实例\实训一 文件夹，名为：任务 2. docx。

## 实训练习

1. 启动 Word 2010，在文档 1 中录入如下文稿：

计算机教学与素质教育

在计算机课的教学中，由于学生兴趣爱好的不同，使得操作能力存在差异，造成学生计算机操作能力出现很大的差别，使得计算机课的讲授变得非常棘手。

在教学中，要注重课堂上的演示操作。 由于计算机屏幕小，学生无法看清楚，严重地影响了演示教学的效果。 利用转换信号手段将计算机视频信号转换为电视信号，会取得更好的教学效果。

学生的作业，要让学生在计算机上完成。 当学生编写的程序运行出错时，指导学生利用调试器，通过跟踪程序执行的顺序，根据变量与表达式值的变化情况查找出错误码类型。

2. 将录入的文稿保存到 D:\班级\word 实例 文件夹中，文件名为：计算机教学 . docx，然后关闭文档，并退出 Word 2010 应用程序。

3. 打开 D:\班级\word 实例\计算机教学 . docx 文档，完成以下操作：

（1）在第二自然段的“利用转换信号……”处另起一段，作为第三自然段。

（2）将修改后文档的第二自然段与第四自然段的位置交换。

（3）第三自然段内容在其尾部连续复制两遍，作为第三自然段内容。

（4）标题左边插入章节符号 §1-1，在每个自然段尾部插入★。

完成以上操作后，将文档另存到 D:\班级\word 实例\实训一 文件夹中，名为：实训练习 . docx。

完成操作效果如图 3-10 所示。

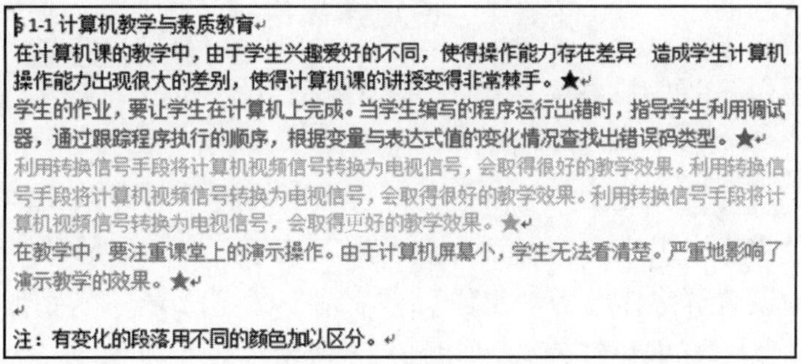

§1-1 计算机教学与素质教育

在计算机课的教学中，由于学生兴趣爱好的不同，使得操作能力存在差异 造成学生计算机操作能力出现很大的差别，使得计算机课的讲授变得非常棘手。★

学生的作业，要让学生在计算机上完成。当学生编写的程序运行出错时，指导学生利用调试器，通过跟踪程序执行的顺序，根据变量与表达式值的变化情况查找出错误码类型。★

利用转换信号手段将计算机视频信号转换为电视信号，会取得很好的教学效果。利用转换信号手段将计算机视频信号转换为电视信号，会取得很好的教学效果。利用转换信号手段将计算机视频信号转换为电视信号，会取得更好的教学效果。★

在教学中，要注重课堂上的演示操作。由于计算机屏幕小，学生无法看清楚。严重地影响了演示教学的效果。★

注：有变化的段落用不同的颜色加以区分。

图 3-10　实训练习操作效果图

# 实训二　文档格式设置

## 实训目的

掌握字符格式的设置操作。
掌握段落格式的设置操作。
理解掌握查找、替换操作及功能。
掌握首字下沉、项目符号及编号设置操作。
了解中文版式几种操作及简繁转换功能。

## 实训内容

1. 字体、字型、字号、颜色、下划线、字符间距的设置方法。
2. 对齐方式、首行缩进、段落缩进、段落间距、行间距等段落格式设置方法。
3. 查找、替换字符及格式操作方法。
4. 设置字符、段落的边框底纹操作方法。
5. 首字下沉、中文版式设置及简繁转换等操作方法。
6. 熟练掌握格式刷的使用方法。

## 实训步骤

### 任务 1　设置字体格式

打开 D:\班级\word 实例 文件夹中的“语言就是力量 . docx”文档。

1. 设置字体、字形、字号、颜色

选择标题文字“语言就是力量”，单击工具栏上的居中对齐按钮；然后，单击“开始”选项卡下的“字体”组中的“对话框启动器”按钮，在弹出的“字体”对话框中的“字体”选项卡中设置“字体”为“黑体”，“字号”为“三号”，“字形”为“加粗、斜体”，“字体颜色”为“标准色红色”，如图 3-11 所示。

2. 设置正文首行缩进 2 个字符

选中正文，单击“开始”选项卡下的“段落”组中的“对话框启动器”按钮，打开“段落设置”对话框，在“缩进和间距”选项卡下，打开“特殊格式下拉列表”，选择首行缩进 2 个字符，如图 3-12 所示。 然后利用“字体”对话框，将正文设置为华文楷体，小四号字。

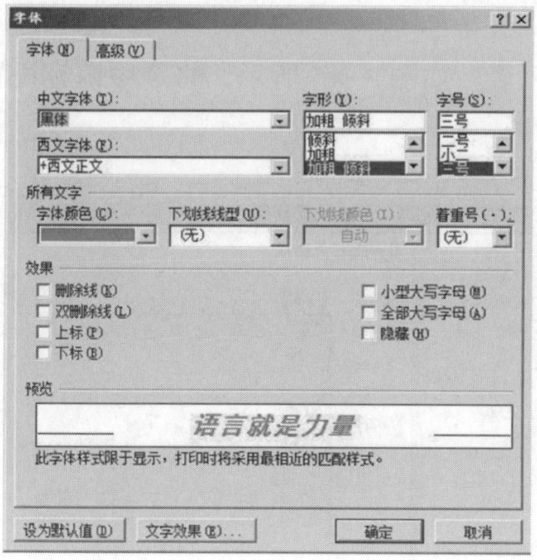


图 3-11 字体设置对话框

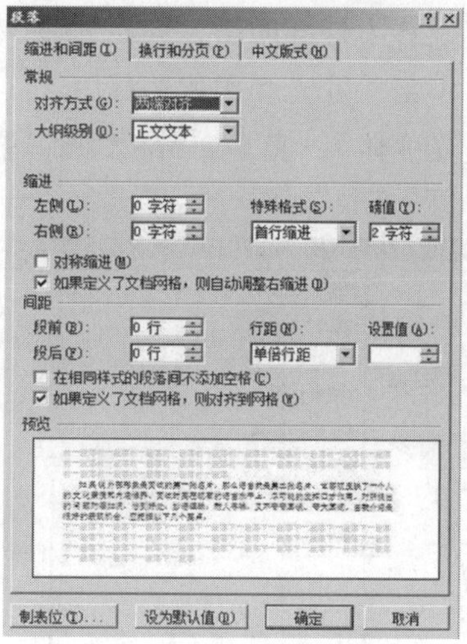


图 3-12 首行缩进设置

3. 设置下划线、着重号、删除线、上标下标

选中正文第四自然段文字，在“字体”对话框中的“字体”选项卡下，选择着重号；将正文第一自然段中的“夸夸其谈、夸大其词”选中，在“字体”对话框中的“字体”选项卡下，选择“效果”下的双删除线；将“对答如流，恰到好处”选中，在“字体”对话框中的“字体”选项卡下，单击“下划线线型”列表，选择又下划线型，单击“下划线颜色”列表，选择标准色绿色；选中最后自然段中的“口头语”，打开“字体”对话框，选择“字体”选项卡，将“效果”下的“上标”复选框勾选上；同理，将“失败”设置为下标。 分别将以上设置的文本内容设置成自己喜欢的颜色。

4. 设置字符缩放、间距、位置

选中第二自然段中的“展示个性”，打开“字体”对话框，选择“高级”选项卡，设置字符缩放为 200%；选中第三自然段中的文字“突出个人的优点和特长”，打开“字体”对话框，选择“高级”选项卡，将其字符间距设置为加宽 5 磅；选中第五自然段中的文字“重点突出”，打开“字体”对话框，选择“高级”选项卡，将其位置设置为提升 5 磅。 分别将以上设置的文本内容设置成自己喜欢的颜色。 如图 3-13 所示。

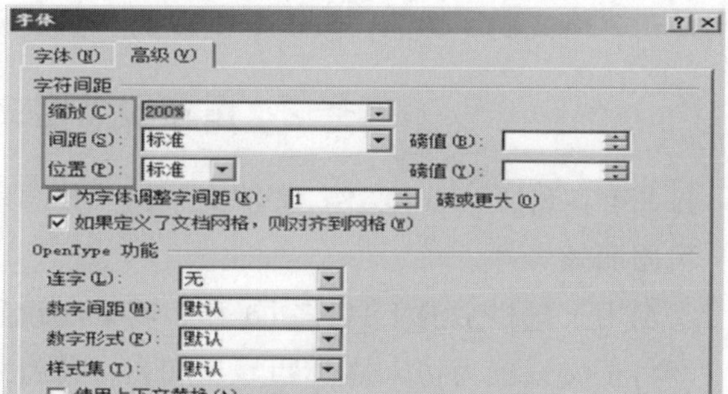


图 3-13 字符缩放、间距、位置设置

5. 设置文字阴影、发光等文本效果

选中第五自然段中的第一句话，打开“字体”对话框，单击“文字效果”，在“设置文本效果格式”对话框中，单击“阴影”，打开“预设”列表，如图 3-14 所示。 将选中文本设置为外部阴影，向右偏移。

单击“发光和柔化边缘”，打开“预设”列表，如图 3-15 所示，将选中内容设置为“发光变体”：蓝色，5pt 发光，强调文字颜色 1。

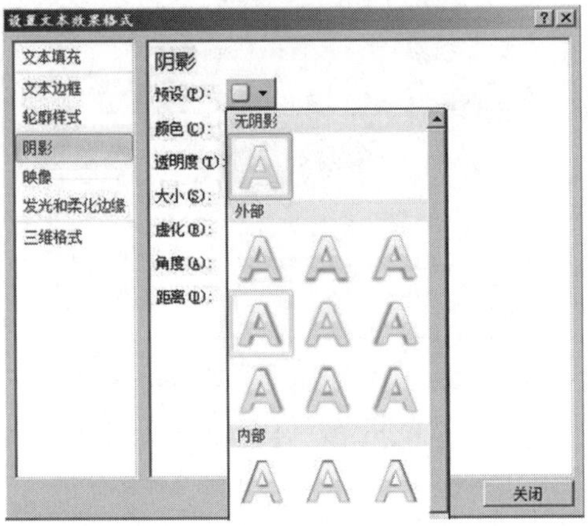


图 3-14　文字阴影设置

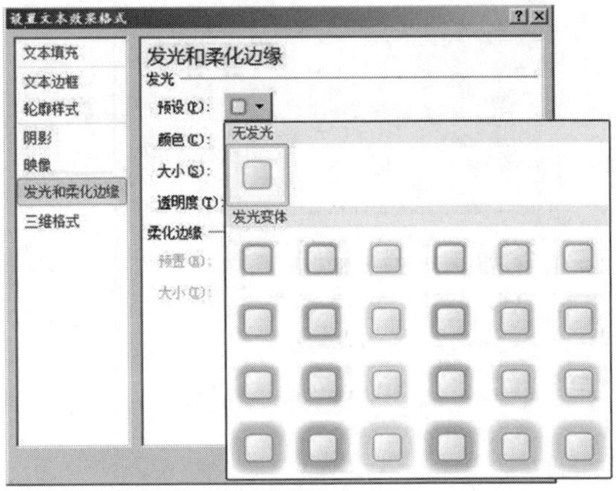


图 3-15　设置文本效果发光和柔化边缘

完成以上操作后，将文件保存到 D:\班级\word 实例\实训二 文件夹，名为：任务 1. docx。

6. 格式刷的使用

设置相同格式的字符、段落样式可以使用“格式刷”功能来完成，其操作方法是：先利用“字体”或“段落”对话框设置好一处文本的效果，然后选中设置好文本效果的字符，单击“格式刷”工具，在需要设置相同格式的字符上拖动鼠标即可完成相同格式的设置。 单击一次“格式刷”按钮可以使用一次“格式刷”功能，双击“格式刷”按钮可以多次使用“格式刷”功能，按 Esc 键取消“格式刷”功能。

## 任务 2　设置段落格式及查找与替换

打开 D:\班级\word 实例 文件夹中的“语言就是力量 . docx”文档。

**巩固旧知**

①利用工具栏上的工具按钮操作，将标题设置为黑体二号、加粗、居中。

②将正文设置为仿宋体小四号、加粗，首行缩进 2 个字符。

③在文档末尾另起一行，输入“选自《读者文摘》第六期第 18 页第 2 版”。

1. 段落格式设置

（1）设置对齐方式

选中以上文档正文的最后一行，单击“开始”选项卡下的“段落”组中的“对话框启动器”按钮，在弹出的“段落”对话框中的“缩进和间距”选项卡下，设置标题文字的

“对齐方式”为“右对齐”；如图 3-16 所示。

（2）设置段落缩进

选中正文，在“段落”对话框中的“缩进和间距”选项卡下，单击“特殊格式”下拉列表，设置首行缩进 2 字符；选中正文第二、三、四自然段，设置左缩进 4 字符，右缩进 6 字符。如图 3-17 所示。

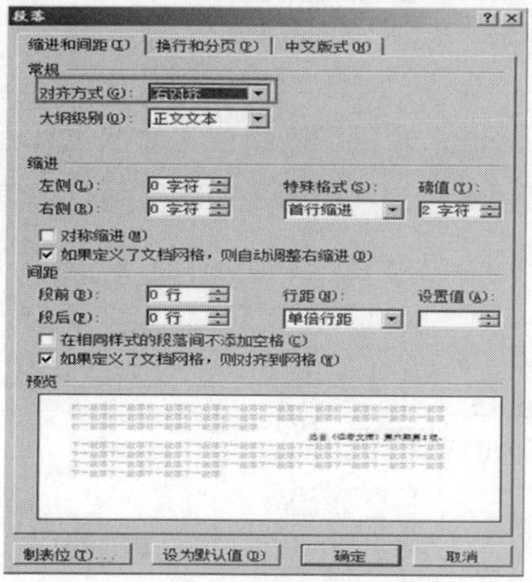


图 3-16　对齐方式设置

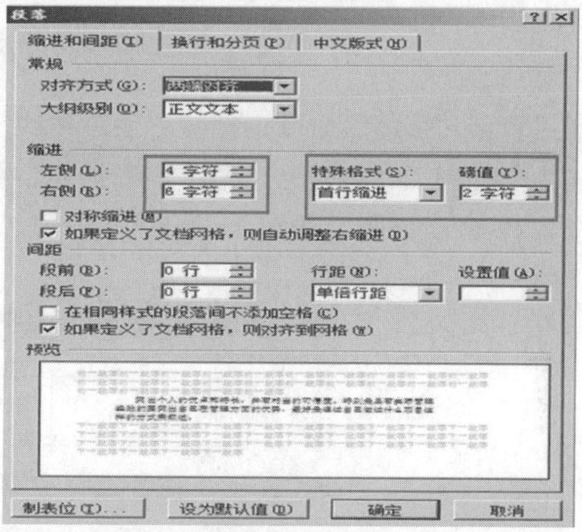


图 3-17　段落缩进和首行缩进

（3）设置段落间距

选中正文的第一段，在“段落”对话框中的“缩进和间距”选项卡下，设置段前、段后各 0.5 行；选中正文最后一段，设置段落间距：段前 0.5 行，段后 1.5 行。段落间距设置如图 3-18 所示。

（4）设置行距

选中正文的第一段，在“段落”对话框中的“缩进和间距”选项卡下，单击“行距”下拉列表，设置 1.5 倍行距；选中正文最后一段“最后……”设置行距为固定值 25 磅。行间距设置如图 3-18 所示。

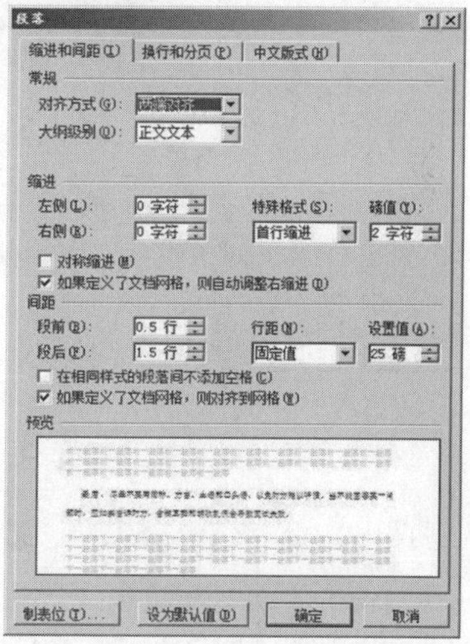


图 3-18　段落间距和行距设置

2. 查找与替换操作

（1）查找文档中的“以事实说话”几个字，替换为“从实际出发”

选择“开始”｜“编辑”｜“替换”命令，在弹出的“查找和替换”对话框的“查找内容”文本框中，输入要替换格式的文字“以事实说话”,“替换为”文本框中输入“从实际出发”，单击“替换”按钮。如图 3-19 所示。

（2）将文档中所有的“语言”设置为红色、华文行楷、三号、加粗格式。

选择“开始”｜“编辑”｜“替换”命令，在弹出的“查找和替换”对话框的“查找内容”文本框中，输入“语言”，在“替换为”文本框中，输入“语言”，单击“格式”

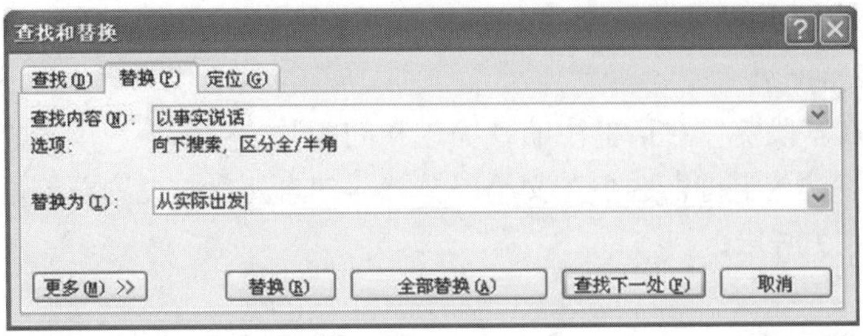


图 3-19　替换文本内容操作

按钮，单击“字体”命令，打开“字体格式设置”对话框，设置字体颜色为标准色红色、字体为华文彩云、字号为二号、字形加粗，单击确定，返回“查找和替换”对话框，单击“全部替换”按钮。 如图 3-20 所示。

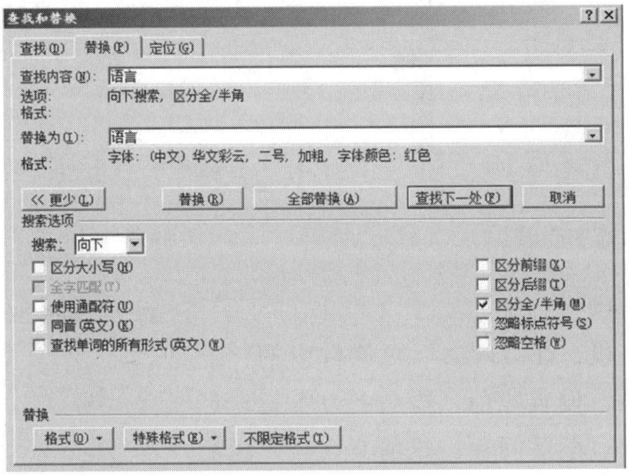


图 3-20　批量替换文本格式操作

完成以上操作后，将文件另存到 D:\班级\word 实例\实训二 文件夹，名为：任务 2. docx。

## 任务 3　设置首字下沉及边框和底纹

打开 D:\班级\word 实例 文件夹中的“语言就是力量 1. docx”文档。

1. 设置首字下沉操作

将光标插入点定位在第一段内的任何位置，单击“插入” | “首字下沉”，打开“首字下沉”下拉列表，单击“首字下沉”选项，打开“首字下沉”对话框，选择“下沉”，设置字体为华文细黑，设置下沉行数为 2 行，距正文距离 0.1 厘米（也可以设置为磅值），单击确定。 如图 3-21 所示。

2. 设置边框和底纹

（1）设置文字、段落边框

单击“开始”选项卡的“段落”组中的“下框线”按钮旁边的下拉按钮（选择过一次后，系统将用“边框和底纹”按钮替换该按钮），在弹出的下拉列表中选择“边框和底纹”选项，打开“边框和底纹”对话框，如图 3-22 所示。

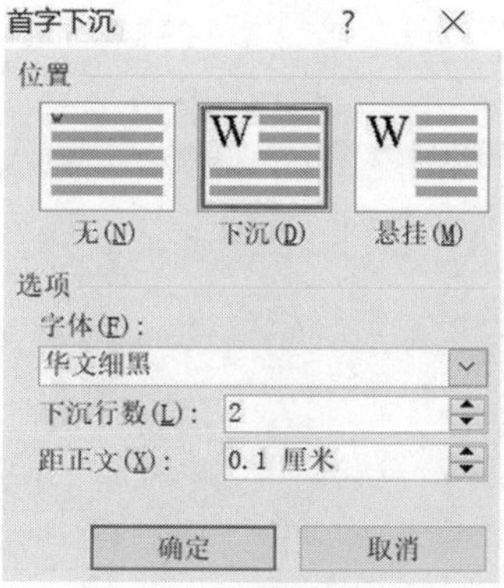


图 3-21　设置首字下沉

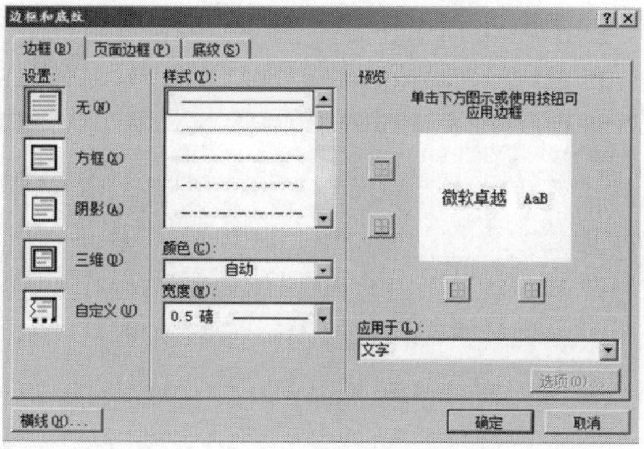


图 3-22　边框和底纹设置对话框

选中标题文字，打开“边框和底纹”对话框，在“边框”选项卡下，选择“设置”下的方框，在样式列表中选择双线，颜色为红色，宽度 1.5 磅，应用于:文字，单击确定。如图 3-23 所示。

选中第五自然段，选择“设置”下的方框，在样式列表中选择粗细线，颜色为绿色，宽度 2.25 磅，应用于：段落，单击确定。 如图 3-24 所示。

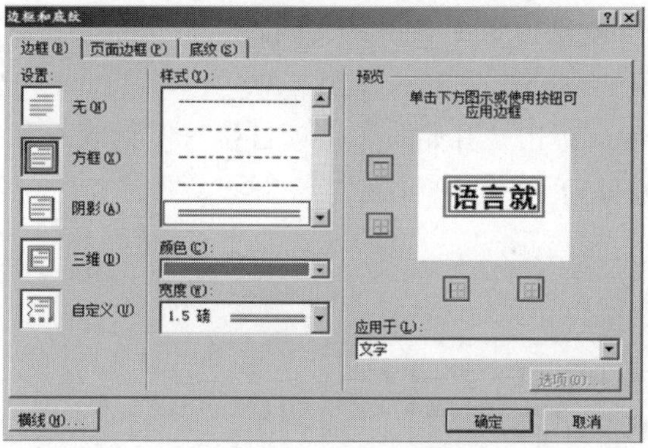


图 3-23　设置文字边框

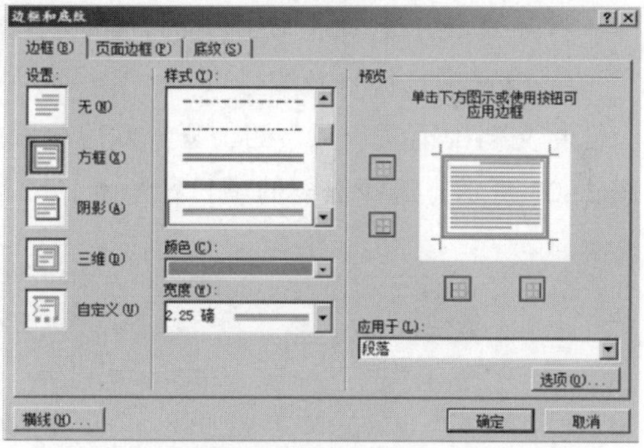


图 3-24　设置段落边框

**技能训练**

将文档中第一段的“妙语连珠，耐人寻味”设置为阴影边框，颜色为橙色，宽度 2.25 磅，应用于：文字。

**拓展思维**

我们能不能将第三自然段设置成上、下双波浪线边框呢？ 请同学们自己尝试操作。

（2）设置文字、段落底纹

选中正文的第一段中的“文化素质和内涵修养”，打开“边框和底纹”对话框，单击“底纹”选项卡，单击“填充”颜色列表，选择浅绿色，应用于：文字，单击确定。 如图 3-25 所示。

选中第三自然段，打开“边框和底纹”对话框，单击“底纹”选项卡，单击“图案”下的“样式”列表，选择“浅色网格”样式，颜色为标准色浅蓝，应用于：段落，单击确定。 如图 3-26 所示。

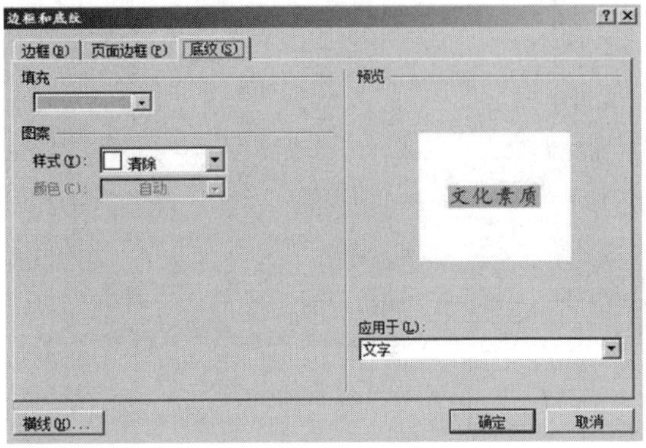


图 3-25　设置文字底纹

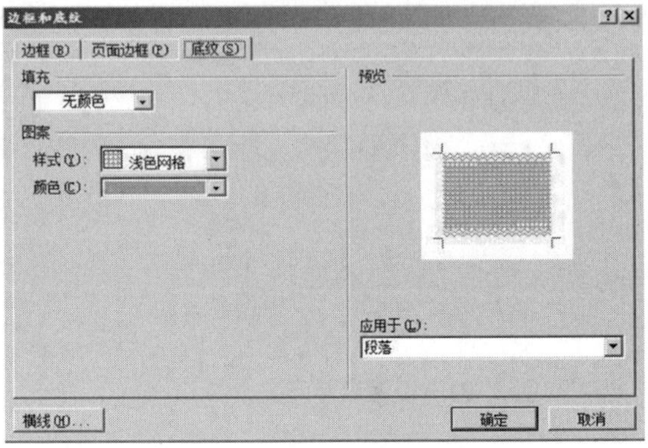


图 3-26　设置段落底纹图案样式

完成以上操作后，将文件另存到 D:\班级\word 实例\实训二 文件夹，名为：任务 3. docx。

## 任务 4　设置项目符号与编号、中文版式及简繁转换

打开 D:\班级\word 实例 文件夹中的“语言就是力量 1. docx”文档。

1. 设置项目符号及编号

将文档中第二、三、四、五、六段全部选中，单击“开始” | “项目符号”列表，如图 3-27 所示，选择需要的项目符号 •，项目编号同上。

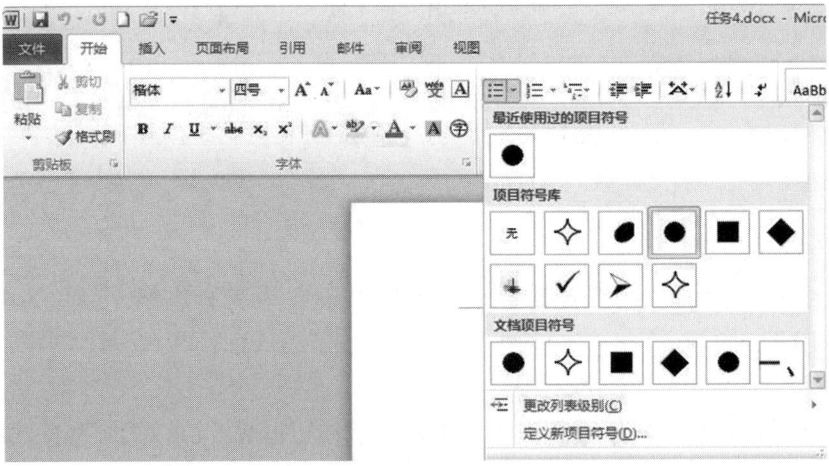


图 3-27　项目符号设置

**知识拓展**

项目符号库的符号可以通过定义新项目符号方式添加，也可以通过“字体…”设置其

字体、大小、颜色、字形等操作。

2. 简繁转换设置

选中标题文字，单击“审阅”｜“简繁转换”，打开“中文简繁转换”对话框，单击“简体中文转换为繁体中文”选项，单击确定。如图 3-28 所示。

3. 中文版式设置

（1）带圈字符设置

分别选中正文第一段中的“文化素质”四个字，单击“开始”，在字体组中单击“带圈字符”，打开“带圈字符”设置对话框，选择“增大圈号”，将“文”设置为圆圈，“化”设置为方框，“素”设置为菱形，“质”设置为三角形。如图 3-29 所示。

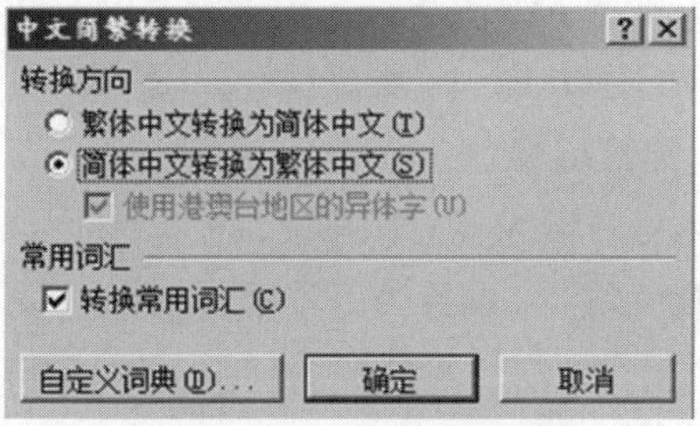


图 3-28　设置中文简繁转换

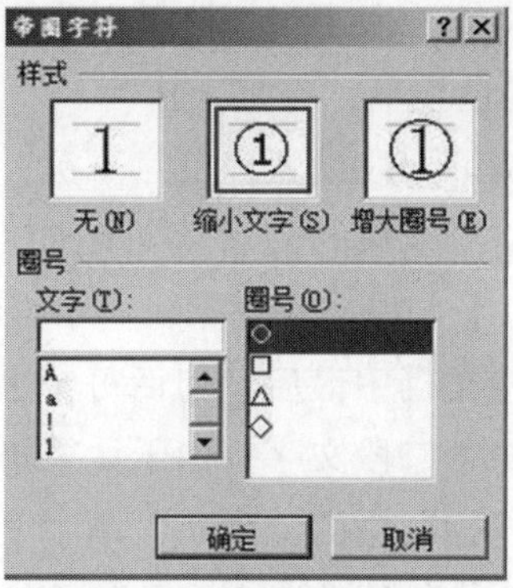


图 3-29　设置带圈字符

（2）给文字加拼音

将文档中第二段“展示个性……别人的言论”选中，单击“开始”，在字体组中单击“拼音指南”，打开“拼音指南”对话框，设置字号为 7，单击确定。如图 3-30 所示。

（3）双行合一

将文中第五段第一句话选中，设置为二号字，加粗。然后，单击“开始”，在字体组中单击“中文版式”下拉列表中单击“双行合一”，单击确定。如图 3-31 所示。

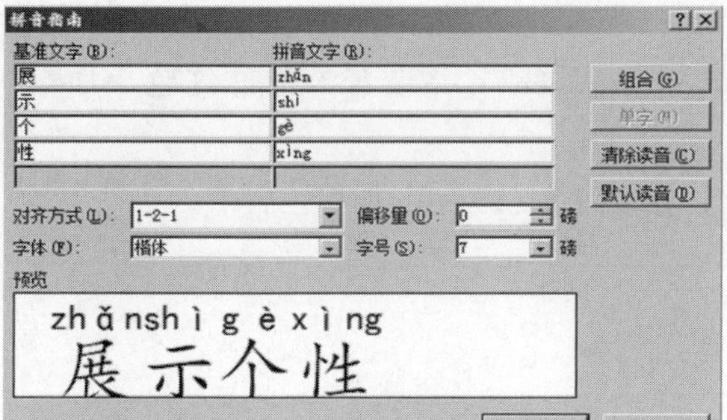


图 3-30　拼音指南设置

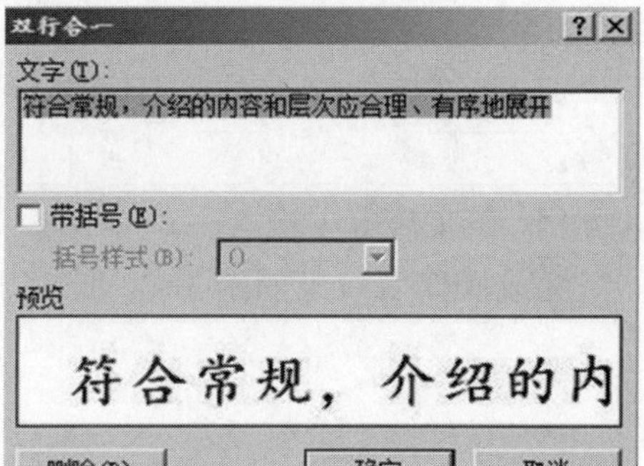


图 3-31　双行合一设置

完成以上操作后，将文件另存到 D:\班级\word 实例\实训二 文件夹，名为：任务 4. docx。

## 实训练习

打开 D:\班级\word 实例 文件夹中的“计算机教学 . docx”文档，完成以下操作后，将文件另存到 D:\班级\word 实例\实训二 文件夹中，名为：实训练习 . docx。

1. 将标题设置为二号字，黑体，居中，加粗，倾斜，并设置为繁体字。

2. 将正文设置为首行缩进 2 个字符，华文楷体、四号字。

3. 将第二段中“要注重课堂上的演示操作”设置为三号字，华文行楷，字符颜色设置为标准色浅蓝，并加上拼音。

4. 将第一段设置为首字下沉，下沉字体为黑体、下沉 2 行、距正文 5 磅。

5. 将第一段的最后一句话加上下划线，粗波浪线，标准色红色。 给第一段末尾的“非常棘手”加上双删除线，字符颜色设置为标准色绿色。

6. 将文档中最后一句话每个字都加上着重号，设为任意阴影字。

7. 将第二段文字“由于计算机……无法看清楚”，设置为二号字，加粗，双行合一。

8. 将标题中的“教学”两个字设置为上标，“教育”两个字设置为下标，并加上文字边框：线形为粗细线，颜色为标准色红色，宽度为 3 磅。

9. 将最后一段中“学生的作业”设置字符间距缩放 200%，颜色设置为：标准色紫色，分别设置成四种带圈字符。

10. 将第二段中的字符间距加宽 2 磅，并设置文本效果：外部阴影，向右偏移。

11. 将第二段段落间距设置为段前、段后各 1 行；填充底纹白色，背景 1，深色 5%；加上双波浪线上下边框，边框颜色设置为标准色蓝色。

12. 将最后一段设置为 2 倍行距，其中“调试器”字符提升 6 磅，标准色橙色；将“表达式”字符下降 6 磅，标准色黄色。

13. 将第二片段段中“利用转换信号手段”设置文本效果：填充-无，轮廓-强调文字颜色 2。

14. 将文档中所有的“计算机”替换成“computer”，并设置为标准红色、加粗、二号。

15. 在文档末尾输入：$a^2+b^2=c^2$　$Fe_2O_3$，并设置为二号字，加粗，居中。

完成操作后效果如图 3-32 所示。

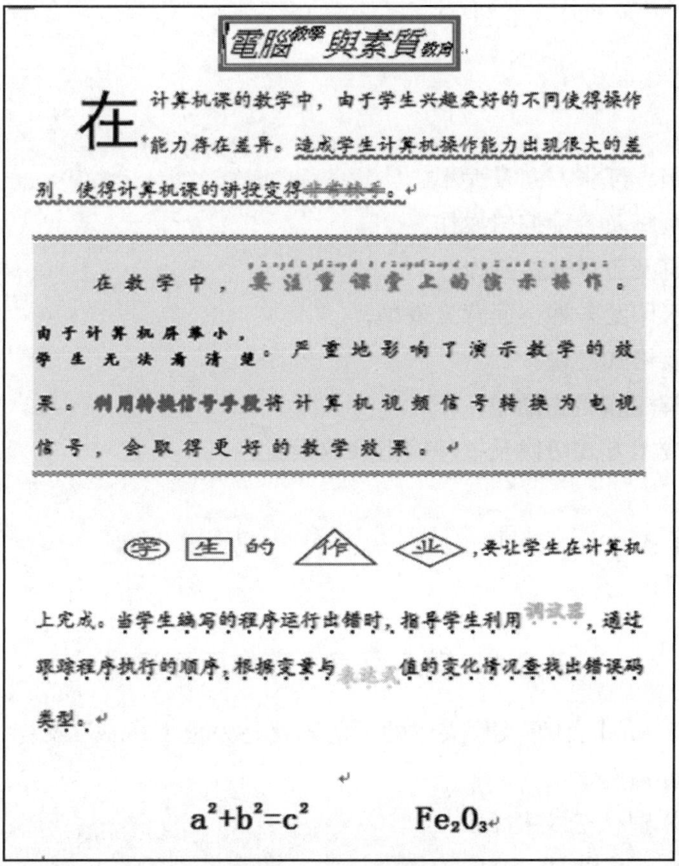


图 3-32　实训练习效果图

## 实训三　页面设置与输出打印

### 实训目的

熟练掌握页面设置操作方法。
熟练掌握页眉页脚设置操作方法。
熟练掌握各种分栏设置操作方法。
理解分隔符的插入操作方法及意义。
掌握文档水印及页面背景各种设置操作方法。
掌握脚注、尾注的插入方法。
掌握页码的插入方法及格式设置。
了解不同视图下浏览文档与打印输出参数设置操作。

## 实训内容

1. 设置页边距、纸张方向及大小。
2. 插入页眉页脚及各种编辑操作。
3. 插入分隔符及各种分栏操作。
4. 设置文档水印及各种页面背景效果。
5. 插入页码及格式设置。
6. 文档插入脚注和尾注操作。
7. 了解各种视图方式切换及打印输出参数设置。

## 实训步骤

### 任务1　插入页眉页脚与页面设置

打开 D:\班级\word 实例 文件夹中的“语言就是力量 1. docx”文档。

1. 设置页眉页脚操作

页眉和页脚分别位于文档每页的顶部或底部，可以插入页码、日期等文字或图标。在文档中可以自始至终使用同一个页眉和页脚，也可在文档的不同部分使用不同的页眉和页脚。

（1）插入页眉

①单击“插入”选项卡下“页眉和页脚”组中的“页眉”下拉按钮，在弹出的下拉列表中选择“编辑页眉”选项，如图 3-33 所示。

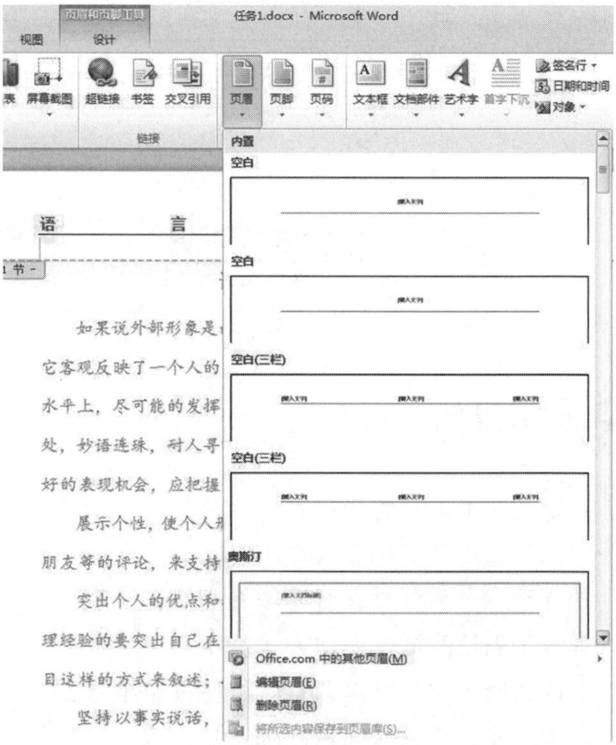


图 3-33　插入页眉

②在页眉位置的文本框中输入页眉文本“语言就是力量”，并设置“字号”为“四号”，加粗，标准红色，分散对齐。

（2）插入页脚和页码

①在“页眉和页脚工具”的“设计”选项卡中按照插入页眉

的方法插入页脚和页码，如图 3-34 所示。

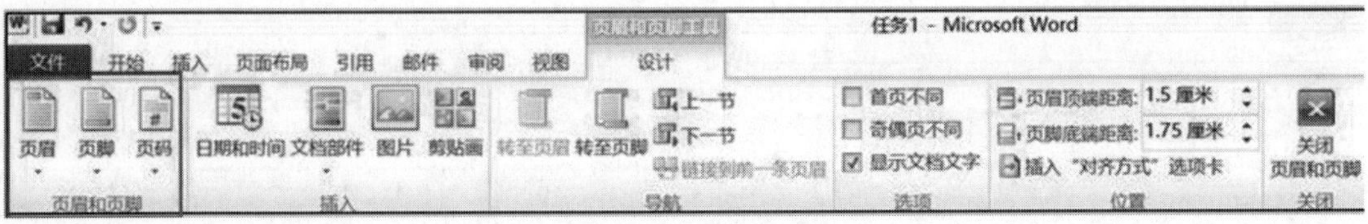


图 3-34 插入页脚和页码

②设置完页眉和页脚的文档效果如图 3-35 所示。

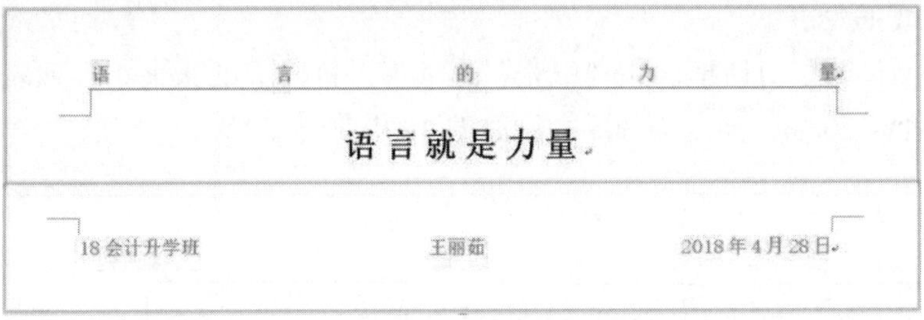


图 3-35 设置完页眉和页脚的文档效果

（3）退出页眉和页脚

设置完页眉和页脚后，单击“关闭”组中的“关闭页眉和页脚”按钮，即可退出页眉和页脚编辑状态，返回到文档编辑界面，如图 3-36 所示。

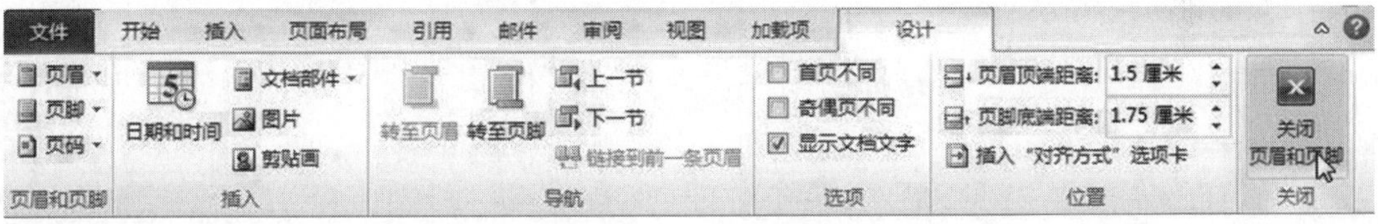


图 3-36 退出页眉页脚

（4）删除页眉上横线的方法

如果删除页眉文字时，页面上还保留一根横线，那么删除此横线的方法是进入页眉编辑状态下，选中页眉后将其样式设置为“正文”即可。

2. 页面设置操作

页面设置包括纸张大小、页边距、文档网格和版面等。这些设置是打印文档之前必须要做的准备工作，可以使用默认的页面设置，也可以根据需要重新设置。设置页面既可以在输入文本之前进行，也可以在输入的过程中或文本输入之后进行。

（1）设置页边距、纸张方向

①打开素材文件，单击“页面布局”选项卡下“页面设置”组中的“对话框启动器”按钮，如图 3-37 所示。

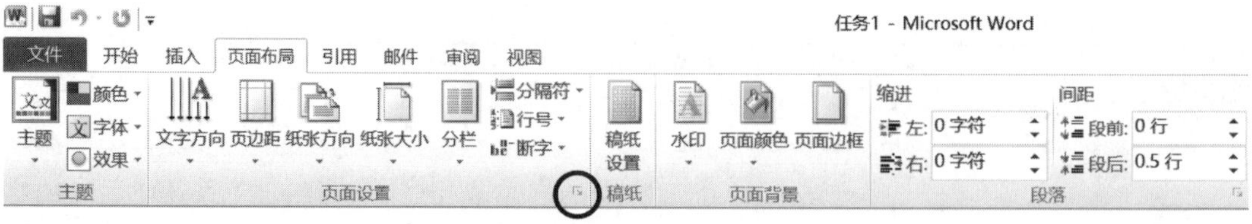


图 3-37　打开“页面设置”对话框

②在弹出的“页面设置”对话框的“页边距”选项卡下，设置“上”“下”页边距为 2.5cm，“左”“右”页边距为 3cm。如图 3-38 所示。

（2）设置纸张大小

打开“页面设置”对话框，在“纸张”选项下，打开“纸张大小”列表，选择“自定义大小”，宽度为 20cm，高度为 30cm。如图 3-39 所示。

图 3-38　设置页边距

图 3-39　设置纸张大小

（3）设置版式和文档网格

在“页面设置”对话框的“版式”选项卡中设置页眉和页脚距边界的距离为 1.2cm 和 1.5cm，在“文档网格”选项卡中设置文档网格为“指定行和字符网格”，每行字符数为“40”，最后单击“确定”按钮，即可完成页面设置操作，如图 3-40，图 3-41 所示。

**操作小提示**

设置纸张大小、方向、页边距等页面设置操作时不用选中文本。

完成以上操作后，将文档另存到 D:\班级\word 实例\实训三 文件夹中，名为：任务 1. docx。

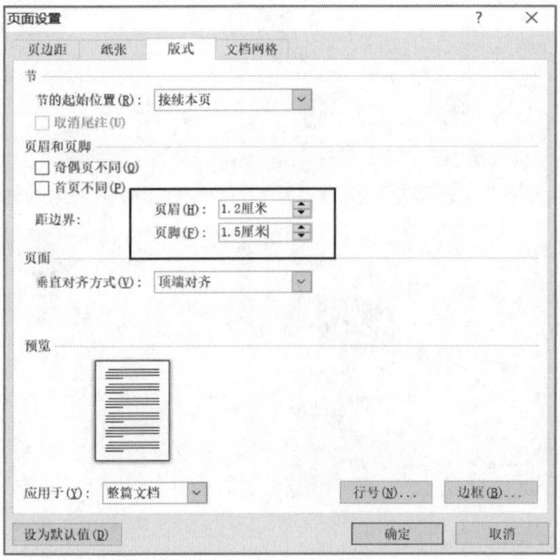


图 3-40　设置版式

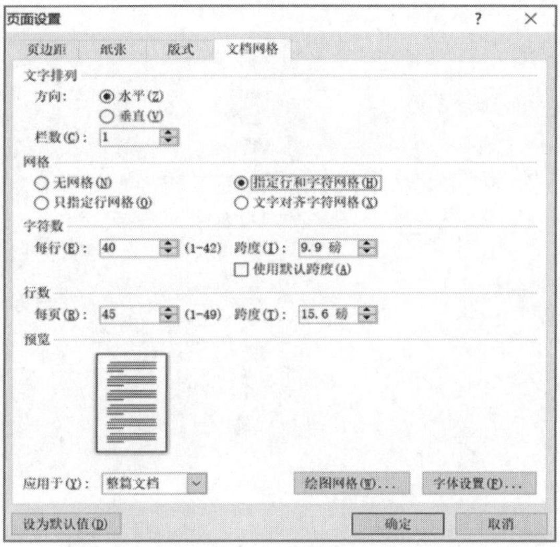


图 3-41　设置文档网格

## 任务 2　设置分栏、插入分隔符

1. 设置分栏操作

（1）栏宽相等分栏

选中文档的第一段，单击“页面布局”｜“分栏”，打开“分栏”列表，单击更多分栏，打开“分栏”对话框，设置栏数为两栏，分别将“栏宽相等”和“分隔线”两个复选框勾选上，单击确定。如图 3-42 所示。

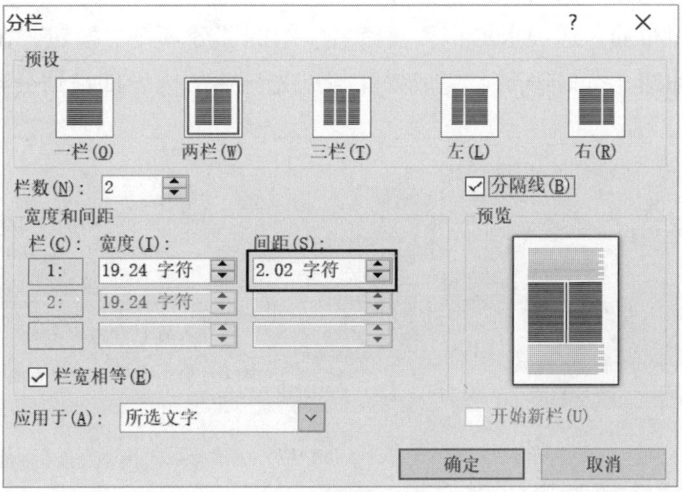


图 3-42　设置栏宽相等分栏操作

（2）栏宽不相等分栏

当分栏要求栏宽不相等时，首先选好栏数，然后取消栏宽相等设置，再进行各栏的栏宽字符设置，否则，栏间距会发生改变。如图 3-43 所示。

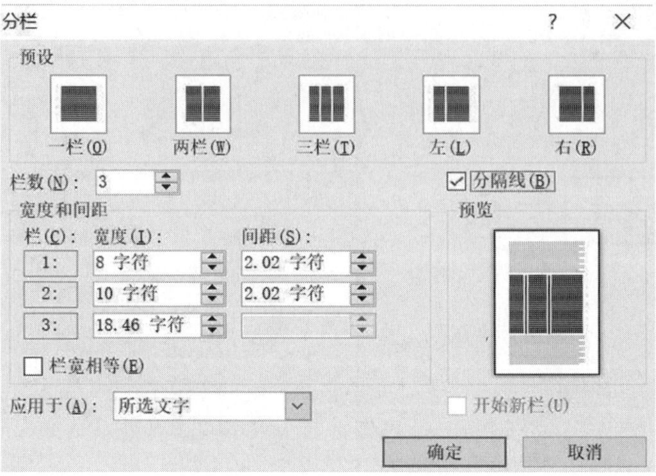


图 3-43 设置栏宽相等分栏操作

**操作小提示**

栏间距默认值为 2.02 字符，没有特殊要求，无需改变。

2. 插入分隔符

在 Word 编辑中，经常要对正在编辑的文档进行分开隔离处理，例如因章节的设立需另起一页，这时就要使用分隔符。常用的分隔符有：分页符、分节符和分栏符。

（1）插入分页符

分页符是将文档从插入分页符的位置强制分页。在文档中插入分页符，表明一页结束而另一页开始。插入分页符的操作方法如下：

①将光标定位到要分页的位置，第三自然段末尾；

②单击“页面布局”选项卡的“页面设置”组的“分隔符”按钮，在弹出的下拉列表中选择分页符，如图 3-44 所示。完成操作后，光标后的内容即被划分到下一页显示。

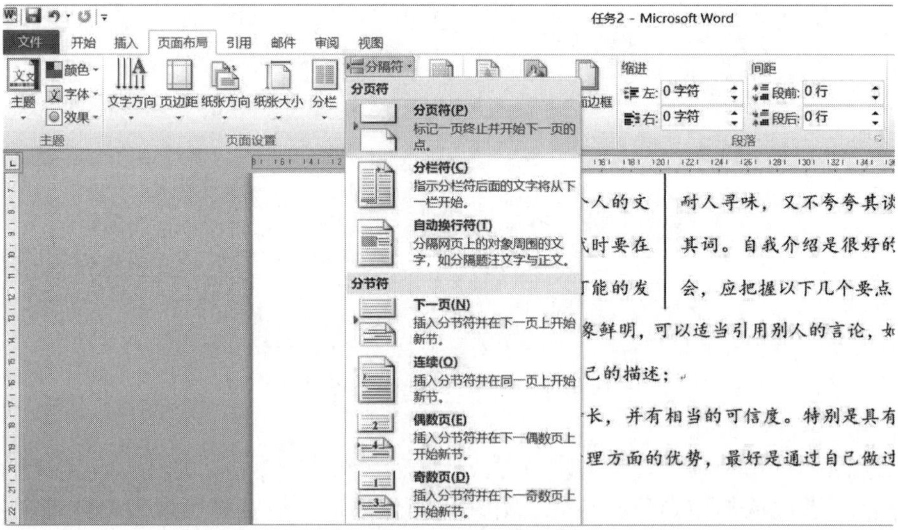


图 3-44 设置分页符

（2）插入分节符

在一节中设置相对独立的格式时插入的标记。要使文档各部分版面形态不同，可以把文档分成若干节，对每个节可设置单独的编排格式。节的格式包括栏数、页边距、页码、页眉和页脚等。例如，将两页设置成不同的艺术型页面边框，又如希望将一部分内容变成分栏格式的排版，另一部分设置不同的页边距，都可以用分节的方式来设置其作用区域。具体操作方法如下：

①将光标定位到要分节的位置；

②单击“页面布局”选项卡的“页面设置”组的“分隔符”按钮，在弹出的下拉列表中选择分节符类型。

完成以上操作后，将文件另存到 D:\班级\word 实例\实训三 文件夹，名为：任务 2. docx。

## 任务 3 设置页面边框、插入页码及脚注尾注

1. 设置页面边框

页面边框设置分为普通线型的边框和艺术型边框两种。普通线型的页面边框设置操作步骤和效果，参考文字和段落底纹边框设置。设置艺术型边框操作如图 3-45 所示，打开“边框和底纹”对话框，单击“页面边框”选项卡，单击“艺术型”下拉列表，选择艺术型边框图案，通过宽度列表设置图案的大小，调整为 20 磅，应用于：整篇文档，单击确定。

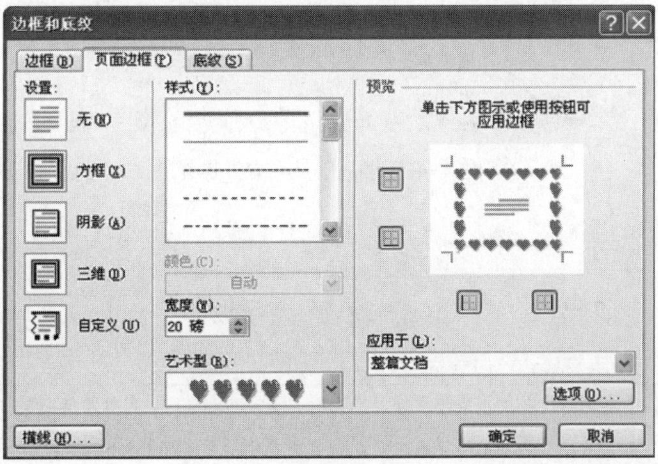


图 3-45 设置艺术型页面边框

2. 插入页码

单击“插入”｜“页码”，在下拉列表中选择页码位置，页面底端居中对齐样式，进入页码编辑状态，输入页码，然后双击页面任意位置，退出页码编辑状态。在下拉列表中，还可以选择“设置页码格式…”，打开页码格式设置对话框，设置页码格式为-1-形式。为了方便能看得清楚，设置页码加粗、四号。页码设置如图 3-46 所示。

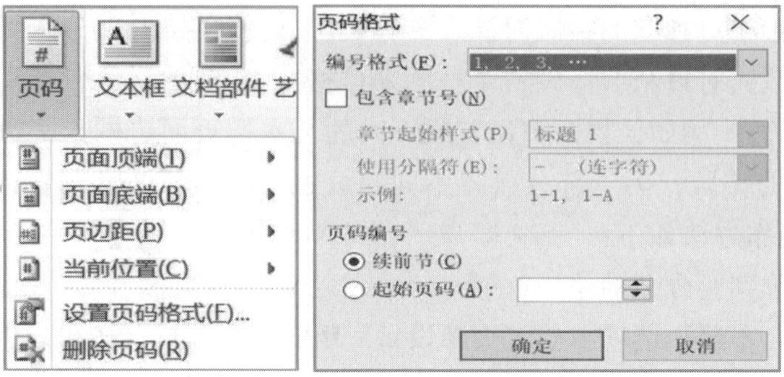


图 3-46　插入页码设置

3. 插入脚注尾注

选择第一段中的"可信度"，加上双下划线，单击"引用"选项卡｜"插入脚注"。如图 3-47 所示。在文本选定部分尾部右上角位置显示标记"1"，同时在当前页面底端出现脚注编辑状态，输入脚注内容："值得信赖的程度。"；选中文档的第一段，单击"引用"选项卡｜"插入尾注"，在选定部分尾部右上角显示标注 i ,同时在文档末尾显示尾注的编辑状态，输入尾注内容："选自《计算机应用基础实训指导》图 3-1 文本内容。"如图 3-48 所示。

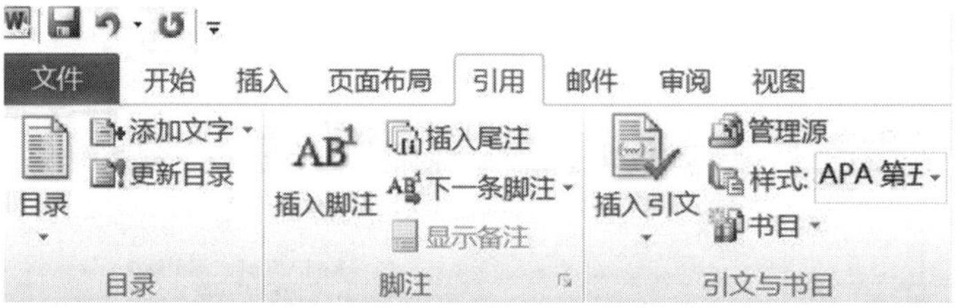


图 3-47　插入脚注和尾注操作

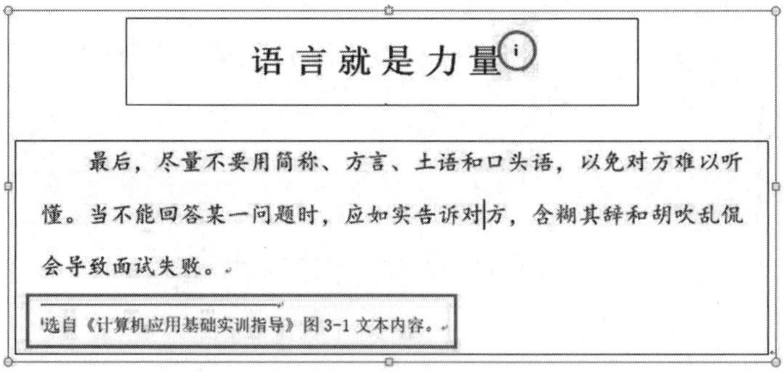


图 3-48　插入尾注的效果图

完成以上操作后，将文件另存到 D:\班级\word 实例\实训三 文件夹，名为：任务 3. docx。

## 任务 4　设置水印与页面颜色

1. 设置水印背景

（1）设置图片水印

单击“页面布局”｜“水印”｜“自定义水印”，打开“水印”对话框，如图 3-49 所示。 单击“图片水印”，选择图片，设置缩放 500%，选择“冲蚀”效果。

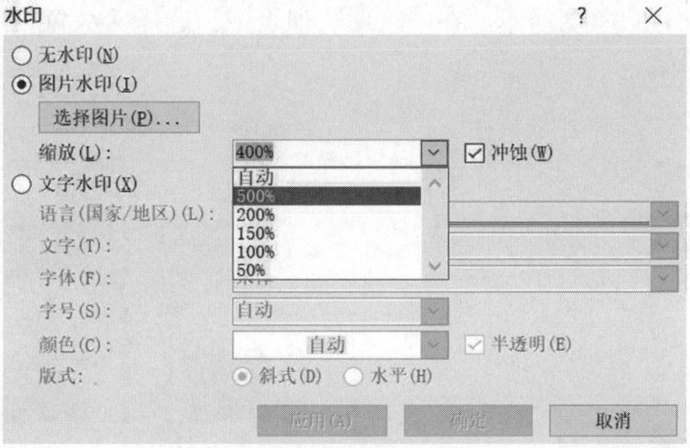


图 3-49　水印设置

（2）设置文字水印

将文档设置文字水印，在页面内容后面插入虚影文字，这通常用于表示要将文档特殊对待，如“机密”或“紧急”。 单击“页面布局”｜“水印”｜“自定义水印”，打开“水印”对话框，单击“文字水印”，文字内容：部门绝密（也可以自设文字内容），字体为方正舒体，颜色红色，半透明，字号 48，版式为斜式，如图 3-50 所示，并观察透明与半透明的效果有什么不同。

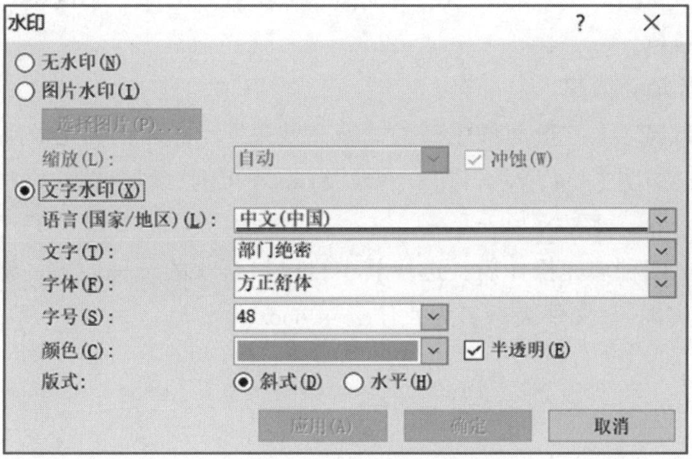


图 3-50　设置文字水印

2. 设置页面颜色

（1）设置渐变填充效果

单击“页面布局”｜“页面颜色”｜“填充效果”，打开“填充效果”对话框，如图3-51所示，在“渐变”选项卡下，单击“预设”，打开“预设颜色”下拉列表，选择“雨后初晴”，“底纹样式”选择“斜下”，“变形”选择四分之三。

（2）设置纹理填充效果

单击“页面布局”｜“页面颜色”｜“填充效果”，打开“填充效果”对话框，单击“纹理”选项卡，如图3-52所示，在“纹理”列表中，选择“水滴”。

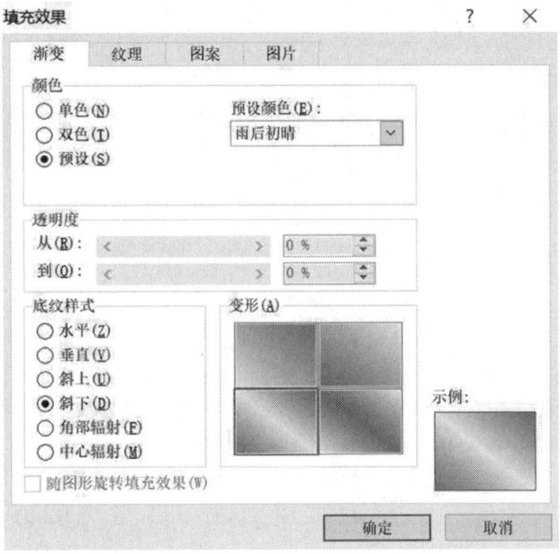


图3-51　设置页面颜色

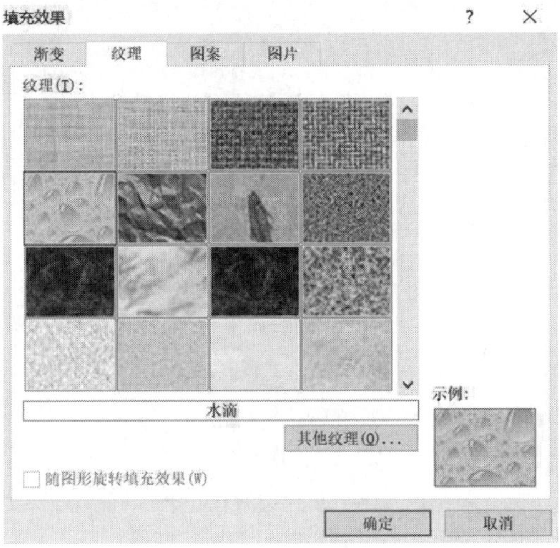


图3-52　设置纹理填充效果

（3）设置图案填充效果

单击“页面布局”｜“页面颜色”｜“填充效果”，打开“填充效果”对话框，单击“图案”选项卡，如图3-53所示，在“图案”列表中，选择“小网格”，前景颜色为橙色，背景颜色为白色。

（4）设置图片填充效果

单击“页面布局”｜“页面颜色”｜“填充效果”，打开“填充效果”对话框，单击“图片”选项卡，如图3-54所示，在D:\班级\word实例\素材\图片素材\背景图片 文件夹中选择“背景2.jpg”图片。

分别完成以上四种填充操作后，选择其中自己最喜欢的一种效果，将文件另存到D:\班级\word实例\实训三 文件夹，名为：任务4.docx。

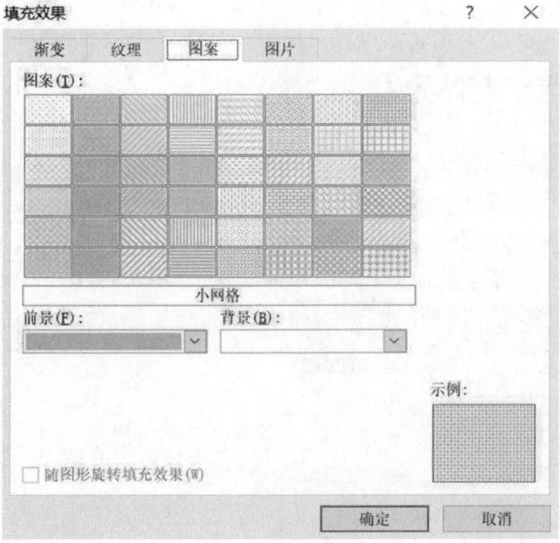


图 3-53　设置图案填充效果

图 3-54　设置图片填充效果

## 任务 5　浏览文档与打印输出

1. 浏览文档

Word 2010 为用户提供了页面视图、阅读版式视图、Web 版式视图和大纲视图等视图方式，以方便用户浏览。 可以选择“视图”选项卡下“文档视图”组中的不同方式进行切换，默认视图为“页面视图”，同样也可以选择状态栏右侧工具栏上的视图切换按钮，如图 3-55 所示。

图 3-55　视图切换工具栏

2. 打印输出

当文档编辑好之后，有时可能需要将其打印出来，单击“文件”选项卡下的“打印”按钮，在弹出的界面中选择打印的“页数”“份数”后，单击“打印”按钮即可完成操作，如图 3-56 所示。

**操作小提示**

常用视图分为页面视图、大纲视图、Web 版式视图、阅读版式视图和草稿视图。 在页面视图方式下可以进行各种格式设置，所见即所得。 大纲视图可以查看分栏符、分节符、分页符状态，同时可以在大纲视图下删除分栏符、分节符和分页符。

图 3-56 打印设置

## 实训练习

1. 输入文本内容

输入如下文本内容，并保存到 D:\班级\word 实例 文件夹，名为：简单道理 . docx。

简单道理

从前，有两个饥饿的人得到了一位长者的恩赐：一根鱼竿和一篓鲜活硕大的鱼。 其中，一个人要了一篓鱼，另一个人要了一根鱼竿，然后他们分道扬镳了。

得到鱼的人原地就用干柴搭起篝火煮起了鱼，他狼吞虎咽，还没有品出鲜鱼的肉香，转瞬间，连鱼带汤就被他吃了个精光，不久，他便饿死在空空的鱼篓旁。 另一个人则提着鱼竿继续忍饥挨饿，一步步艰难地向海边走去，可当他看到不远处那片蔚蓝的海洋时，他浑身的最后一点力气也使完了，他也只能眼巴巴地带着无尽的遗憾撒手人间。

还有两个饥饿的人，他们同样得到了长者恩赐的一根鱼竿和一篓鱼。 只是他们并没有各奔东西，而是商定共同去找寻大海，他们俩每天只煮一条鱼充饥，终于他们经过遥远的跋涉，来到了海边，从此，开始了捕鱼为生的日子。 几年后，他们盖起了房子，有了各自的家庭、子女，有了自己建造的渔船，过上了幸福安康的生活。

2. 完成以下排版操作

(1)将标题文字设置为隶书、一号、加粗、居中，字符间距5磅，填充底纹：白色，背景1，深色35%。

(2)正文设置为华文楷体、四号，首行缩进2字符。

(3)将第二段从“另一个……”位置另起一段，作为第三自然段。

(4)第二段设置段间距：段前、段后各0.5行；加上图案底纹：浅色横线，颜色为标准紫色。

(5)第一段的“分道扬镳”，加上红色、三线、0.75磅边框。

(6)将第三段分为三栏，栏宽相等，加分隔线。

(7)将文档最后一句话填充底纹：主题颜色中的橙色，强调文字颜色6。

(8)给文档设置任意类型页面边框，15磅。

(9)设置图片水印效果，根据图片原始尺寸设置缩放比，加冲蚀效果。

(10)设置页脚内容：三栏内容，学校+班级+姓名。

(11)将标题设置插入尾注：选自③月①日阳城晚报第4版。

(12)页面设置：上下页边距为2.5cm，左右为3cm；纸型自定义：高为28cm，宽为20cm，横向。

完成以上操作后，将文件另存到 D:\班级\word 实例\实训三 文件夹，名为：实训练习.docx。 实训练习操作完成效果如图3-57所示。

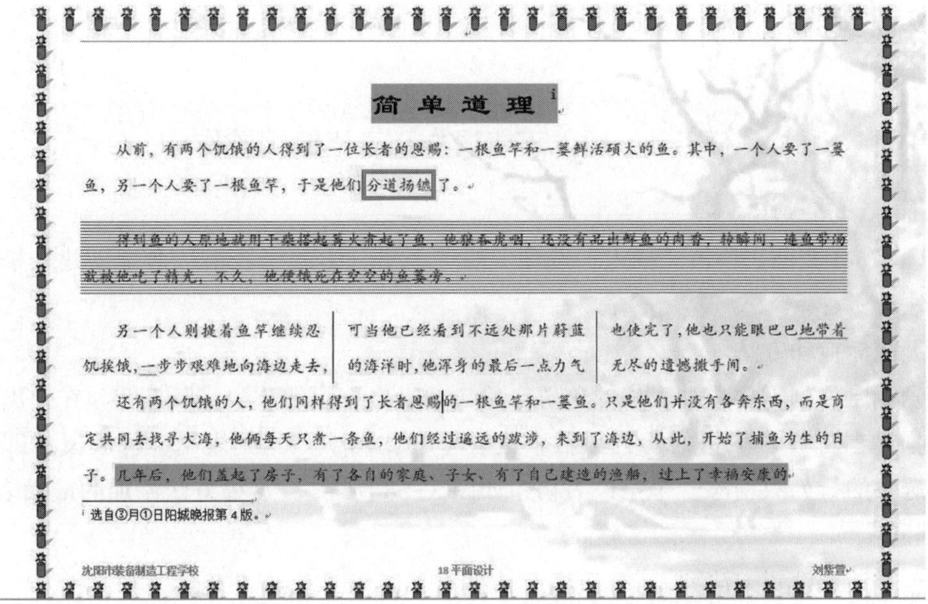
简单道理[i]

从前，有两个饥饿的人得到了一位长者的恩赐：一根鱼竿和一篓鲜活硕大的鱼。其中，一个人要了一篓鱼，另一个人要了一根鱼竿，于是他们分道扬镳了。

得到鱼的人原地就用干柴搭起篝火煮起了鱼，他狼吞虎咽，还没有品出鲜鱼的肉香，转瞬间，连鱼带汤就被他吃了精光，不久，他便饿死在空空的鱼篓旁。

另一个人则提着鱼竿继续忍饥挨饿，一步步艰难地向海边走去，可当他已经看到不远处那片蔚蓝的海洋时，他浑身的最后一点力气也使完了，他也只能眼巴巴地带着无尽的遗憾撒手间。

还有两个饥饿的人，他们同样得到了长者恩赐的一根鱼竿和一篓鱼。只是他们并没有各奔东西，而是商定共同去找寻大海，他俩每天只煮一条鱼，他们经过遥远的跋涉，来到了海边，从此，开始了捕鱼为生的日子。几年后，他们盖起了房子，有了各自的家庭、子女、有了自己建造的渔船，过上了幸福安康的

i 选自③月①日阳城晚报第4版。

沈阳市装备制造工程学校　18平面设计　刘紫萱

图3-57　实训练习效果图

# 实训四 制作 Word 表格

## 实训目的

熟练掌握创建表格和编辑表格操作。

掌握表格格式化的各种操作方法。

掌握表格数据计算排序及文字与表格转换方法。

## 实训内容

1. 插入表格操作及表格编辑操作。
2. 绘制表格方法及表格格式化设置。
3. 表格数据计算排序及文字与表格转换。
4. 制作个人简历表。

## 实训步骤

### 任务 1 插入表格操作及表格编辑操作

1. 插入表格操作

打开 Word 文档，单击“插入”选项卡的“表格”组的“表格”命令创建表格，插入表的方法有 2 种。

（1）鼠标拖动方法

将光标定位到需要添加表格的位置，单击“表格”组的“表格”按钮，在弹出的下拉列表中拖动鼠标设置表格的行列数目，这时可在文档中预览到表格，释放鼠标即可在光标处按选中的行列数增添一个空白表格，如图 3-58 所示。 这种方法添加的最大表格为 8 行 10 列。

（2）对话框设置方法

在图 3-58 中选择“插入表格”命令，在弹出的“插入表格”对话框中，如图 3-59 所示。 按需要输入“列数”“行数”的数值及相关参数，单击“确定”按钮即可插入一个空白表格。

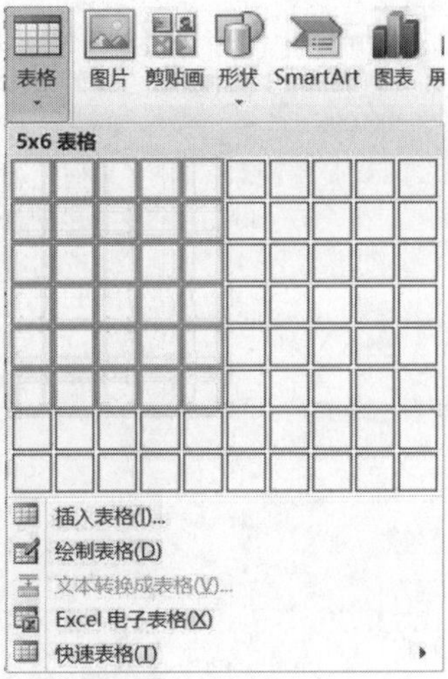


图 3-58　鼠标拖动法插入表格

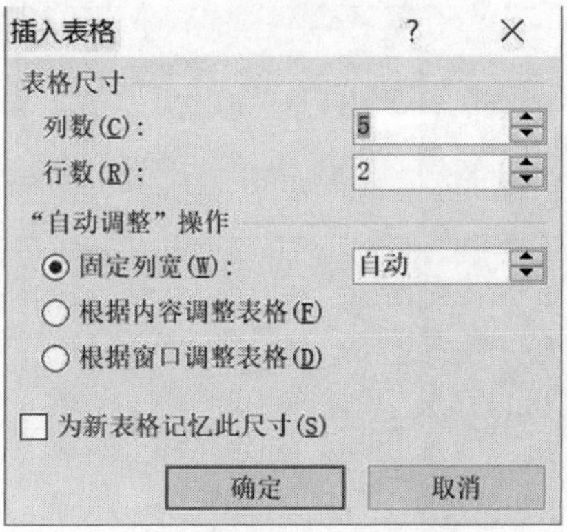


图 3-59　插入表格设置

**技能训练**

在文档中插入一个 6 行 6 列的表格，并输入文本内容。如图 3-60 所示。

课　程　表

| | 星期一 | 星期二 | 星期三 | 星期四 | 星期五 |
|---|---|---|---|---|---|
| 1-2 | 语文 | 数学 | 图形图像 | 语文 | 色彩 |
| 3-4 | 职业道德 | 英语 | 英语 | 数学 | 色彩 |
| 午休 | | | | | |
| 5-6 | 计算机 | 图形图像 | 体育健康 | 构成 | 休息 |
| 7-8 | 技能 | 自习 | 扫除 | 班会 | |

图 3-60　课程表

2. 编辑表格操作

（1）设置行高和列宽

选中整个表格，选择"表格工具"下的"布局"选项卡，设置"行高"为"0.8 厘米"，"列宽"为"2.4 厘米"如图 3-61 所示。

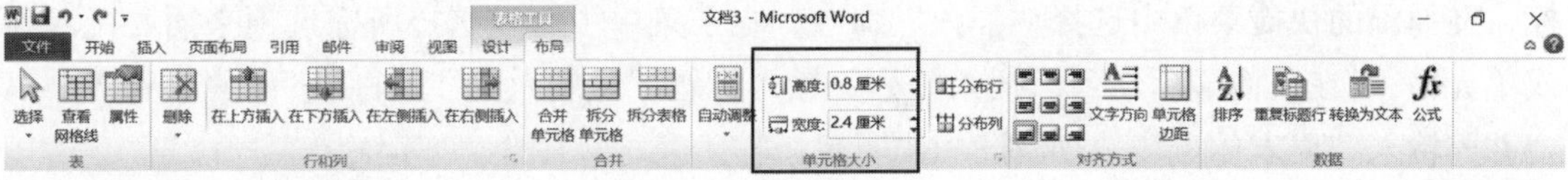


图 3-61　设置行高和列宽

（2）鼠标调整表格行高

根据表格内容通过拖动鼠标的方法调整行高，也可以完成行高、列宽的调整操作。

（3）合并单元格

①选中需要合并的单元格后，单击"布局"选项卡的"合并"组中的"合并单元格"按钮，即可完成合并单元格的操作，如图 3-62 所示。

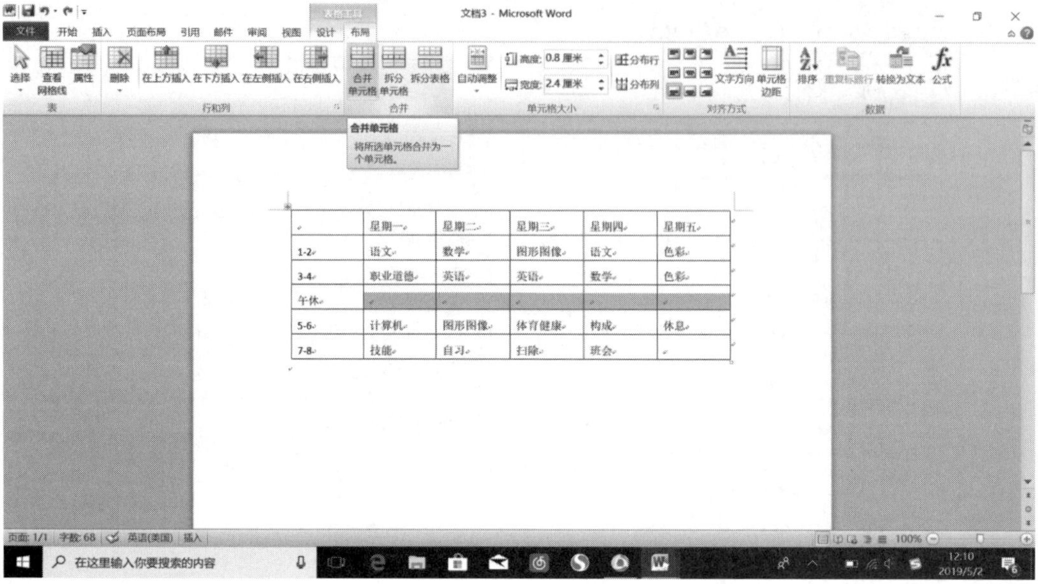


图 3-62 合并单元格

②按照同样的方法合并表中星期五下午的两个单元格，合并后如图 3-63 所示。

课 程 表

| | 星期一 | 星期二 | 星期三 | 星期四 | 星期五 |
|---|---|---|---|---|---|
| 1-2 | 语文 | 数学 | 图形图像 | 语文 | 色彩 |
| 3-4 | 职业道德 | 英语 | 英语 | 数学 | 色彩 |
| 午休 | | | | | |
| 5-6 | 计算机 | 图形图像 | 体育健康 | 构成 | 休息 |
| 7-8 | 技能 | 自习 | 扫除 | 班会 | |

图 3-63 合并单元格

如果需要拆分单元格，选中需要拆分的单元格后，单击“布局”选项卡的“合并”组中的“拆分单元格”按钮即可。

（4）插入行、列、单元格操作

在制作表格的过程中，可以根据需要添加行、列、单元格。选中单元格后右击鼠标，在弹出的快捷菜单中选择“插入”命令，在子菜单中可以选择所需选项来插入行、列或单元格。在表格最后一列后插入一列，输入标题“星期六日”，并将下面的单元格全部合并，输入“周末休息”。如图 3-64 所示。

课 程 表

| | 星期一 | 星期二 | 星期三 | 星期四 | 星期五 | 星期六日 |
|---|---|---|---|---|---|---|
| 1-2 | 语文 | 数学 | 图形图像 | 语文 | 色彩 | 周末休息 |
| 3-4 | 职业道德 | 英语 | 英语 | 数学 | 色彩 | |
| 午休 | | | | | | |
| 5-6 | 计算机 | 图形图像 | 体育健康 | 构成 | 休息 | |
| 7-8 | 技能 | 自习 | 扫除 | 班会 | | |

图 3-64 插入列后课程表

（5）删除行、列、单元格

选中单元格后右击鼠标，在弹出的快捷菜单中选择“删除单元格”命令，在弹出的对话框中选择所要删除的行、列或单元格。

（6）平均分布各行、各列

选中需要均匀设置的所有行或列，选择“表格工具”下的“布局”选项卡，单击分布行按钮 分布行 或分布列按钮 分布列 。

（7）设置单元格文字对齐方式

单击“移动控制点”按钮，选择整个表格文本，在“布局”选项卡下的“对齐方式”组中单击“水平居中”按钮，如图 3-65 所示。

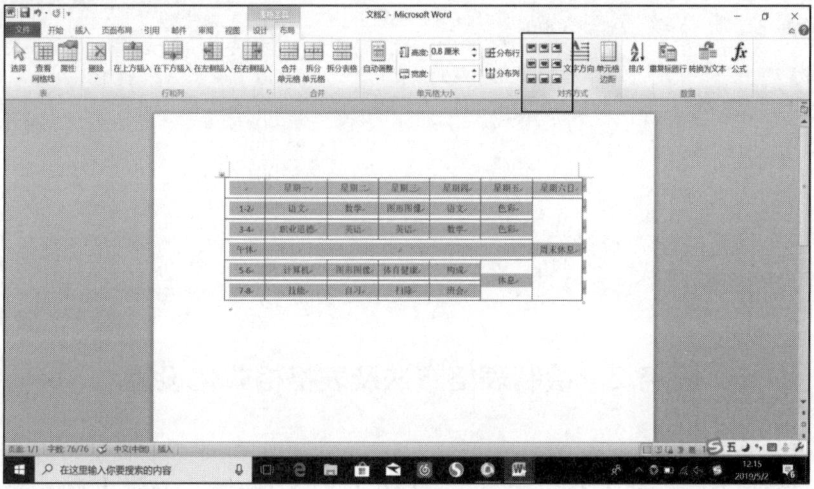


图 3-65　设置文字对齐方式

（8）设置文字方向

选中“周末休息”单元格的文本，单击“布局”选项卡下的“对齐方式”组中的“文字方向”按钮，即可把横排的文字方向设置成纵向排列，如图 3-66 所示。

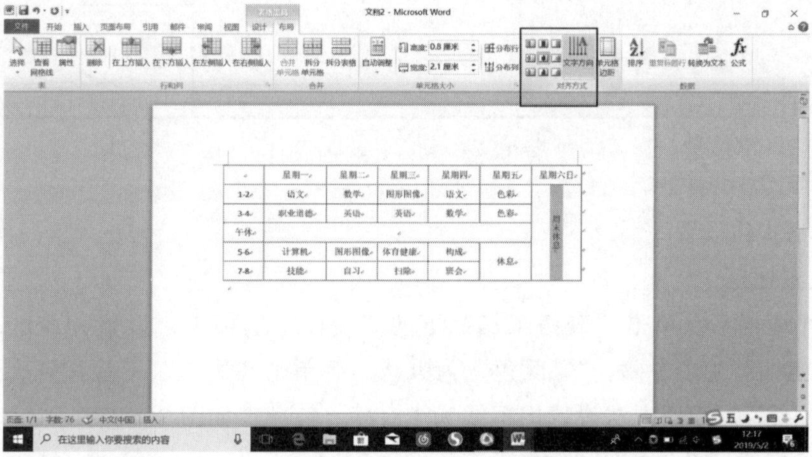


图 3-66　设置文字方向

完成以上操作后，将表格保存到 D:\班级\word 实例\实训四 文件夹，名为：任务 1. docx。

**技能训练**

按要求制作表 3-1 某公司员工工资表。制表要求：表格列宽为 3cm，表格第一行行高为 1cm，其他行高为 0. 8cm；表中所有文字水平居中对齐；表格在页面居中。

表 3-1　　某公司员工工资表

| 三月员工工资表 | | | |
|---|---|---|---|
| 姓名 | 基本工资 | 奖金 | 总工资 |
| 章健 | 2600 | 500 | |
| 李娇娇 | 3000 | 400 | |
| 周文涛 | 2700 | 200 | |
| 彭亮 | 2500 | 300 | |
| 冯向前 | 3500 | 200 | |
| 范勇 | 3900 | 500 | |
| 赵博奕 | 2800 | 300 | |

## 任务 2　绘制表格方法及表格格式化设置

1. 绘制表格操作方法

通过手动绘制方法来插入空白表格。在图 3-58 中选择“绘制表格”命令，鼠标会变成铅笔状，可以在文档中任意绘制表格，而且这时系统会自动展开“表格工具”下的“设计”选项卡，如图 3-67 所示。可以利用其中的工具按钮设置表格边框线，或擦除绘制错误的表格线等。

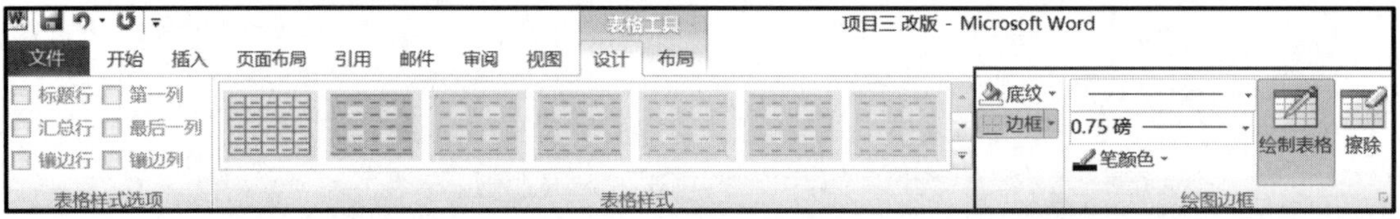


图 3-67　绘制表格工具组

2. 表格格式化设置

（1）设置边框

选中整个表格后，单击“表格工具”下的“设计”选项卡，设置相应的表格“笔样式”，“笔画粗细”为 1. 5 磅，“笔颜色”为默认，后单击“边框”下拉按钮，选择应用范围为“外侧框线”，同样方法设置内框线为 1. 0 磅，红色，如图 3-68 所示。

设置表格框线后效果如图 3-69 所示。

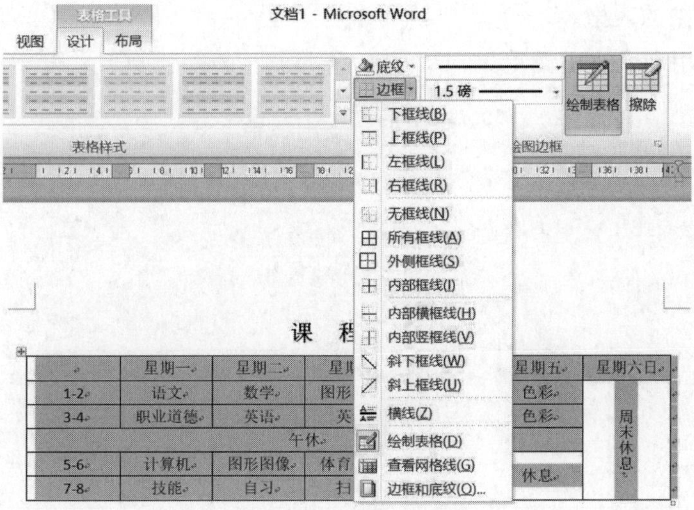


图 3-68　设置边框

课　程　表

| | 星期一 | 星期二 | 星期三 | 星期四 | 星期五 | 星期六日 |
|---|---|---|---|---|---|---|
| 1-2 | 语文 | 数学 | 图形图像 | 语文 | 色彩 | 周末休息 |
| 3-4 | 职业道德 | 英语 | 英语 | 数学 | 色彩 | |
| 午休 | | | | | | |
| 5-6 | 计算机 | 图形图像 | 体育健康 | 构成 | 休息 | |
| 7-8 | 技能 | 自习 | 扫除 | 班会 | | |

图 3-69　设置表格框线后效果

（2）填充表格底纹

选中需要设置底纹的单元格，单击“设计”选项卡下“表格样式”组中的“底纹”下拉按钮，选择所需颜色。分别填充表格中“午休、休息和周末”三个单元格底纹为浅绿色。如图 3-70 所示。

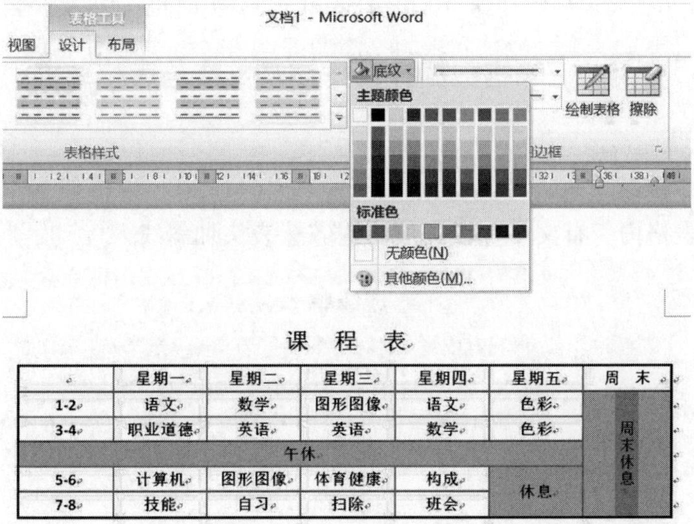


图 3-70　设置表格底纹

3. 制作不规则的表格

如表 3-2 零用现金支出凭单。

表 3-2　　零用现金支出凭单

<table>
<tr><td rowspan="2">零用现金支出凭单<br>PETTY CASH VOUCHER</td><td colspan="3">部门 Department</td></tr>
<tr><td colspan="3">科室 Section</td></tr>
<tr><td>姓名 Name</td><td colspan="3">编号 Number</td></tr>
<tr><td colspan="2" rowspan="2">物品 Item</td><td colspan="2">金额 Amount</td></tr>
<tr><td>英镑 £</td><td>便士 P</td></tr>
<tr><td rowspan="2"></td><td></td><td rowspan="2"></td><td rowspan="2"></td></tr>
<tr><td>总计 Total</td></tr>
<tr><td>申请人 Required by</td><td colspan="3">核准人 Authorized by</td></tr>
<tr><td>签名 Signature</td><td colspan="3">签名 Signature</td></tr>
<tr><td>日期 Date</td><td colspan="3">日期 Date</td></tr>
</table>

操作方法如下：

①利用绘制表格工具，绘制出表格外框；

②绘制表格内 9 条横线，3 条竖线；

③按照样表显示效果，调整表格各行高、列宽；

④用擦除器擦除表格多余线条；

⑤设置表格外框线为 1.5 磅，内框线为 1.0 磅；

⑥输入表格内文字。

完成以上操作后，将表格保存到 D:\班级\word 实例\实训四 文件夹，名为：任务 2. docx。

## 任务 3　表格数据计算排序及文字与表格转换

**巩固旧知**

制作表格 3-3 成绩单表。 制表要求：外框线为 1.5 磅，内框线为 1.0 磅；表中第一条横线为双线；表格内所有文本加粗并居中对齐；表头加斜线。

表 3-3　　成绩单

| 课程<br>姓名 | 职业道德 | 英语 | 计算机 | 体育 | 语文 | 总成绩 |
|---|---|---|---|---|---|---|
| 赵立平 | 80 | 90 | 91 | 60 | 80 | |
| 程扬 | 86 | 86 | 87 | 78 | 84 | |
| 宋玲 | 75 | 80 | 67 | 80 | 75 | |

1. 数据计算

操作方法如下：

①将光标定位在成绩单表格中的“赵立平”的“总成绩”单元格中；

②选择“表格工具”｜“布局”选项卡｜“数据”组，单击“公式”命令，出现“公式”对话框，如图 3-71 所示；

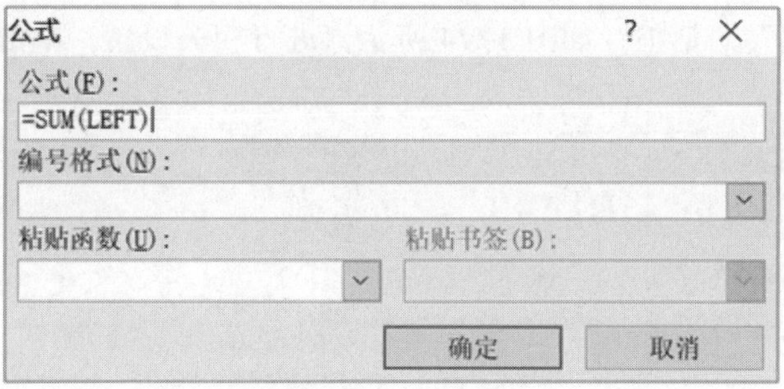


图 3-71　“公式”对话框

③在“公式”框中自动出现求和运算公式，单击“确定”即可；

④重复上面的操作，将其他学生的总成绩计算出来。

**操作小提示**

在计算表格第二行“程扬”的总成绩时，公式栏中会出现“=SUM(ABOVE)”，这时应将括号内“ABOVE”改为“LEFT”。

2. 数据排序

①将光标定位在成绩单表格中的“总成绩”列内的任意单元格中，或者选定该列；

②选择“表格工具”｜“布局”选项卡｜“数据”组，单击“排序”命令，出现“排序”对话框，如图 3-72 所示。设置主要关键字为“总成绩”，类型为“数字”，降序。字符型数据排序时，类型列表选择“拼音”。按主要关键字排序值相同时，可考虑次要关键字。

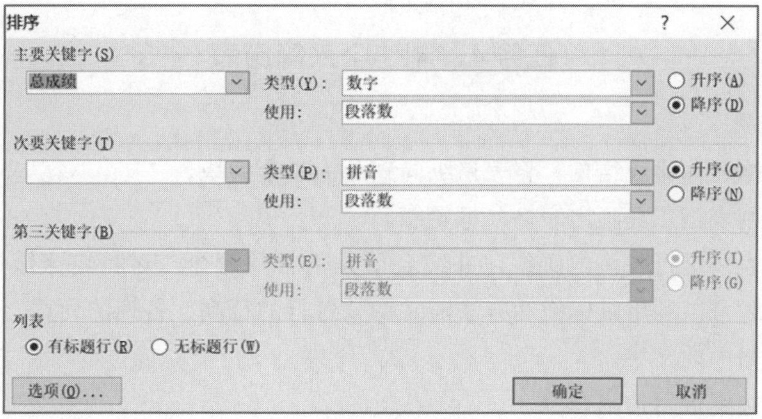


图 3-72　数据排序

3. 文本与表格转换

（1）表格转换文本

选中整个表格，选择“表格工具”下的“布局”选项卡，单击“转换为文本”，打开“表格转换成文本”对话框，设置文字分隔符为制表符，单击确定。如图 3-73 所示。

（2）文字转换成表格

选中文本，单击“插入”选项卡的“表格”组的“文本转换成表格…”命令，打开“将文字转换成表格”对话框，如图 3-74 所示，进行相关设置，单击确定。

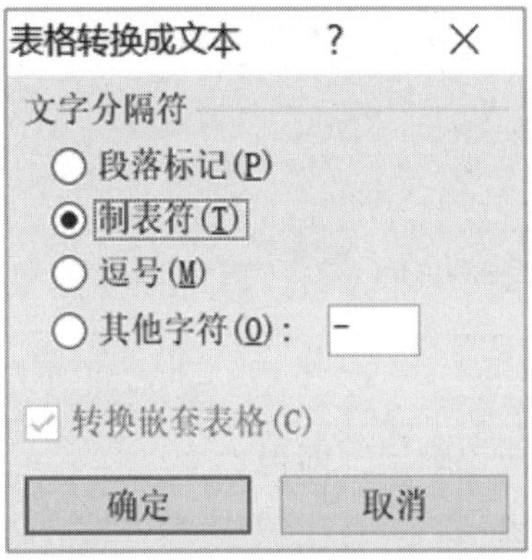


图 3-73　表格转换成文本

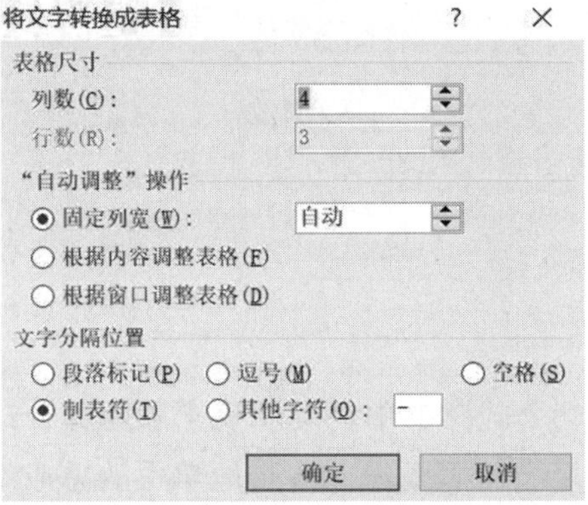


图 3-74　文本转换成表格

**技能训练**

将以下文本转换成表格，文字分隔符位置选择制表符。

| 姓名 | 性别 | 出生年月 | 家庭住址 | 联系电话 |
|---|---|---|---|---|
| 郝毅 | 男 | 1999. 10 | 沈河区 | 13566767766 |
| 李冬 | 男 | 2000. 5 | 和平区 | 18724242222 |
| 王娟 | 女 | 1998. 12 | 大东区 | 17045678899 |

完成以上操作后，将表格保存到 D：\班级\word 实例\实训四 文件夹，名为：任务 3. docx。

## 任务 4　制作个人简历表

1. 操作步骤

①分析表格总体构成结构，将表格纵向划分为三个大块。

②利用绘制表格工具画出表格外框轮廓。

③参照样表，进行各块内画线，并结合单元格合并命令，对特定区域进行恰当的合并、拆分，同时可以利用鼠标拖动方法随时调整各行的行高、各列的列宽。

④输入表格中的文字。

⑤对表格边框进行恰当修饰。

⑥插入图片。

2. 制表要求

①制作表 3-4 个人简历。

②表格高度为 22，宽度为 16，设置表格在页面居中。

③外框线为细粗线 1.5 磅，内框线为细实线 1.0 磅。

④表格中所有文字水平居中，表格内各表格项目文字加粗。

⑤表格标题设置为小二号，黑体，字间距 5 磅。

⑥照片处插入剪贴画中的“人物”任何一个。

完成以上操作后，将表格保存到 D:\班级\word 实例\实训四　文件夹，名为：任务 4. docx。

表 3-4　　　　个人简历

<table>
<tr><td>姓　　名</td><td></td><td>曾 用 名</td><td colspan="2"></td><td rowspan="5"></td></tr>
<tr><td>性　　别</td><td></td><td>民　　族</td><td colspan="2"></td></tr>
<tr><td>籍　　贯</td><td></td><td>出生年月</td><td colspan="2"></td></tr>
<tr><td>政治面貌</td><td></td><td>身　　高</td><td colspan="2"></td></tr>
<tr><td>身体状况</td><td></td><td>外语程度</td><td colspan="2"></td></tr>
<tr><td>所在学院</td><td></td><td>学　　历</td><td></td><td>曾任职务</td><td></td></tr>
<tr><td>所学专业</td><td colspan="3"></td><td>特　　长</td><td></td></tr>
<tr><td>毕业时间</td><td colspan="3"></td><td>联系电话</td><td></td></tr>
<tr><td rowspan="3">家庭住址</td><td colspan="3" rowspan="3"></td><td>邮政编码</td><td></td></tr>
<tr><td>个人网站</td><td></td></tr>
<tr><td>E-mail</td><td></td></tr>
<tr><td>主修课程</td><td colspan="5"></td></tr>
<tr><td>个人简历</td><td colspan="5"></td></tr>
<tr><td>熟悉软件</td><td colspan="5"></td></tr>
<tr><td>个人特点</td><td colspan="5"></td></tr>
<tr><td>相关证书</td><td colspan="5"></td></tr>
<tr><td>应聘岗位<br>及特长</td><td colspan="5"></td></tr>
<tr><td>社会实践<br>经历</td><td colspan="5"></td></tr>
<tr><td colspan="6">相信您的信任与我的实力将为我们带来共同的成功！希望我能为贵公司贡献自己的力量！</td></tr>
</table>

## 实训练习

启动 Word 2010，在文档 1 中制作如下表格。

1. 制作表格

制作个人情况介绍表，制表要求如下：行高为 0.8cm，列宽为 2.4cm；外框线为 1.5 磅，内框线为 1.0 磅；表格内所有文本水平居中对齐；表头加斜线，如表 3-5 所示。

表 3-5　　个人情况介绍

| | | | | |
|---|---|---|---|---|
| 姓名 | | 性别 | | 照片 |
| 年龄 | | 学历 | | |
| 籍贯 | | 爱好 | | |
| 电话 | | Email | | |
| 毕业专业 | | | | |
| 应聘职业 | | | | |
| 有何奖项 | | | | |

2. 制作表格

制作优品数码广场手机销售情况表，制表要求如下：

参照样表，制作表格：外框线为粗细线 2.25 磅，内框线为细实线 1.0 磅；表格内所有文本水平居中对齐；斜线表头有插入形状和文框完成。 表格填充底纹分别为白色，背景 1，深色 25%和白色，背景 1，深色 5%，如表 3-6 所示。

表 3-6　　优品数码广场手机销售情况

| 品牌 / 销售量 / 月份 | | 一月 | 二月 | 三月 | 四月 | 总数 |
|---|---|---|---|---|---|---|
| 手机 | 华为 | 676 | 345 | 876 | 945 | |
| | 小米 | 135 | 321 | 246 | 289 | |
| | 苹果 | 145 | 356 | 287 | 340 | |
| 合计 | | | | | | |

3. 制作表格

制作如表 3-7 所示的个人简历表，制表要求如下：

①参照样表，制作个人简历表；

②外框线为 1.5 磅，内框线为 1.0 磅；

③表格中所有文字水平居中，标题设置为小二号，黑体，字间距 5 磅；

④照片处插入剪贴画中的“人物”任何一个。

表 3-7　　　　个人简历

<table>
<tr><td>姓　　名</td><td></td><td>性　　别</td><td></td><td rowspan="6"></td></tr>
<tr><td>出生日期</td><td></td><td>学　　历</td><td></td></tr>
<tr><td>出 生 地</td><td></td><td>毕业学校</td><td></td></tr>
<tr><td>身　　高</td><td></td><td>毕业时间</td><td></td></tr>
<tr><td>通讯地址</td><td colspan="3"></td></tr>
<tr><td>联系电话</td><td colspan="3"></td></tr>
<tr><td rowspan="8">工作简历</td><td rowspan="8" colspan="3"></td><td>外语程度</td></tr>
<tr><td></td></tr>
<tr><td>特长</td></tr>
<tr><td></td></tr>
<tr><td>其他职业技能证书</td></tr>
<tr><td></td></tr>
<tr><td>性格特点</td></tr>
<tr><td></td></tr>
<tr><td>主要工作业绩</td><td colspan="3"></td><td>电脑运用能力</td></tr>
<tr><td>能承担工作项目</td><td colspan="3"></td><td></td></tr>
</table>

完成以上操作后，将文档 1 保存到 D:\班级\word 实例\实训四 文件夹，名为：实训练习 . docx。

## 实训五　图文表混合排版

### 实训目的

掌握文本中图片、艺术字、文本框、形状、SmartArt 图形等的插入方法。

掌握图片、艺术字、文本框、形状在文本中的格式设置。

掌握图、文、表混排操作技巧，培养学生的鉴赏能力。

## 实训内容

1. 插入剪贴画和图片并设置图片格式。
2. 插入艺术字并设置艺术字格式。
3. 插入文本框并设置文本框格式。
4. 插入形状图形并设置形状格式。
5. 制作班级板报，完成图文表混合排版。

## 实训步骤

### 任务 1　插入图片及艺术字

打开 D:\班级\word 实例 文件夹中的“语言就是力量 1. docx”文档。

1. 在文档中插入编辑图片

Word 可在文档中插入图片，图片可以从剪贴画库、扫描仪或数码相机中获得，也可以从本地磁盘（来自文件）、网络驱动器以及互联网上获取，还可以取自 Word 本身自带的剪贴图片。 下面以插入来自文件的图片为例，介绍插入图片的具体方法。

（1）插入来自文件的图片

将鼠标指针定位到要插入图片的位置，单击“插入”选项卡下“插图”组中的“图片”按钮，在弹出的“插入图片”对话框中选择需要插入的图片的位置和相应的图片后单击“插入”按钮，即可将图片插入到文档中，如图 3-75 所示。

图 3-75　插入图片操作

**插入方式的选择**

单击“插入”按钮右侧的下拉按钮，在弹出的下拉列表中显示 3 种方式。

①“插入”命令：与直接单击“插入”按钮的效果相同，所插图片直接保存在文档中。

②“链接到文件”命令：文档中所插图片与原图片建立链接，如果原始图片文件被修改，则所插入图片随之更改；如果原图片被删除或存储位置有所移动，则插入文档中的图片也会消失。

③“插入和链接”命令：图片不但插入并且会保存在文档中，同时也与源文件建立了链接。

(2) 调整图片大小

单击要编辑的图片，此时图片的四周会出现 8 个小方块（尺寸控制点），表示图片已被选中。 移动鼠标指针到尺寸控制点上，鼠标指针会变成双箭头形状 ，然后单击鼠标左键并拖拽即可调整图片大小，手动拖动对角点按原始比例缩放图片大小。 右击图片，快捷菜单中选择“大小和位置…”，在“布局”对话框中，选择“大小”选项卡，可按原始图片比例进行缩放，也可以精确设置图片的高度和宽度尺寸。 如图 3-76 所示。

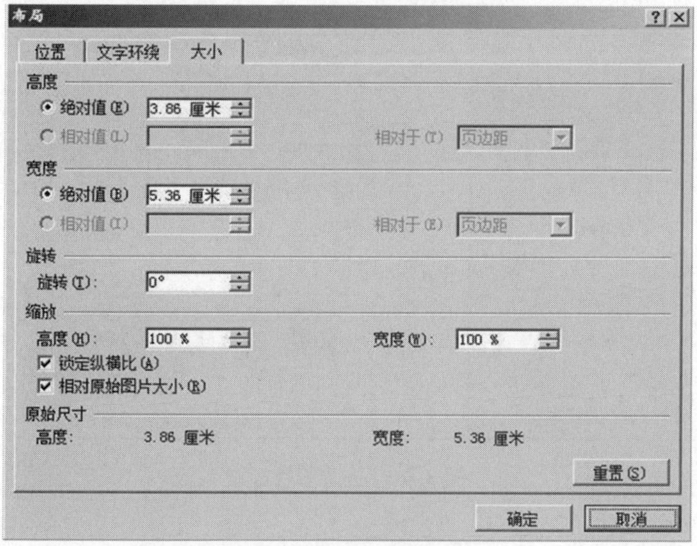


图 3-76　设置图片尺寸

(3) 设置“文字环绕”效果

右击图片，快捷菜单中选择“大小和位置…”，在“布局”对话框中，选择“环绕方式”选项卡，可以设置七种不同的环绕方式，在“自动换行”下，可以设置四种文字相对图片的位置。 如图 3-77 所示。

(4) 删除图片背景

①选中文档中的图片，单击“格式”选项卡“调整”组中的“删除背景”按钮，如图 3-78 所示。 去除背景后效果如图 3-79 所示。

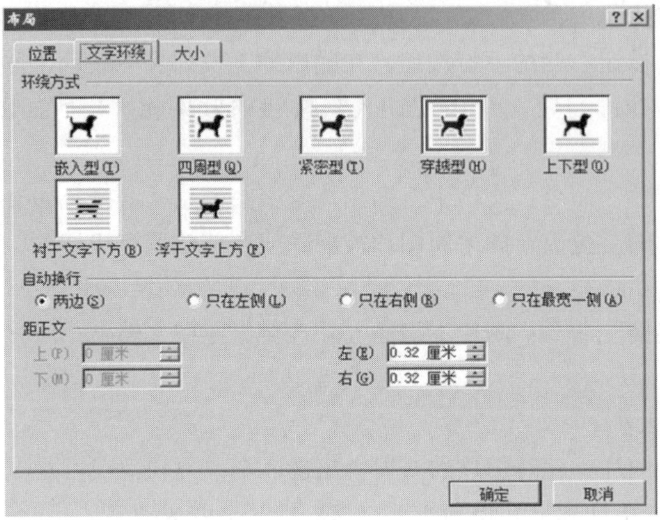


图 3-77　设置图片环绕方式

图 3-78　去除图片背景

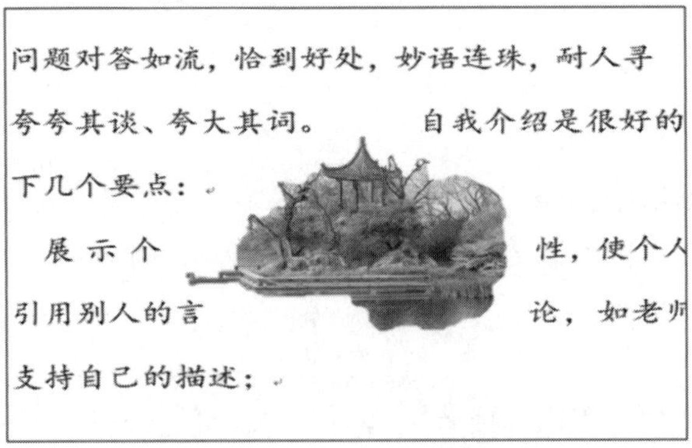


图 3-79　去除图片背景后效果图

②单击“优化”组中的“标记要保留的区域”按钮，调整需要保留的区域后单击“关闭”组中的“保留更改”按钮，即可完成操作。

(5)设置图片样式

①选中第一张图片，单击“格式”选项卡下的“快速样式”下拉按钮，在弹出的下拉列表中选择“双框架，黑色”样式，如图 3-80 所示。

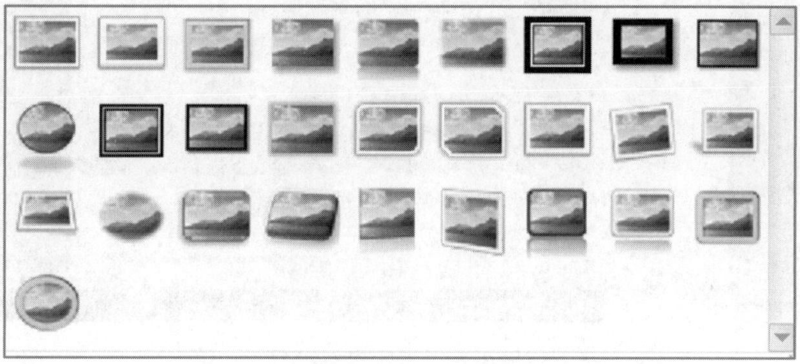

图 3-80　图片样式设置

②单击“图片边框”按钮，选择“橙色”。

③设置其他图片样式

除直接应用快速样式设置图片样式外，也可直接在“设置图片格式”对话框中，通过设置阴影、映像、发光和柔化边缘等选项为图片添加各种样式。

(6) 插入剪贴画

单击“插入”选项卡“插图”组中的“剪贴画”按钮，可以插入来自于 Office 媒体库中的图像文件，格式设置方法与上述插入来自文件的图片相同。

2. 在文档中插入艺术字

(1)插入艺术字

将鼠标指针定位到要插入艺术字的位置，单击“插入”选项卡下“文本”组中的“艺术字”按钮，在弹出的艺术字样式列表中，选择需要的艺术字样式，在文档中的文本框内输入艺术字内容。 也可以先在文档中选择文本，然后按以上步骤插入艺术字。

(2)设置艺术字环绕

设置艺术字环绕方式同于图片环绕方式设置，此处不再赘述。

(3)设置艺术字形状

选中艺术字，单击“格式”选项卡，在艺术字样式组中单击“文本效果” | “转换”，即可以设置各种艺术字形状。 如图 3-81 所示。

(4)设置艺术字阴影

选中艺术字，单击“格式”选项卡，在艺术字样式组中单击“文本效果” | “阴影”，即可以设置艺术字阴影效果。 如图 3-82 所示。

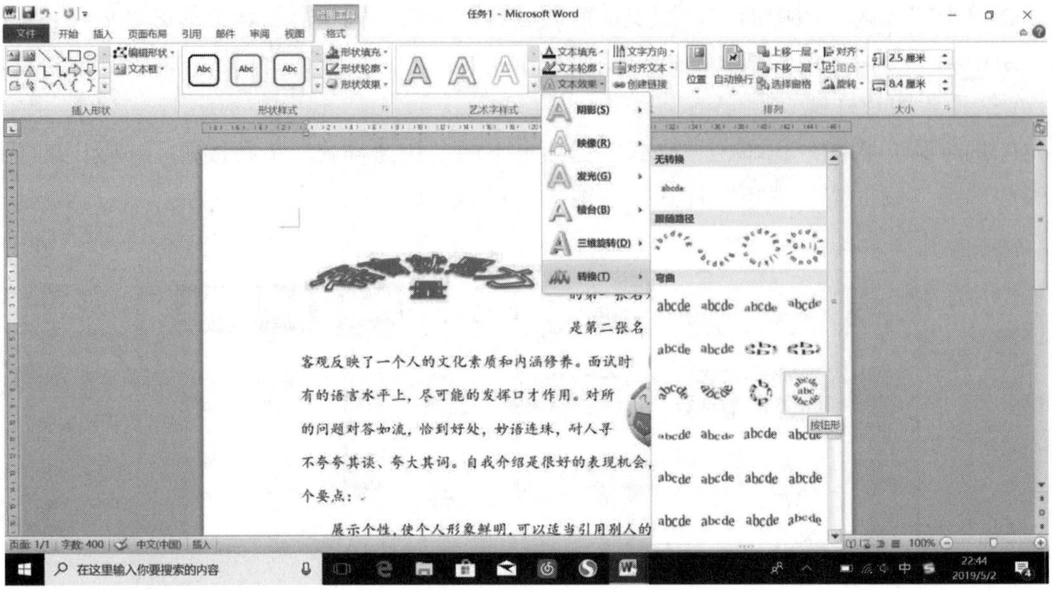

图 3-81　设置艺术字形

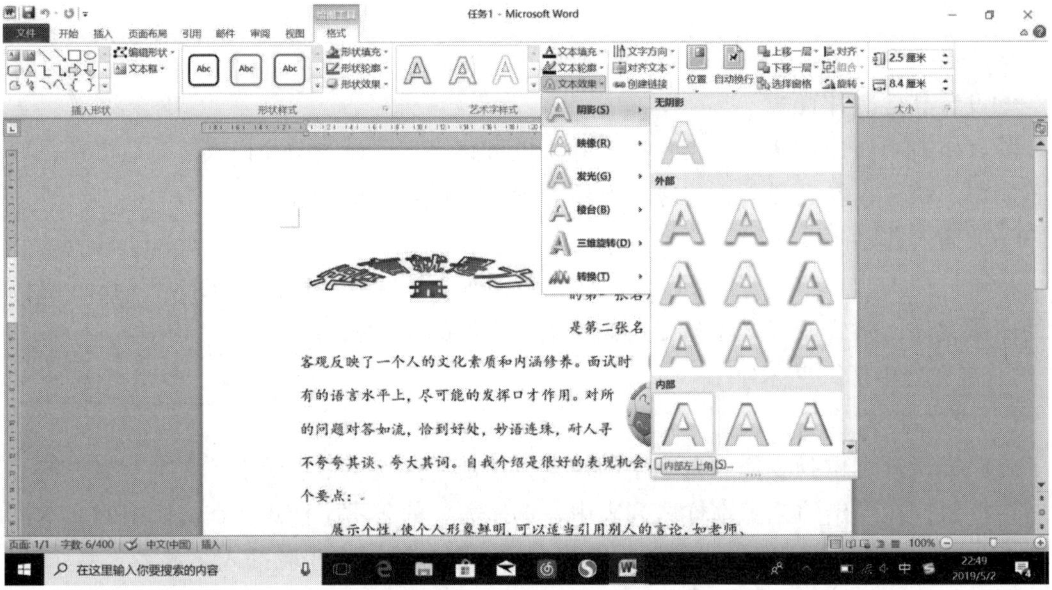

图 3-82　设置艺术字阴影

完成以上操作后，将文件另存到 D:\班级\word 实例\实训五　文件夹，名为：任务 1. docx。

## 任务 2　插入文本框及形状

打开 D:\班级\word 实例　文件夹中的“语言就是力量 1. docx”文档。

1. 插入文本框

文本框是一种图形对象，可以放置在文档中的任意位置，用户也可以根据需要随意调整文本框的大小。 文本框分为横向文本框和纵向文本框，下面以插入横向文本框为例，介绍其插入和编辑操作方法。

(1)插入横向文本框

将鼠标插入点定位到第一段内，单击“插入”选项卡下“文本”组中的“文本框”下拉按钮，在弹出的下拉列表中选择“绘制文本框”命令，鼠标指针将变为十字形状十，按住鼠标左键并拖动，即可手动绘制指定大小的文本框，如图 3-83 所示。

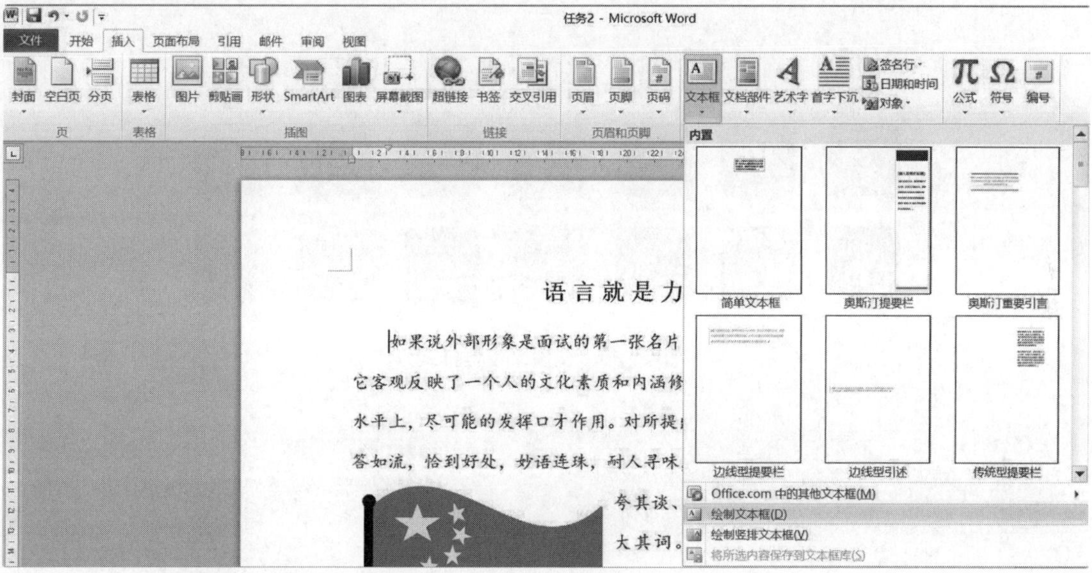


图 3-83　插入文本框

(2)添加文本框文字

在文本框中输入文字“语言是人类力量的统帅”，设置为三号字、加粗、标准红色、居中，调整文本框到合适大小。 如图 3-84 所示。

图 3-84　为文本框添加文字

(3)设置文本框格式

除可以设置文本框内的字符格式以外，还可以设置文本框的格式，包括文本框的大小、位置、环绕方式、形状格式等，这些设置操作类似于图片格式的设置。

(4)设置文本框样式

①选中文本框，单击“格式”选项卡下“形状样式”组中的“其他”按钮，打开主题样式列表框，从中选择所需要的主题样式，如图 3-85 所示。

②此时为文本框添加了样式效果，如图 3-86 所示。

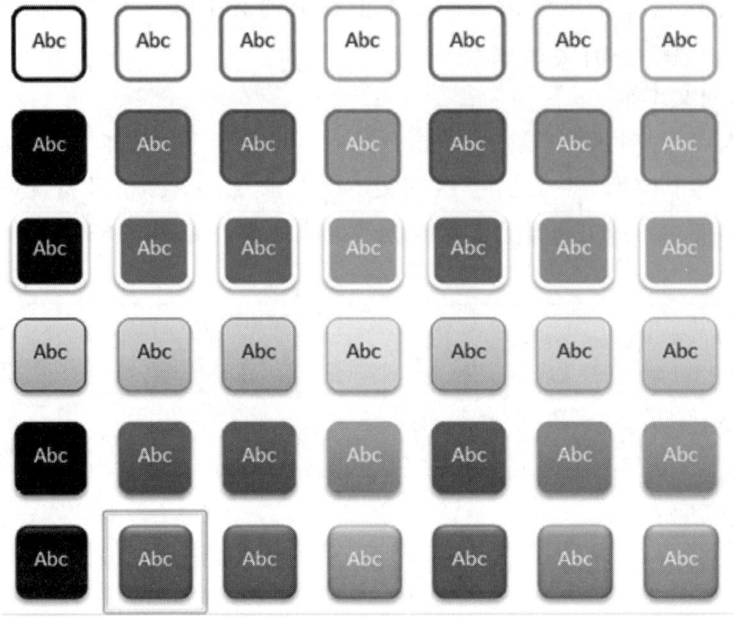

图 3-85 设置文本框样式

图 3-86 文本框效果

**操作小提示**

①竖排文本框的插入与格式设置同于横排文本框设置，改变的只是文字方向。

②文本框内的文本可以放在页面的任意位置。

③将文本框的线条颜色和填充颜色设置为无时，只显示文本的效果。

2. 插入形状（自选图形）

插入形状包括插入现成的形状，如矩形和圆、线条、箭头、流程图、符号与标注等，图 3-87 所示为系统提供的可插入的形状列表。插入形状的操作步骤和插入图片类似。

（1）插入形状

单击“插入”选项卡下“插图”组中的“形状”下拉按钮，在弹出的下拉列表中选择“基本形状”中的“太阳形状”，当鼠标指针变为十字形状时，在文档头部拖动鼠标绘制一个，如图 3-88 所示。

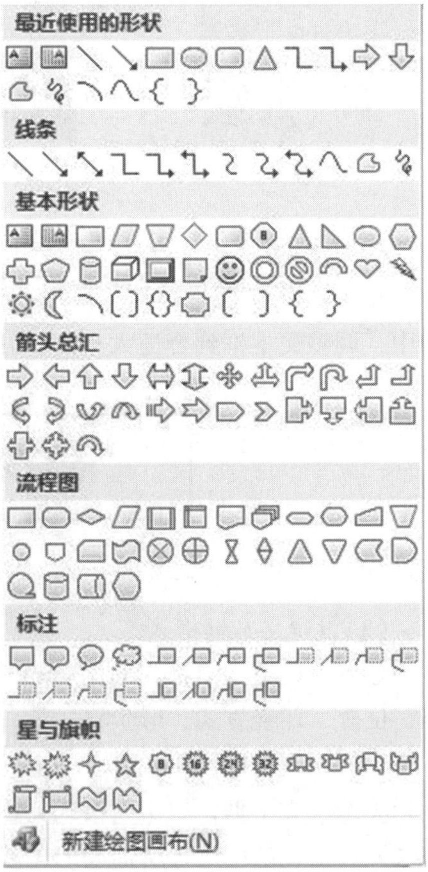


图 3-87 “形状”下拉列表

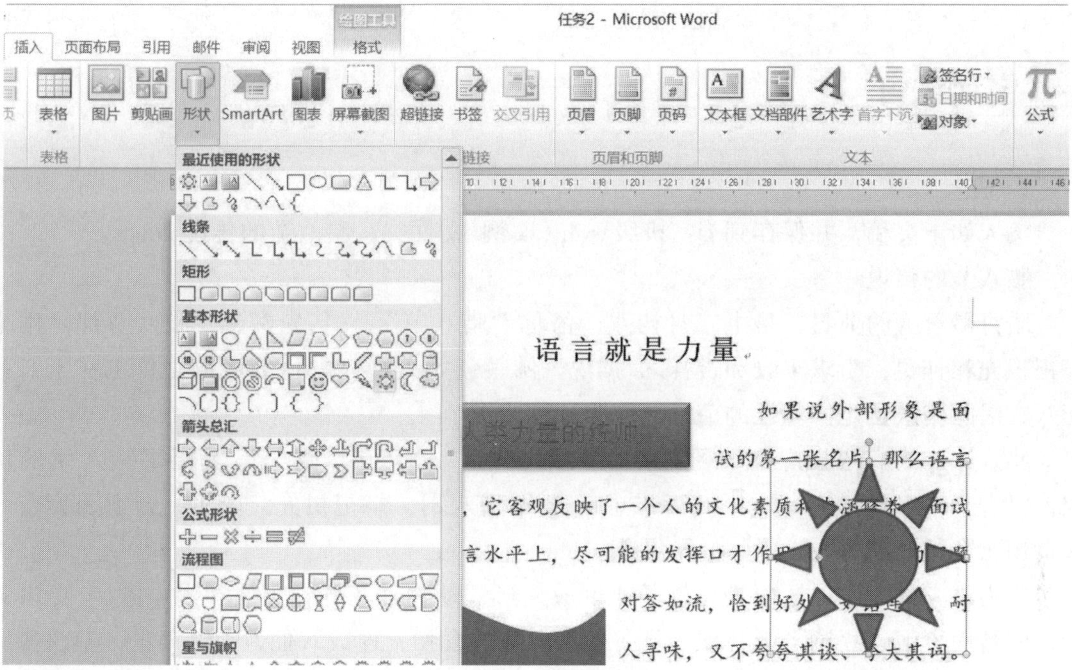


图 3-88　插入自选图形

(2) 设置形状样式

选中图形后单击“格式”选项卡下“形状样式”组中的“其他”按钮，在弹出的下拉列表中选择所需的样式，即可完成操作，如图 3-85 所示。

**技能训练**

①利用形状工具制作飘扬的五星红旗；如图 3-89 所示。

②利用形状工具和文本框制作竖卷。 如图 3-90 所示。

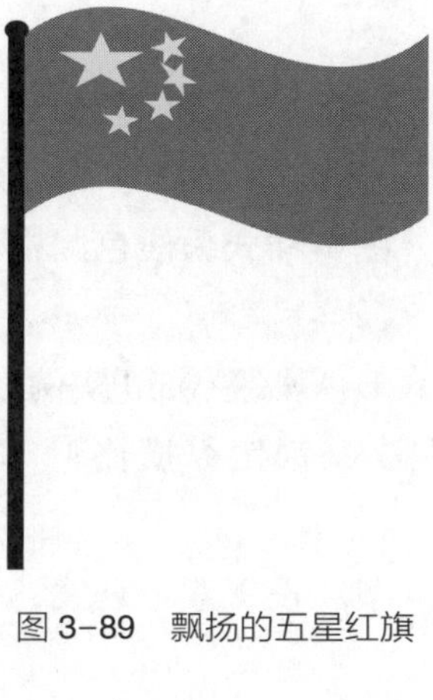

图 3-89　飘扬的五星红旗

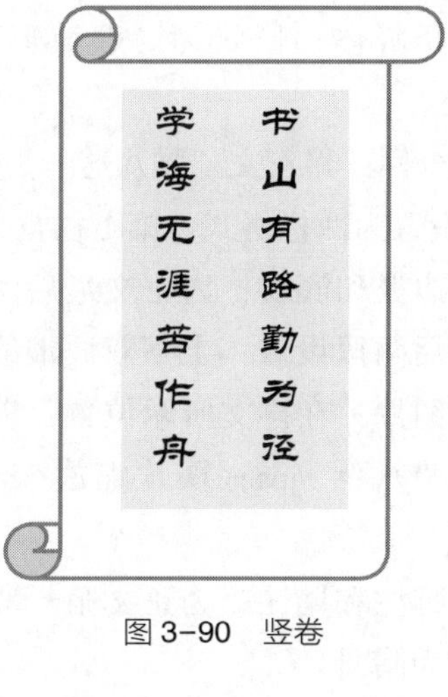


图 3-90　竖卷

完成以上操作后，将文件另存到 D:\班级\word 实例\实训五 文件夹，名为：任务 2. docx。

## 实训练习

1. 输入文稿

输入如下文稿，并保存到 D：\班级\word 实例 文件夹，腊八节的传说 . docx。

腊八节的传说

腊月最重大的节日，是十二月初八，俗称“腊八节”。 从先秦起，腊八节都是用来祭祀祖先和神灵，祈求丰收和吉祥。 据说，佛教创始人释迦牟尼的成道之日也在十二月初八，因此腊八也是佛教徒的节日，称为“佛成道节”。

腊八这一天有吃腊八粥的习俗，腊八粥也叫“七宝五味粥”。 我国喝腊八粥的历史，已有一千多年。 在民间，家家户户都要做腊八粥，祭祀祖先；同时，合家团聚在一起食用，馈赠亲朋好友。

更为讲究的人家，还要先将果子雕刻成人形、动物、花样，再放在锅中煮。 更讲究的，就是用枣泥、豆沙、山药糕等具备各种颜色的食物，捏成八仙人、老寿星、罗汉像。这种装饰的腊八粥，只有在以前的大寺庙的供桌上才可以见到。 腊八粥在民间还有巫术的作用。 假如院子里种着花卉和果树，也要在枝干上涂抹一些腊八粥，相信来年将多结果实。

腊八这一天，人们除了祭祖神外，还有悼念亡国、寄托哀思的。

2. 排版操作

将正文设置为楷体四号、首行缩进 2 字符。 然后进行以下排版操作：

（1）页面设置：自定义纸型，宽为 22 厘米，高为 30 厘米；页边距上、下各为 2.5 厘米，左、右各为 3.5 厘米。

（2）设置艺术字：设置标题“腊八节的传说”为艺术字，艺术字样式为第 4 行第 4 列；字体为方正舒体；形状为“双波形 1”；阴影样式：外部任意；文字环绕方式：紧密型。

（3）设置分栏：将正文“腊八这一天有吃腊八粥的习俗……”到“……供桌上才可以见到。”的段落设置为两栏格式，第 1 栏宽为 13.5 个字符，间距为 2.02 字符，加分隔线。

（4）设置边框和底纹：为正文最后两段设置底纹，图案样式为浅色网格，颜色为浅绿色；为正文最后两段设置：上下双波浪线边框。

（5）插入图片：在样文所示位置，以链接方式插入 D：\班级\word 实例\图片素材文件夹下的图片：腊八粥 . jpg；图片缩放 38%（按原图大小并锁定纵横比）；环绕方式：穿越型。

（6）添加脚注和尾注：为正文第一段第一行“腊八节”设置双下划线，插入尾注“腊八节：古代称为腊日。”

（7）设置页眉和页脚：按校文添加页眉文字“中国传统节日”，居中，加粗。

（8）表格操作：在文档末尾插入如表 3-8 的表格。

表 3-8　　　　　　　　　　中国传统节日时间表

| 节日名称 | 时间 | 节日名称 | 时间 | 节日名称 | 时间 |
|---|---|---|---|---|---|
| 除夕 | 大年三十 | 清明节 | 4 月 5 日前后 | 中秋节 | 八月十五 |
| 春节 | 正月初一 | 端午节 | 五月初五 | 重阳节 | 九月初九 |
| 元宵节 | 正月十五 | 七夕节 | 七月初七 | 腊八节 | 十二月初八 |

完成以上操作后，将文件另存到 D:\班级\word 实例\实训五 文件夹，名为：实训练习 . docx。

实训练习排版后效果如图 3-91 所示。

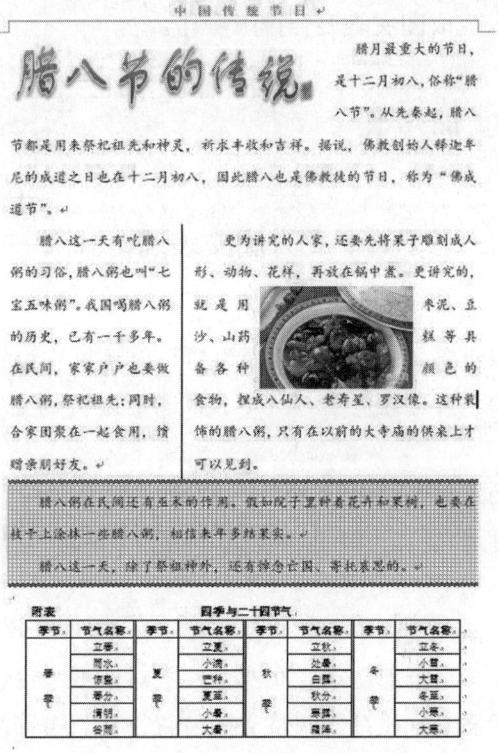
中国传统节日

腊八节的传说

腊月最重大的节日，是十二月初八，俗称"腊八节"。从先秦起，腊八节都是用来祭祀祖先和神灵，祈求丰收和吉祥。据说，佛教创始人释迦牟尼的成道之日也在十二月初八，因此腊八也是佛教徒的节日，称为"佛成道节"。

腊八这一天有吃腊八粥的习俗，腊八粥也叫"七宝五味粥"。我国喝腊八粥的历史，已有一千多年。在民间，家家户户也要做腊八粥，祭祀祖先；同时，合家团聚在一起食用，馈赠亲朋好友。

更为讲究的人家，还要先将果子雕刻成人形、动物、花样，再放在锅中煮。更讲究的，就是用枣泥、豆沙、山药糕等具备各种颜色的食物，捏成八仙人、老寿星、罗汉像。这种装饰的腊八粥，只有在以前的大寺庙的供桌上才可以见到。

腊八粥在民间还有丢木的作用。假如院子里种着花卉和果树，也要在枝干上涂抹一些腊八粥，相信来年多结果实。

腊八这一天，除了祭祖神外，还有纪念亡国、寄托哀思的。

附表　　　　四季与二十四节气

| 季节 | 节气名称 | 季节 | 节气名称 | 季节 | 节气名称 | 季节 | 节气名称 |
|---|---|---|---|---|---|---|---|
| 春季 | 立春 | 夏季 | 立夏 | 秋季 | 立秋 | 冬季 | 立冬 |
| | 雨水 | | 小满 | | 处暑 | | 小雪 |
| | 惊蛰 | | 芒种 | | 白露 | | 大雪 |
| | 春分 | | 夏至 | | 秋分 | | 冬至 |
| | 清明 | | 小暑 | | 寒露 | | 小寒 |
| | 谷雨 | | 大暑 | | 霜降 | | 大寒 |

图 3-91　实训练习样文

## ◆ 实训六　综合应用

### 实训目的

熟练掌握文档格式设置的所有操作。

熟练掌握文档页面设置的所有操作。

熟练掌握表格制作与编辑操作。

掌握图文表混合排版的专业技能。

## 实训内容

1. 文档字符、段落格式等设置操作。
2. 文档页面格式设置操作。
3. 文档中插入图片、文本框、艺术字及形状操作。
4. 完成图文表混合排版操作。

## 实训步骤

### 图文表混合排版——制作班级板报

1. 页面设置

创建新文档，在“页面设置”对话框中设置新文档的页面格式为：

①“页边距”选项卡。 页边距设置为上下 2.68 厘米，左右为 2.24 厘米；方向为横向。

②“文档网络”选项卡。“文字排列方向”设置为水平；“网格”设置为只指定行网格；“行”设置为每页 28 行、跨度 15.6 磅；“预览”设置为应用于整篇文档。

2. 分栏

①输入文档中全部字符。

②选定全部文本，在“分栏”对话框中设置，将文档分三栏。

③插入分栏符，调整文档位置，在“雷锋故事”前插入光标，设置分栏符。

3. 字符和段落格式化

参照表 3-9 所示，设置文档的字符、段落和表格格式。

表 3-9　　文档的字符、段落和表格格式

| 操作对象 | 格式 | 操作对象 | 格式 |
|---|---|---|---|
| 第 1 栏标题“雷锋生平” | 隶书、三号 | 第 3 栏标题和文字段落 | 华文新魏、小四号、标题居中、行距为固定值 18 磅、正文行距 20 磅 |
| 第 1 栏出生年月日 | Arial Black(西文字体)、小四号 | | |
| 第 1 栏文字段落 | 仿宋、小四号、行距为固定值 25 磅 | 表格标题 | 黑体、小四号、标题居中 |
| | | 表格 | 5 列 4 行，外边框为双线，第 3 行和最后一行间的边线为双线，其余边框为单线 |

续表

| 操作对象 | 格式 | 操作对象 | 格式 |
| --- | --- | --- | --- |
| 第 2 栏标题“雷锋故事——团结友爱” | 华文行楷、小三号、居中 | 斜线表头 | 斜线表头绘制，表头字体为宋体、小五号 |
| 第 2 栏文字段落 | 楷体、五号、首行缩进 2 字符、行距为固定值 19 磅 | 表格内文字 | 黑体、小四号 |
| | | 表格内数字 | Times New Roman、小四号 |

4. 插入艺术字

插入艺术字“雷锋精神走进新时代”，32 号、加粗字体，还可以设置环绕方式，形状。

在艺术字下输入汉语拼音“Lei Feng Jing Shen Zou Jin Xin Shi Dai”，格式设置为字体 Times New Roman，间距 0.4 磅，小二号。

5. 插入文本框

文本框内文本为“18 级平面设计升学班第二期 2019 年 3 月 5 日”，样式自选。

6. 插入图片

自己从百度下载雷锋头像图片及荷花的图片，荷花图片要求去除背景。 下载图片保存到 D:\班级\word 实例\图片素材文件夹中。

7. 制作表格

设计一个 4 行 5 列的表格，标题为“学雷锋做好事汇总表”。

完成以上操作后，将文件另存到 D:\班级\word 实例\实训六 文件夹，名为：班级板报 . docx。

班级板报制作样文如图 3-92 所示。

图 3-92　板报制作效果图

## 实训练习

综合应用所学的 Word 排版知识，充分发挥自己的想象与创意制作贺卡，所需图片可从 D:\班级\word 实例\图片素材文件夹中获得，所有图片来自百度下载。

制作要求：体现出自己的设计构思与创意特点。

贺卡制作效果参考样图，如图 3-93、图 3-94、图 3-95 所示。

图 3-93　贺卡样图

图 3-94　贺卡样图

图 3–95　贺卡样图

## 习　题

### 一、选择题

1. 在大多数中文输入法状态下，实现全/半角之间切换的操作可以按(　　)。

A. <Caps Lock>键　　B. <Ctrl>+<. >组合键

C. <Shift>+<空格>组合键　　D. <Ctrl>+<空格>组合键

2. Word 2010 属于(　　)。

A. 操作系统　　B. 数据库管理系统　　C. 文字处理软件　　D. 通信软件

3. Word 2010 最主要的功能是(　　)。

A. 表格处理　　B. 绘制图形　　C. 文字处理　　D. 以上三项都是

4. Word 2010 生成的文件扩展名默认为(　　)。

A. docx　　B. wod　　C. doc　　D. wps

5. Word 2010 中，想要显示标题间的层级结构，可以打开(　　)

A. 页面视图　　B. 阅读版式视图　　C. 大纲视图　　D. Web 视图

6. Word 2010 中打开一个已有的文档进行修改后，若希望既保留修改前的文档，又得到修改后的文档，可使用“文件”菜单中的(　　)命令。

A. “保存”　　B. “全部保存”　　C. “另存为”　　D. “关闭”

7. 在 Word 2010 中，要单独选择某一行，可把鼠标移到待选行的行首左侧选择区，待鼠标指针变成箭头形状时再(　　)。

A. 单击鼠标左键　　B. 双击鼠标左键

C. 单击鼠标左键三下　　　　　　　　　D. 单击鼠标右键

8. 在 Word 2010 中编辑文档时，可按(　　)组合键保存，此时不关闭文档或退出 Word 2010。

A. <Ctrl>+S　　B. <Ctrl>+N　　C. <Ctrl>+V　　D. <Ctrl>+空格

9. 在 Word 2010 中，如果发生了某个错误操作，可立即单击“快速访问工具栏”中的(　　)按钮复原。

A. 恢复　　B. 撤销　　C. 重复　　D. 粘贴

10. 在 Word 2010 中若要选中不连续的两个段落，则需按下(　　)键配合鼠标操作。

A. <Shift>　　B. <Ctrl>　　C. <Alt>　　D. <Tab>

11. 在 Word 2010 中编辑文档时，发现有多处同样的错字，一次性更正最好的方法是(　　)。

A. 使用“替换”功能　　　　　　　　B. 使用“自动更正”功能

C. 使用“撤销”按钮　　　　　　　　D. 使用“格式刷”功能

12. 在 Word 2010 中，要使文档各段落的第一行全部空出两个汉字的位置，可以对文档的各段落进行(　　)。

A. 首行缩进　　B. 悬挂缩进　　C. 左缩进　　D. 右缩进

13. 在 Word 2010 中，页眉和页脚的作用范围是(　　)。

A. 全文　　B. 节　　C. 页　　D. 段

14. 在 Word 2010 中，格式刷的功能是(　　)。

A. 删除文本或图片　　　　　　　　B. 恢复上一次的操作

C. 复制文本格式　　　　　　　　　D. 给文本字符刷颜色

15. Word 2010 可以对文本进行自动分页或人工分页。所谓人工分页是指(　　)。

A. Word 2010 按用户所设定的上下边界进行分页

B. 按编辑文本的需要，用户在设定的行插入分页符进行分页

C. Word 2010 按页面设置预定的页面纸张大小、页边距进行分页

D. Word 2010 按打印机安装的纸张大小进行分页

**二、操作题**

匆匆　朱自清

燕子去了，有再来的时候；杨柳枯了，有再青的时候；桃花谢了，有再开的时候。但是，聪明的，你告诉我，我们的日子为什么一去不复返呢？——是有人偷了他们罢：那是谁？又藏在何处呢？是他们自己逃走了：现在又到了哪里呢？

我不知道他们给了我多少日子；但我的手确乎是渐渐空虚了。在默默里算着，八千多日子已经从我手中溜去；像针尖上一滴水滴在大海里，我的日子滴在时间的流里，没有声音，也没有影子。我不禁头涔涔而泪潸潸了。

去的尽管去了，来的尽管来着；去来的中间，又怎样的匆匆呢？早上我起来的时候，小屋里射进两三方斜斜的太阳。太阳他有脚啊，轻轻悄悄地挪移了；我也茫茫然跟着旋转。于是——洗手的时候，日子从水盆里过去；吃饭的时候，日子从饭碗里过去；

默默时，便从凝然的双眼前过去。我觉察他去的匆匆了，伸出手遮挽时，他又从遮挽着的手边过去，天黑时，我躺在床上，他便伶伶俐俐地从我身边跨过，从我脚边飞去了。等我睁开眼和太阳再见，这算又溜走了一日。我掩着面叹息。但是新来的日子的影儿又开始在叹息里闪过了。

在逃去如飞的日子里，在千门万户的世界里的我能做些什么呢？只有徘徊罢了，只有匆匆罢了；在八千多日的匆匆里，除徘徊外，又剩些什么呢？过去的日子如轻烟，被微风吹散了，如薄雾，被初阳蒸融了；我留着些什么痕迹呢？我何曾留着像游丝样的痕迹呢？我赤裸裸来到这世界，转眼间也将赤裸裸地回去罢？但不能平的，为什么偏要白白走这一遭啊？

你聪明的，告诉我，我们的日子为什么一去不复返呢？

（1）将全文首行缩进 2 个字符。

（2）将标题设为居中、楷体、三号、加粗、标准蓝色。

（3）将所有“我”设为绿色、斜体、加着重号。

（4）将第一自然段加标准红色边框，字体颜色设置为蓝色，强调文字颜色 1，淡色 80%，应用于段落。

（5）将“去的尽管去了，来的尽管来着，去来的中间，又怎样的匆匆呢？”设为字符缩放 150%，标准红色。

（6）将文中第四自然段起始“在”字首字下沉 3 行。

（7）将第二段段落间距设置为段前 1 行，段后 0.5 行，左缩进 2 字符，右缩进 2 字符。

（8）将页面边框设为任一艺术型，宽度为 10 磅。

（9）将页边距设为上下各 2 厘米，左右各 1.5 厘米，纸型设为 B5，纵向。

（10）将第二自然段分两栏，第一栏栏宽为 10 个字符，有分隔线。

（11）在第三段任意位置插入剪贴画“花”，环绕方式为四周型环绕，调整图片大小长宽都为 3 厘米。

（12）在页面底端增加页码，页码样式为“1，2，3…”。

（13）在文章末尾插入 3 行 4 列的如下表格。

| 姓名 | 性别 | 年龄 | 入学时间 |
|---|---|---|---|
| 张华 | 男 | 17 | 2016.09 |
| 李小红 | 女 | 18 | 2016.09 |

（14）表格外框设为 1.5 磅红双实线，第一行加底纹标准黄色。

（15）设置行高为 1 厘米，列宽为 3 厘米。

（16）表中第一行文字设为黑体，加粗，字号为 3 号，其他字体为宋体，4 号字，表中所有文字居中。

（17）表格对齐方式为居中。

项目四

# 电子表格软件 Excel 2010

## 实训一 电子表格的基本操作

### 实训目的

掌握启动和退出 Excel 2010 的方法。

掌握工作簿的创建、打开、保存及关闭方法。

掌握在工作表中插入行和列的方法。

掌握工作表中行高和列宽的设置方法。

熟练掌握工作表中数据的编辑及工作表的编辑方法。

### 实训内容

创建如图 4-1 所示的学生信息表，保存在 F 盘“素材”文件夹下，命名为“学生信息表 . xlsx”。

| | A | B | C | D | E | F |
|---|---|---|---|---|---|---|
| 1 | 学生信息表 | | | | | |
| 2 | 学号 | 姓名 | 出生日期 | 入学成绩 | 邮政编码 | |
| 3 | 20191001 | 王红 | 2001/9/4 | 385.25 | 110015 | |
| 4 | 20191002 | 李明宇 | 2002/6/17 | 402.5 | 110016 | |
| 5 | 20191003 | 刘宁 | 2002/2/9 | 406 | 110018 | |
| 6 | 20191004 | 李丽 | 2002/4/6 | 424.25 | 110026 | |
| 7 | 20191005 | 白川 | 2001/10/3 | 375.5 | 110024 | |
| 8 | 20191006 | 程龙 | 2002/5/10 | 408.75 | 110025 | |
| 9 | 20191007 | 周荣欣 | 2002/3/15 | 400 | 110023 | |
| 10 | 20191008 | 张小燕 | 2002/8/23 | 415.5 | 110016 | |

图 4-1 学生信息表

完成以下操作：

①在 B 列后插入一列“性别 女 男 男 女 男 男 男 女”。

②在第 5 行前插入一行“20191009 张雪 女 2001/12/5 409 110023”。

③将第一行的行高设为 40，其他行的行高设为 30,D 列的列宽设为 35。

④将 Sheet1 工作表改名为“学生信息表”并复制到 Sheet3 后。

⑤将“学生信息表”的标签颜色设为红色。

## 实训步骤

①用以下任意一种方法启动 Excel 2010：

- 单击“开始”｜“所有程序”｜“Microsoft Office”｜“Microsoft Excel 2010”
- 双击桌面上的 Excel 2010 快捷图标。

②默认情况下，在第 1 行第 1 列中输入标题“学生信息表”。

③在 A2:E2 各单元格中分别输入列标题“学号”“姓名”“出生日期”等。

④在“学号”列输入学号时，输入 20191001 项后，按住 Ctrl 键的同时拖动填充柄至 A10，可以快速地完成学号的输入。

注意：如果数字型内容想按文本型输入时，需要先输入单引号再输入数字，如’110015（注意是半角符号的单引号）。

⑤依次输入其他项目的内容。

⑥打开“计算机”，建立文件夹到“F:\素材”，回到 Excel 2010 窗口中，单击“文件”｜“保存”命令，弹出“另存为”对话框，保存位置选择“F:\素材”，“文件名”为“学生信息表”，单击“保存”按钮，如图 4-2 所示。

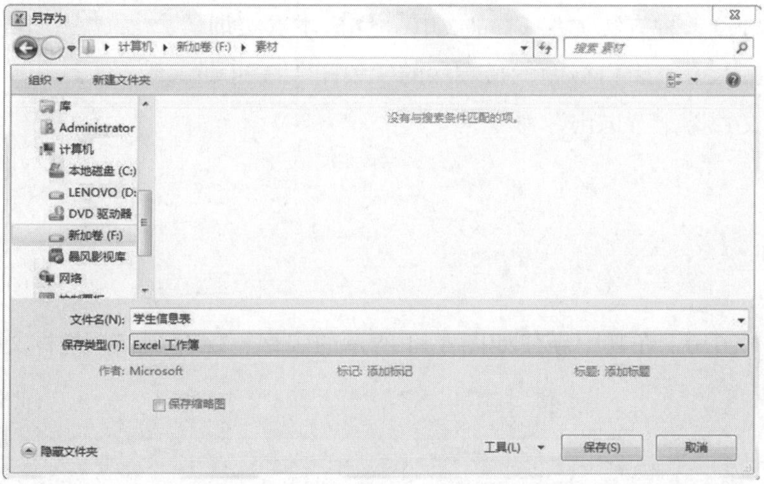


图 4-2 “另存为”对话框

⑦插入列：选中 C 列，右击｜插入，然后输入性别列内容。

⑧插入行：选中第 5 行，右击｜插入，输入所给内容。

⑨设置行高：选中第一行，右击｜行高，行高值输入 40，单击“确定”按钮，再选中第 2~11 行，同样方法设置行高值为 30。（第 2~11 行的行高只设一次）

设置列宽：选中 D 列，右击｜列宽，列宽值输入 35，单击“确定”按钮。

⑩在 Sheet1 工作表标签上双击，输入改后的名字“学生信息表”，然后按住 Ctrl 键的同时用鼠标拖动到 Sheet3 后，松开鼠标左键完成复制，生成新的工作表“学生信息表（2）”。（注意：不按 Ctrl 键的操作结果是移动工作表）

⑪在“学生信息表”的标签上右击｜工作表标签颜色，选中标准色中的红色。操作后的结果如图 4-3 所示，将其另存为 F:\素材\学生信息表编辑后。

| | A | B | C | D | E | F |
|---|---|---|---|---|---|---|
| 1 | 学生信息表 | | | | | |
| 2 | 学号 | 姓名 | 性别 | 出生日期 | 入学成绩 | 邮政编码 |
| 3 | 20191001 | 王红 | 女 | 2001/9/4 | 385.25 | 110015 |
| 4 | 20191002 | 李明宇 | 男 | 2002/6/17 | 402.5 | 110016 |
| 5 | 20191009 | 张雪 | 女 | 2001/12/5 | 409 | 110023 |
| 6 | 20191003 | 刘宁 | 男 | 2002/2/9 | 406 | 110018 |
| 7 | 20191004 | 李丽 | 女 | 2002/4/6 | 424.25 | 110026 |
| 8 | 20191005 | 白川 | 男 | 2001/10/3 | 375.5 | 110024 |
| 9 | 20191006 | 程龙 | 男 | 2002/5/10 | 408.75 | 110025 |
| 10 | 20191007 | 周荣欣 | 男 | 2002/3/15 | 400 | 110023 |
| 11 | 20191008 | 张小燕 | 女 | 2002/8/23 | 415.5 | 110016 |
| 12 | | | | | | |
| 13 | | | | | | |

学生信息表 Sheet2 Sheet3 学生信息表（2）

图 4-3　学生信息表编辑后效果

⑫用以下任意一种方法退出 Excel 2010，完成本次实训。

- 单击 Excel 2010 窗口标题栏最右端的“关闭”按钮。
- 单击“文件”｜“退出”命令。

## 实训练习

打开 Excel 2010，在其中新建如图 4-4 所示的表格，保存到 F:\素材文件夹下，命名为“通讯录 . xlsx”。

| | A | B | C | D | E | F | G |
|---|---|---|---|---|---|---|---|
| 1 | 通讯录 | | | | | | |
| 2 | 编号 | 姓名 | 性别 | 年龄 | 通讯地址 | 联系电话 | |
| 3 | 1 | 张艳 | 女 | 25 | 和平区 | 25761410 | |
| 4 | 2 | 杜广平 | 男 | 23 | 大东区 | 25554342 | |
| 5 | 3 | 李思宇 | 男 | 26 | 于洪区 | 23847889 | |
| 6 | 4 | 罗丹迪 | 女 | 23 | 铁西区 | 25677766 | |
| 7 | 5 | 杨乐 | 男 | 28 | 大东区 | 23656767 | |
| 8 | 6 | 王鑫 | 女 | 27 | 于洪区 | 28887673 | |
| 9 | 7 | 姜姗 | 女 | 25 | 铁西区 | 23456789 | |
| 10 | 8 | 蔡娜 | 女 | 28 | 和平区 | 29876543 | |
| 11 | 9 | 李红 | 女 | 26 | 于洪区 | 2666555 | |
| 12 | | | | | | | |

图 4-4　通讯录

打开“通讯录 . xlsx”，在表中完成以下题目并另存到 F:\素材文件夹下，命名为“通讯录修改后”。

①在第 3 行后插入 2 行，内容自己编写。

②在 D 列前插入一列“所属部门”，内容都为“销售部”。

③将第一行的行高值设为 30，所有列的列宽值都设为 20。

④将 Sheet1 工作表改名为“通讯录”。

⑤在 Sheet2 后插入一个工作表名为“My sheet”。

⑥将“通讯录”中的“姓名”和“联系电话”两列复制到“My sheet”内。

# 实训二 格式化电子表格

## 实训目的

熟练掌握字符和数字的格式化方法。

熟练掌握工作表格式化的方法。

## 实训内容

打开 F:\素材\学生信息表编辑后,即图 4-3 所示表格,完成以下操作:

①将 A1:F1 单元格合并并设为水平居中、垂直居中，文字设为隶书、绿色、字号 36。

②姓名列文本加粗，字号为 8 并垂直显示，其他列字号设为 18。

③将出生日期设为大写形式：二〇〇一年九月四日。

④将入学成绩保留一位小数。

⑤将表格外边框设为红色双线,内部为黑色单线。

⑥将邮政编码加蓝色底纹，水平居中。

## 实训步骤

①打开“学生信息表编辑后 . xlsx”文件，另存为“格式化学生信息表”，保存到 F:\素材。

②选中 A1:F1 区域，右击设置单元格格式，在“对齐”标签下，水平对齐方式选择“居中”，垂直对齐选择“居中”，并选中“合并单元格”复选框，如图 4-5 所示。

再选择“字体”标签，字体设为隶书，颜色为绿色，字号为 36。(字体的相关设置与

图 4-5　设置对齐方式

Word 操作类似），然后单击“确定”按钮。

③选中姓名列，在“字体”标签下设字形加粗，字号为 8，在图 4-5“对齐”标签下的右侧方向框中选中文本垂直的方向，接下来选中学号列，再按住 Ctrl 键选中后 4 列，将字号设为 18。 调整后两列到合适的宽度。（字体和对齐方式的设置在功能区中可直接完成），如图 4-6 所示。

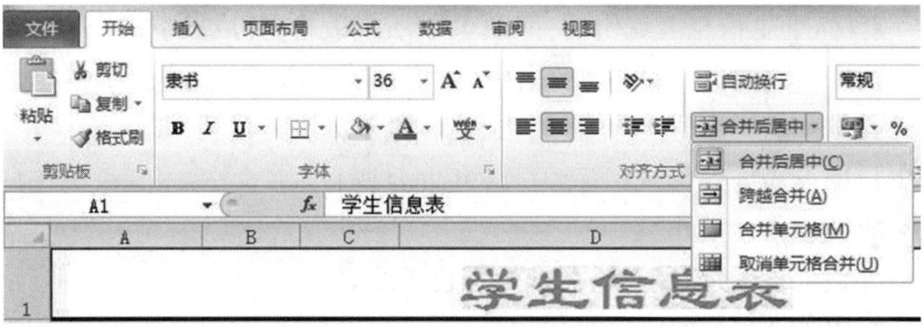


图 4-6　字体、对齐方式及合并后居中选项

④选中出生日期列，在“数字”标签下，选择“分类—日期—类型”中的大写形式，再单击“确定”按钮。 如图 4-7 所示。

⑤选中入学成绩列，在“数字”标签下将“分类—数值—小数位数”设为 1 位，再单击“确定”按钮，完成设置。 如图 4-8 所示。

⑥选中 A1:F11 区域，在“边框”选项卡下，先选中线条样式为双线，再选颜色为红色，在预置框中选外边框；然后选线条样式为单线，颜色为黑色，在预置框中选内部，如图 4-9 所示，单击“确定”按钮，完成表格边框线的设置。

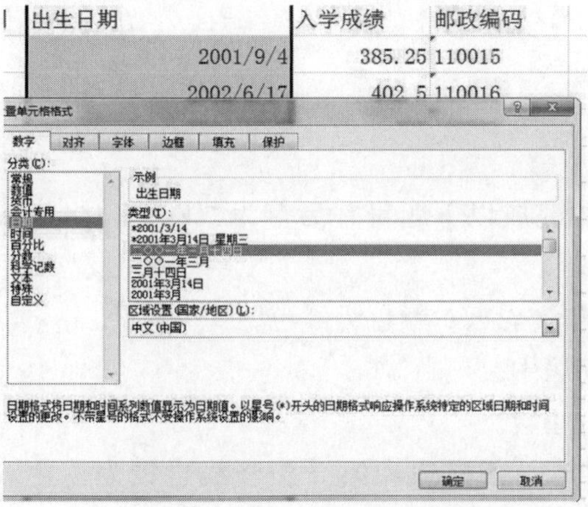

图 4-7　设置日期型数据的格式

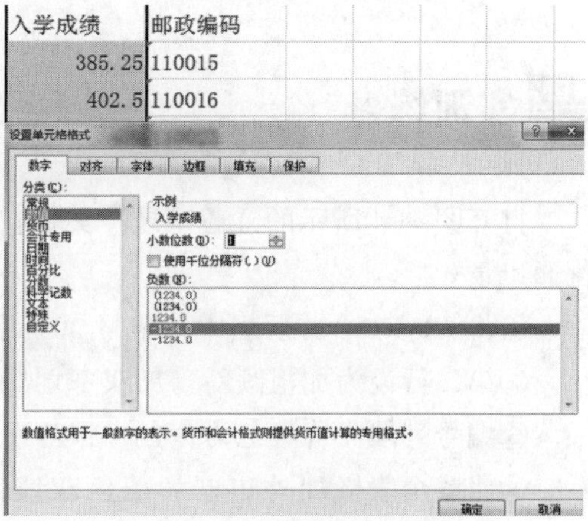

图 4-8　设置数值型数据的格式

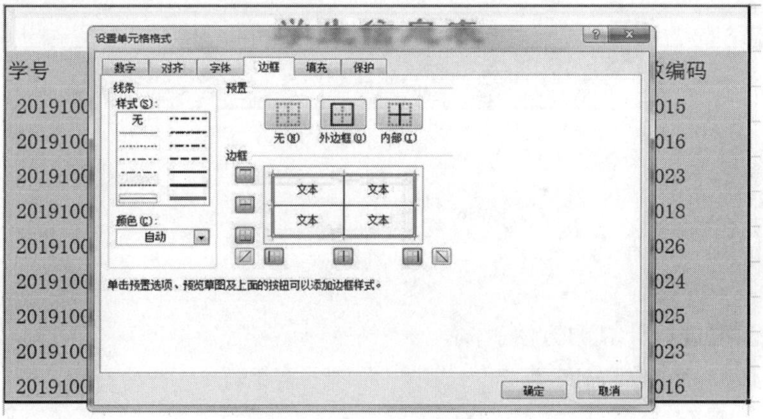

图 4-9　设置边框线

⑦选中邮政编码列，“填充”选项下选背景色中的蓝色，对齐方式选水平对齐中的居中。（功能区中可直接完成，与 Word 操作类似）

⑧以上操作完成后的效果如图 4-10 所示，保存后关闭该文件。

| 学生信息表 | | | | | |
|---|---|---|---|---|---|
| 学号 | 姓名 | 性别 | 出生日期 | 入学成绩 | 邮政编码 |
| 20191001 | 王红 | 女 | 二〇〇一年九月四日 | 385.3 | 110015 |
| 20191002 | 李明宇 | 男 | 二〇〇二年六月十七日 | 402.5 | 110016 |
| 20191009 | 张[illegible] | 女 | 二〇〇一年十二月五日 | 409.0 | 110023 |
| 20191003 | 刘宇 | 男 | 二〇〇二年二月九日 | 406.0 | 110018 |
| 20191004 | 李[illegible] | 女 | 二〇〇二年四月六日 | 424.3 | 110026 |
| 20191005 | 白川 | 男 | 二〇〇一年十月三日 | 375.5 | 110024 |
| 20191006 | 程龙 | 男 | 二〇〇二年五月十日 | 408.8 | 110025 |
| 20191007 | 周[illegible] | 男 | 二〇〇二年三月十五日 | 400.0 | 110023 |
| 20191008 | 张小[illegible] | 女 | 二〇〇二年八月二十三日 | 415.5 | 110016 |

图 4-10　格式化学生信息表

## 实训练习

打开图 4-4 所示的“通讯录”文件，在表中完成以下题目并另存为“F:\素材\格式化通讯录”。

①将 A1:F1 合并后居中，字号 20，字体为华文彩云，颜色为红色。

②第二行设为加粗倾斜，加双下划线，水平居中。

③编号列填充背景色为黄色，年龄设为 1 位小数。

④将整个表格加外边框为蓝色双线，内部第一条横线和第一条竖线也设为蓝色双线，其余内部线条设为紫色单线。

# 实训三　利用函数计算数据

## 实训目的

掌握利用函数进行计算的方法。

熟练掌握数据的排序操作。

## 实训内容

新建工作簿，在 Sheet1 工作表中输入如图 4-11 所示的学生成绩单，保存在“F:\素材”文件夹下，命名为“学生成绩单 . xlsx”。

| | A | B | C | D | E | F | G | H |
|---|---|---|---|---|---|---|---|---|
| 1 | 学生成绩单 | | | | | | | |
| 2 | 小组 | 姓名 | 性别 | 语文 | 数学 | 英语 | 总分 | 平均分 |
| 3 | 第1组 | 王峰 | 男 | 98 | 85 | 68 | | |
| 4 | 第2组 | 邬子洋 | 女 | 78 | 68 | 95 | | |
| 5 | 第3组 | 董艳 | 女 | 68 | 73 | 76 | | |
| 6 | 第2组 | 魏超 | 男 | 95 | 84 | 84 | | |
| 7 | 第3组 | 王聪 | 男 | 85 | 95 | 67 | | |
| 8 | 第1组 | 郭磊 | 女 | 67 | 67 | 92 | | |
| 9 | 第3组 | 杨文俐 | 女 | 78 | 93 | 65 | | |
| 10 | 第1组 | 刘爱雪 | 女 | 78 | 93 | 89 | | |

图 4-11　学生成绩单

在“学生成绩单 . xlsx”中完成以下操作，并将文件另存到 F:\素材文件夹下，名为“学生成绩函数计算”。

①求出每名同学的总分和平均分。

②求出每科的最高分和最低分。

③将总分按从高到低（降序）排序。

## 实训步骤

①在“学生成绩单”的 Sheet1 工作表中选中 G3 单元格，单击“开始”选项卡右侧功能区中的自动求和按钮，见图 4-12(c)，G3 单元格中会出现求和函数 SUM，见图 4-12(a)。其中的参数符合要求，然后按回车键得出结果。

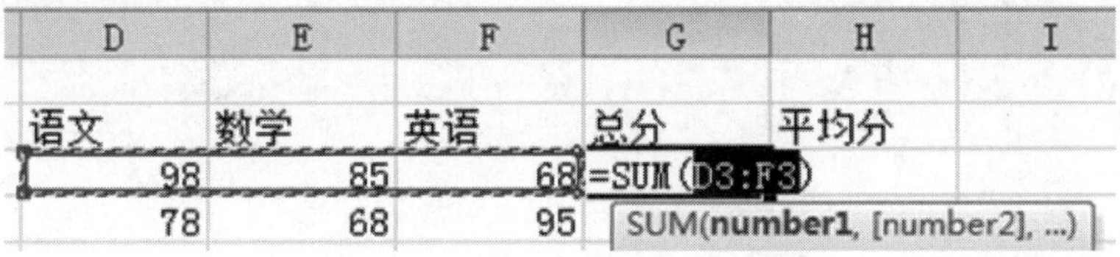


图 4-12（a）　求和函数格式

②求平均分，选中 H3 单元格，单击自动求和按钮右侧的下拉箭头，选中平均值选项，见图 4-12，H3 单元格中会出现平均值函数 AVERAGE，见图 4-12(b)。其中的参数 G3 不符合要求，应将其改为 F3，或者用鼠标拖动重新选择 D3:F3，然后按回车键得出结果。

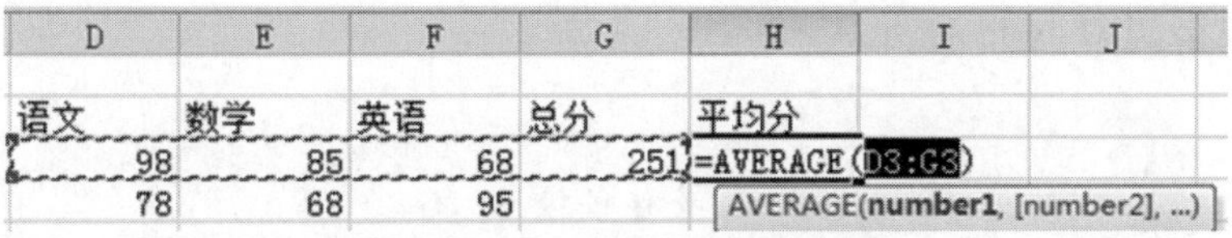


图 4-12（b）　求平均值函数格式

③利用函数求出王峰的总分和平均分后，同时选中 G3 和 H3 单元格，拖动填充柄（相对引用）计算其他人的总分和平均分，并将平均分设成 1 位小数。完成效果如图 4-13 所示。

④将图 4-13 中的数据分别复制到 Sheet2 和 Sheet3 工作表中，并将 Sheet2 和 Sheet3 工作表分别改名为“最大最小值”和“排序表”。

⑤打开“最大最小值”工作表，求各科成绩的最高分和最低分，利用图 4-12 中的最大值和最小值函数来完成。结果放至每科成绩的下面隔一行处，结果如图 4-14 所示。

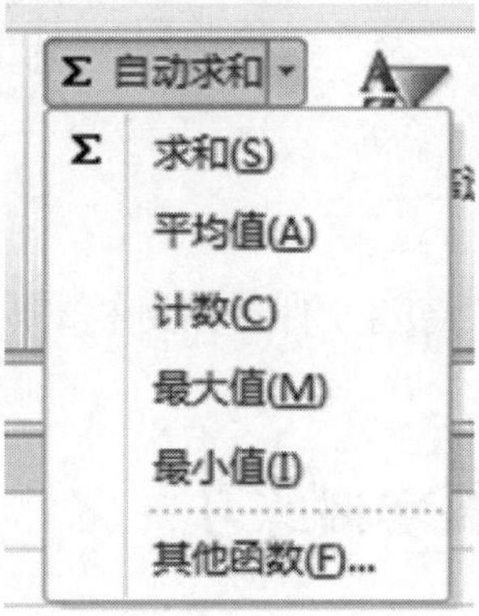


图 4-12（c）　自动求和按钮

| | A | B | C | D | E | F | G | H |
|---|---|---|---|---|---|---|---|---|
| 1 | 学生成绩单 | | | | | | | |
| 2 | 小组 | 姓名 | 性别 | 语文 | 数学 | 英语 | 总分 | 平均分 |
| 3 | 第1组 | 王峰 | 男 | 98 | 85 | 68 | 251 | 83.7 |
| 4 | 第2组 | 邬子洋 | 女 | 78 | 68 | 95 | 241 | 80.3 |
| 5 | 第3组 | 董艳 | 女 | 68 | 73 | 76 | 217 | 72.3 |
| 6 | 第2组 | 魏超 | 男 | 95 | 84 | 84 | 263 | 87.7 |
| 7 | 第3组 | 王聪 | 男 | 85 | 95 | 67 | 247 | 82.3 |
| 8 | 第1组 | 郭磊 | 女 | 67 | 67 | 92 | 226 | 75.3 |
| 9 | 第3组 | 杨文俐 | 女 | 78 | 93 | 65 | 236 | 78.7 |
| 10 | 第1组 | 刘爱雪 | 女 | 78 | 93 | 89 | 260 | 86.7 |

图 4-13　利用函数求总分和平均分

| | A | B | C | D | E | F | G | H |
|---|---|---|---|---|---|---|---|---|
| 1 | 学生成绩单 | | | | | | | |
| 2 | 小组 | 姓名 | 性别 | 语文 | 数学 | 英语 | 总分 | 平均分 |
| 3 | 第1组 | 王峰 | 男 | 98 | 85 | 68 | 251 | 83.7 |
| 4 | 第2组 | 邬子洋 | 女 | 78 | 68 | 95 | 241 | 80.3 |
| 5 | 第3组 | 董艳 | 女 | 68 | 73 | 76 | 217 | 72.3 |
| 6 | 第2组 | 魏超 | 男 | 95 | 84 | 84 | 263 | 87.7 |
| 7 | 第3组 | 王聪 | 男 | 85 | 95 | 67 | 247 | 82.3 |
| 8 | 第1组 | 郭磊 | 女 | 67 | 67 | 92 | 226 | 75.3 |
| 9 | 第3组 | 杨文俐 | 女 | 78 | 93 | 65 | 236 | 78.7 |
| 10 | 第1组 | 刘爱雪 | 女 | 78 | 93 | 89 | 260 | 86.7 |
| 11 | | | | | | | | |
| 12 | | | 最高分 | 98 | 95 | 95 | | |
| 13 | | | 最低分 | 67 | 67 | 65 | | |

图 4-14　求最大值和最小值

⑥打开“排序表”，选中“总分”列任一非空单元格，单击“数据”选项卡下功能区中的按钮，即可实现按“总分”从高到低（降序）排列。

⑦在 A 列的左侧插入一列，在 A2 单元格中输入“序号”，用自动填充功能填充序号 1~8。

⑧将 A1:I1 单元格合并后居中，设置标题“学生成绩单”字体为华文行楷、字号 20。 完成后效果如图 4-15 所示。

| | A | B | C | D | E | F | G | H | I |
|---|---|---|---|---|---|---|---|---|---|
| 1 | 学生成绩单 | | | | | | | | |
| 2 | 序号 | 小组 | 姓名 | 性别 | 语文 | 数学 | 英语 | 总分 | 平均分 |
| 3 | 1 | 第2组 | 魏超 | 男 | 95 | 84 | 84 | 263 | 87.7 |
| 4 | 2 | 第1组 | 刘爱雪 | 女 | 78 | 93 | 89 | 260 | 86.7 |
| 5 | 3 | 第1组 | 王峰 | 男 | 98 | 85 | 68 | 251 | 83.7 |
| 6 | 4 | 第3组 | 王聪 | 男 | 85 | 95 | 67 | 247 | 82.3 |
| 7 | 5 | 第2组 | 邬子洋 | 女 | 78 | 68 | 95 | 241 | 80.3 |
| 8 | 6 | 第3组 | 杨文俐 | 女 | 78 | 93 | 65 | 236 | 78.7 |
| 9 | 7 | 第1组 | 郭磊 | 女 | 67 | 67 | 92 | 226 | 75.3 |
| 10 | 8 | 第3组 | 董艳 | 女 | 68 | 73 | 76 | 217 | 72.3 |

图 4-15　按总分降序排序

⑨将文件保存到 F:\素材文件夹下，命名为“学生成绩函数计算”。

## 实训练习

打开 Excel 2010，新建工作簿，在 Sheet1 中建立如图 4-16 所示的表格，保存到 F:\素材文件夹下，命名为“工资明细表 .xlsx”。 在表中完成以下题目。

| | A | B | C | D | E | F | G |
|---|---|---|---|---|---|---|---|
| 1 | 工资明细表 | | | | | | |
| 2 | 姓名 | 部门 | 职称 | 基本工资 | 津贴 | 奖金 | 应发工资 |
| 3 | 叶辉 | 机械系 | 教授 | 2500 | 580 | 1000 | |
| 4 | 刘东方 | 机械系 | 副教授 | 2350 | 550 | 950.5 | |
| 5 | 金欣 | 电气系 | 讲师 | 1800 | 400 | 900.5 | |
| 6 | 张薇 | 计算机系 | 副教授 | 2380 | 530 | 960 | |
| 7 | 许珊珊 | 计算机系 | 讲师 | 1900 | 450 | 920 | |
| 8 | 王子丹 | 电气系 | 教授 | 2600 | 600 | 1200 | |
| 9 | 魏然 | 机械系 | 教授 | 2550 | 590 | 1100 | |
| 10 | 刘力军 | 计算机系 | 讲师 | 1850 | 420 | 850 | |

图 4-16　工资明细表

1. 在 D 列左侧插入一列“工龄　20　22　15　21　18　25　24　10”。

2. 将加入工龄后的 Sheet1 中的数据复制到 Sheet3 工作表中。

3. 在 Sheet1 中计算应发工资，并保留 2 位小数。 再将数据复制到 Sheet2 工作表中。

4. 在 Sheet1 中分别计算各数值项（年龄、基本工资、津贴、奖金和应发工资）的平均值、最大值和最小值，计算结果放到各列下面即（D11:H13）单元格中并保留 1 位小数。

5. 将 Sheet2 工作表改名为“排序表”，并按“应发工资”升序排序。

6. 将“排序表”中的 A1:H1 合并居中，字号设为 28，加粗，隶书。

7. 再将“排序表”加上蓝色双线外框，红色单线内框，表格内部第一行填充为黄色。

## 实训四　利用公式计算数据

### 实训目的

掌握利用公式进行计算的方法。

掌握为单元格建立批注的方法。

### 实训内容

打开上节创建的“学生成绩单.xlsx”，用公式计算的方法求出每名同学的总分和平均分，并将文件另存到 F:\素材文件夹下，命名为“学生成绩公式计算”。

### 实训步骤

①在“学生成绩单”的 Sheet1 工作表中选中 G3 单元格，输入公式“=D3+E3+F3”，见图 4-17（a）（其中的单元格地址可以从键盘自行录入，也可以单击该单元格，地址会

自动出现在相应位置），然后按回车键得出结果。

| D | E | F | G | H |
|---|---|---|---|---|
| | | | | |
| 语文 | 数学 | 英语 | 总分 | 平均分 |
| 98 | 85 | 68 | =D3+E3+F3 | |

图 4-17（a） 求和公式

②求平均分，选中 H3 单元格，输入公式“=G3/3”或者输入公式“=（D3+E3+F3）/3”见图 4-17（b）（当没有总分一列的时候），然后按回车键得出结果。

| D | E | F | G | H |
|---|---|---|---|---|
| | | | | |
| 语文 | 数学 | 英语 | 总分 | 平均分 |
| 98 | 85 | 68 | 251 | =G3/3 |

图 4-17（b） 求平均值公式

③利用公式求出王峰的总分和平均分后，同时选中 G3 和 H3 单元格，拖动填充柄（相对引用）计算其他人的总分和平均分，并将平均分设成 1 位小数。 完成效果如图 4-17（c）所示。

| | A | B | C | D | E | F | G | H |
|---|---|---|---|---|---|---|---|---|
| 1 | 学生成绩单 | | | | | | | |
| 2 | 小组 | 姓名 | 性别 | 语文 | 数学 | 英语 | 总分 | 平均分 |
| 3 | 第1组 | 王峰 | 男 | 98 | 85 | 68 | 251 | 83.7 |
| 4 | 第2组 | 邹子洋 | 女 | 78 | 68 | 95 | 241 | 80.3 |
| 5 | 第3组 | 董艳 | 女 | 68 | 73 | 76 | 217 | 72.3 |
| 6 | 第2组 | 魏超 | 男 | 95 | 84 | 84 | 263 | 87.7 |
| 7 | 第3组 | 王聪 | 男 | 85 | 95 | 67 | 247 | 82.3 |
| 8 | 第1组 | 郭磊 | 女 | 67 | 67 | 92 | 226 | 75.3 |
| 9 | 第3组 | 杨文俐 | 女 | 78 | 93 | 65 | 236 | 78.7 |
| 10 | 第1组 | 刘爱雪 | 女 | 78 | 93 | 89 | 260 | 86.7 |

图 4-17（c） 利用公式求总分和平均分

④在图 4-17（c）中按住 Ctrl 键的同时用鼠标选中姓名和平均分两列数据，然后右击|复制，在 Sheet2 工作表的 A1 单元中右击|粘贴，将这两列数据的内容复制到 Sheet2 工作表中。

⑤在 Sheet2 中的平均分列左侧插入一列“平时成绩”，内容分别为：90　87　79　88　65　84　92　81。

⑥在 Sheet2 中的平均分列右侧插入一列“期末总评”，利用公式计算期末总评的值：期末总评=平时成绩 × 30%+平均分 × 70%，具体输入的公式如图 4-18 所示，按回车键得出结果。

| A | B | C | D | E |
|---|---|---|---|---|
| 姓名 | 平时成绩 | 平均分 | 期末总评 | |
| 王峰 | 90 | 83.7 | =B2*30%+C2*70% | |

图 4-18 计算期末总评

⑦选中 D2 单元格，拖动填充柄（相对引用）计算其他人的期末总评，并将该列设成 2 位小数，然后按降序排序。

⑧选中 A2 单元格，右击｜插入批注：第一名。 完成后效果如图 4-19 所示。

⑨将 Sheet2 重命名为“降序排序表”。

⑩将文件另存到 F:\素材文件夹下，命名为“学生成绩公式计算”。

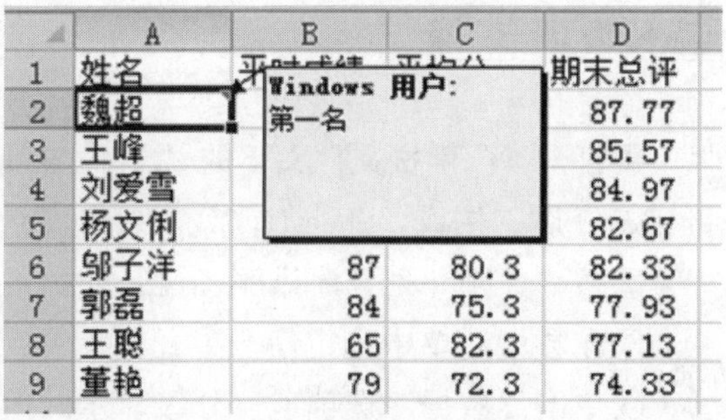


图 4-19　按期末总评降序排序

## 实训练习

打开“工资明细表 . xlsx”，在 Sheet3 中完成以下题目。

①用公式计算：应发工资=基本工资+津贴+奖金，结果保留 1 位小数。

②在应发工资右侧分别插入“公积金”“工会会费”“实发工资”三列。

③利用公式计算：公积金=基本工资 × 5%，工会会费=基本工资 × 1%。

④实发工资=应发工资-公积金-工会会费。

⑤后三列数据也都保留为 1 位小数。

⑥按工龄升序排列，为 D10 单元格插入批注“工龄最长”。

⑦文件原名保存。

# 实训五　分类汇总

## 实训目的

熟练掌握数据的排序操作。

掌握对数据清单进行分类汇总的方法。

## 实训内容

1. 按照“性别”进行分类，并分别统计男女同学各科成绩的平均值。

2. 按照“小组”进行分类，并分别统计各小组平均分的平均值。

## 实训步骤

①打开 F:\素材文件夹下的“学生成绩公式计算 . xlsx”文件，将 Sheet1 工作表复制到 Sheet3 后，生成“Sheet1（2）”工作表，并将其重命名为“按性别分类汇总”。

②按“性别”列升序排序（注：分类汇总之前必须先按分类字段排序）。

③在数据清单中选定任一单元格。

④单击“数据”选项卡“分级显示”组中的“分类汇总”按钮，如图 4-20 所示。

⑤弹出“分类汇总”对话框，在“分类字段”下拉列表框中选择分类所依据的字段“性别”（所选字段必须与排序时的字段相同）；在“汇总方式”下拉列表框中选择汇总方式“平均值”；在“选定汇总项”列表框中选择要进行汇总的字段“语文”“数学”和“英语”，选中“汇总结果显示在数据下方”复选框。 如图 4-21 所示。

⑥单击“确定”按钮，进行分类汇总，汇总结果如图 4-22 所示。

注：如果操作有误，单击“分类汇总”对话框中的“全部删除”按钮，即可恢复原来的数据表。

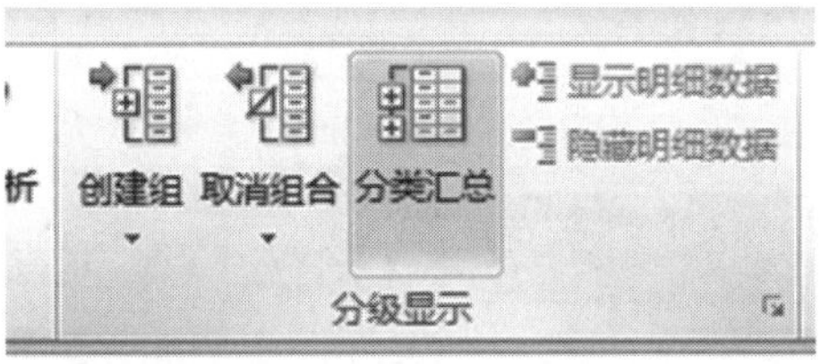


图 4-20 “分类汇总”按钮

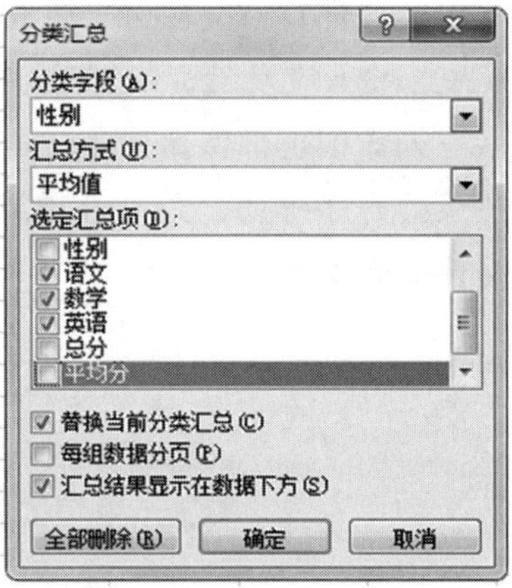


图 4-21 按性别分类汇总对话框

| | A | B | C | D | E | F | G | H |
|---|---|---|---|---|---|---|---|---|
| 1 | 学生成绩单 | | | | | | | |
| 2 | 小组 | 姓名 | 性别 | 语文 | 数学 | 英语 | 总分 | 平均分 |
| 3 | 第1组 | 王峰 | 男 | 98 | 85 | 68 | 251 | 83.7 |
| 4 | 第2组 | 魏超 | 男 | 95 | 84 | 84 | 263 | 87.7 |
| 5 | 第3组 | 王聪 | 男 | 85 | 95 | 67 | 247 | 82.3 |
| 6 | | | 男 平均值 | 92.66667 | 88 | 73 | | |
| 7 | 第2组 | 邬子洋 | 女 | 78 | 68 | 95 | 241 | 80.3 |
| 8 | 第3组 | 董艳 | 女 | 68 | 73 | 76 | 217 | 72.3 |
| 9 | 第1组 | 郭磊 | 女 | 67 | 67 | 92 | 226 | 75.3 |
| 10 | 第3组 | 杨文俐 | 女 | 78 | 93 | 65 | 236 | 78.7 |
| 11 | 第1组 | 刘爱雪 | 女 | 78 | 93 | 89 | 260 | 86.7 |
| 12 | | | 女 平均值 | 73.8 | 78.8 | 83.4 | | |
| 13 | | | 总计平均值 | 80.875 | 82.25 | 79.5 | | |

图 4-22 按性别分类汇总结果

⑦复制 Sheet1 工作表中的内容到 Sheet3 工作表，并将 Sheet3 工作表重命名为“按小组分类汇总”。

⑧按“小组”列降序排序（注：分类汇总之前必须先按分类字段排序）。

⑨在数据清单中选定任一单元格。

⑩单击“数据”选项卡“分级显示”组中的“分类汇总”按钮，弹出“分类汇总”对话框，如图 4-23 所示。

⑪在图 4-23 中的“分类字段”下拉列表框中选择“小组”；在“汇总方式”下拉列表框中选择“平均值”；在“选定汇总项”列表框中选择“平均分”，选中“汇总结果显示在数据下方”复选框。

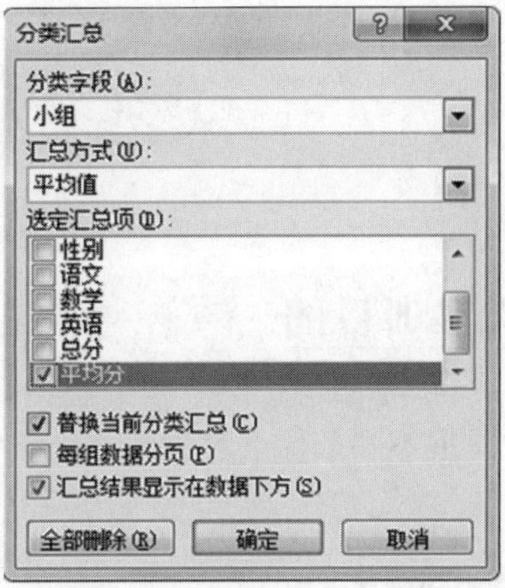


图 4-23 按小组分类汇总对话框

⑫单击“确定”按钮，汇总结果如图 4-24 所示。

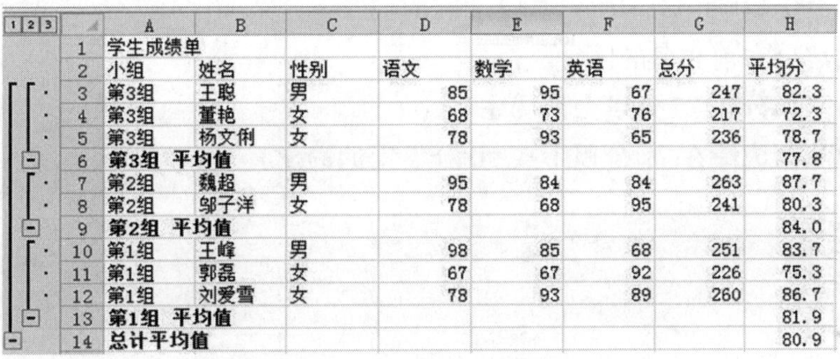

| | A | B | C | D | E | F | G | H |
|---|---|---|---|---|---|---|---|---|
| 1 | 学生成绩单 | | | | | | | |
| 2 | 小组 | 姓名 | 性别 | 语文 | 数学 | 英语 | 总分 | 平均分 |
| 3 | 第3组 | 王聪 | 男 | 85 | 95 | 67 | 247 | 82.3 |
| 4 | 第3组 | 董艳 | 女 | 68 | 73 | 76 | 217 | 72.3 |
| 5 | 第3组 | 杨文俐 | 女 | 78 | 93 | 65 | 236 | 78.7 |
| 6 | **第3组 平均值** | | | | | | | 77.8 |
| 7 | 第2组 | 魏超 | 男 | 95 | 84 | 84 | 263 | 87.7 |
| 8 | 第2组 | 邬子洋 | 女 | 78 | 68 | 95 | 241 | 80.3 |
| 9 | **第2组 平均值** | | | | | | | 84.0 |
| 10 | 第1组 | 王峰 | 男 | 98 | 85 | 68 | 251 | 83.7 |
| 11 | 第1组 | 郭磊 | 女 | 67 | 67 | 92 | 226 | 75.3 |
| 12 | 第1组 | 刘爱雪 | 女 | 78 | 93 | 89 | 260 | 86.7 |
| 13 | **第1组 平均值** | | | | | | | 81.9 |
| 14 | **总计平均值** | | | | | | | 80.9 |

图 4-24 按小组分类汇总结果

⑬原名保存，退出 Excel 2010。

## 实训练习

打开“工资明细表 . xlsx”，将 Sheet3 在其后复制两次，分别生成 Sheet3（2）和 Sheet3（3）两个工作表，并完成以下题目。

①将 Sheet3（2）重命名为“按部门分类汇总”。

②按“部门”升序排序。

③按“部门”分类汇总，求各部门教师“基本工资”和“实发工资”的合计值。

④将 Sheet3（3）重命名为“按职称分类汇总”。

⑤按“职称”降序排序。

⑥按“职称”分类汇总，求各种职称教师的“公积金”和“工会会费”的平均值。

⑦文件原名保存。

# 实训六　自动筛选

## 实训目的

掌握不同条件下对数据进行自动筛选的操作方法。

## 实训内容

1. 筛选出语文 80 分以上并且数学 90 分以上的同学。
2. 筛选出英语成绩介于 70 与 90 分之间的同学。
3. 筛选出总分在前 3 名的同学。
4. 筛选出平均分在 85 分以上的男生。
5. 筛选出英语成绩在 70 分以下或 90 分以上的同学。

## 实训步骤

①打开 F:\素材文件夹下的“学生成绩公式计算 . xlsx”文件，将 Sheet1 工作表在其后复制生成 5 个工作表，分别重命名为“筛选表 1”“筛选表 2”“筛选表 3”“筛选表 4”“筛选表 5”。

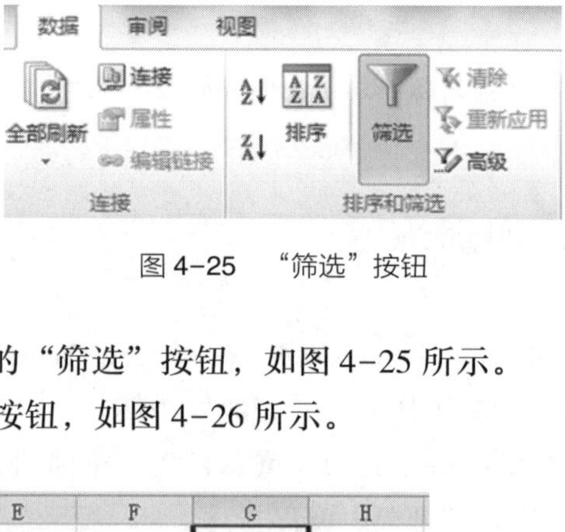


图 4-25　“筛选”按钮

②在筛选表 1 的数据清单中选定任一单元格。

③单击“数据”选项卡“排序和筛选”组中的“筛选”按钮，如图 4-25 所示。

④这时标题行中每个字段名右侧会出现下拉按钮，如图 4-26 所示。

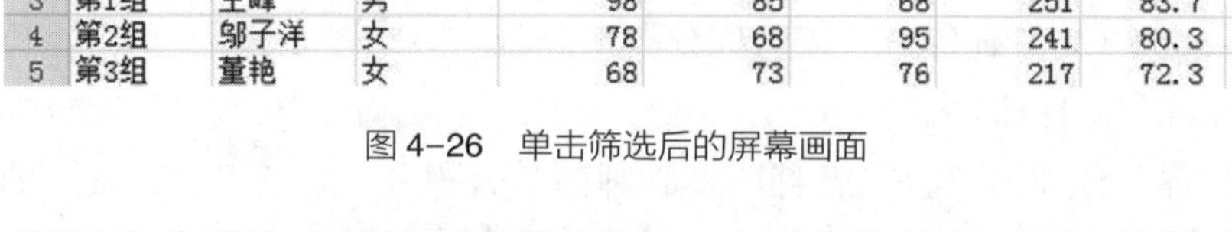

| | A | B | C | D | E | F | G | H |
|---|---|---|---|---|---|---|---|---|
| 1 | 学生成绩单 | | | | | | | |
| 2 | 小组 | 姓名 | 性别 | 语文 | 数学 | 英语 | 总分 | 平均分 |
| 3 | 第1组 | 王峰 | 男 | 98 | 85 | 68 | 251 | 83.7 |
| 4 | 第2组 | 邬子洋 | 女 | 78 | 68 | 95 | 241 | 80.3 |
| 5 | 第3组 | 董艳 | 女 | 68 | 73 | 76 | 217 | 72.3 |

图 4-26　单击筛选后的屏幕画面

⑤单击“语文”字段名右侧的下拉列表按钮，在列表中选择“数字筛选｜大于”，出现“自定义自动筛选方式”对话框，如图 4-27 所示。

⑥在大于右侧输入 80，按“确定”按钮先筛选出语文大于 80 分的同学。

⑦再单击“数学”字段名右侧的下拉列表按钮，在列表中选择“数字筛选｜大于”，出现“自定义自动筛选方式”对话框，输入 90，按“确定”按钮，完成筛选。结果只有一名同学同时满足两个条件：即语文高于 80 分并且数学高于 90 分，如图 4-28 所示。

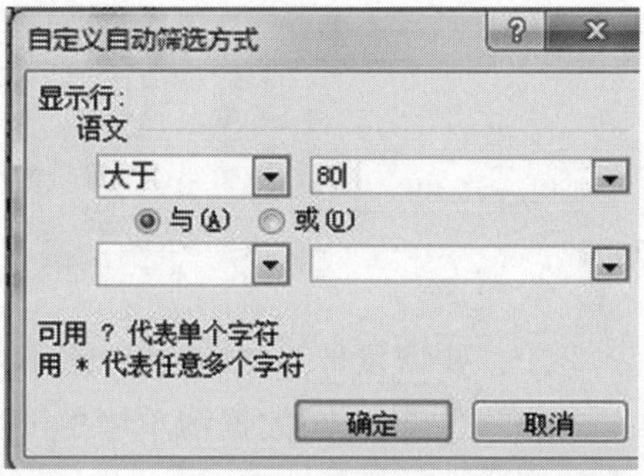


图 4-27 “自定义自动筛选方式”对话框

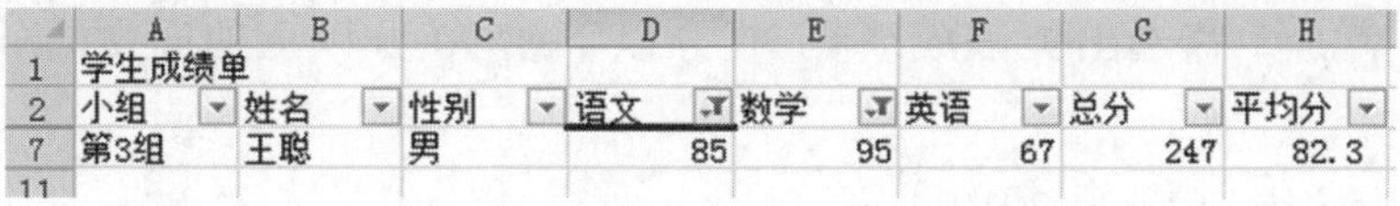

| | A | B | C | D | E | F | G | H |
|---|---|---|---|---|---|---|---|---|
| 1 | 学生成绩单 | | | | | | | |
| 2 | 小组 | 姓名 | 性别 | 语文 | 数学 | 英语 | 总分 | 平均分 |
| 7 | 第3组 | 王聪 | 男 | 85 | 95 | 67 | 247 | 82.3 |
| 11 | | | | | | | | |

图 4-28 语文>80 分且数学>90 分的筛选结果

⑧在筛选表 2 的数据清单中选定任一单元格。

⑨单击“数据”选项卡“排序和筛选”组中的“筛选”按钮，如图 4-25 所示。

⑩单击“英语”字段名右侧的下拉列表按钮，在列表中选择“数字筛选｜介于”，在“自定义自动筛选方式”对话框中输入 70 分与 90 分，如图 4-29 所示。（注意：中间选“与”，不是“或”）

⑪按“确定”按钮，筛选结果如图 4-30 所示。

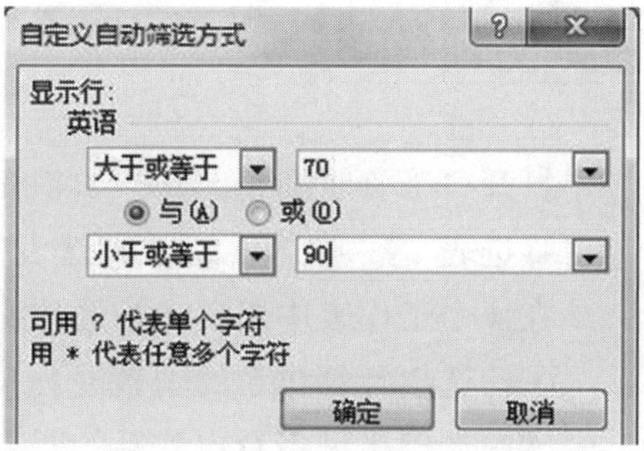


图 4-29 定义英语满足的条件

| | A | B | C | D | E | F | G | H |
|---|---|---|---|---|---|---|---|---|
| 1 | 学生成绩单 | | | | | | | |
| 2 | 小组 | 姓名 | 性别 | 语文 | 数学 | 英语 | 总分 | 平均分 |
| 5 | 第3组 | 董艳 | 女 | 68 | 73 | 76 | 217 | 72.3 |
| 6 | 第2组 | 魏超 | 男 | 95 | 84 | 84 | 263 | 87.7 |
| 10 | 第1组 | 刘爱雪 | 女 | 78 | 93 | 89 | 260 | 86.7 |

图 4-30 英语介于 70 分与 90 分之间的筛选结果

⑫在筛选表 3 的数据清单中选定任一单元格。

⑬单击“数据”选项卡“排序和筛选”组中的“筛选”按钮，如图 4-25 所示。

⑭单击“总分”字段名右侧的下拉列表按钮，在列表中选择“数字筛选｜ 10 个最大的值”，在“自动筛选前 10 个”对话框中输入 3，如图 4-31 所示。

图 4-31 “自动筛选前 10 个”对话框

⑮单击“确定”按钮，完成筛选。筛选结果如图 4-32 所示。

| | A | B | C | D | E | F | G | H |
|---|---|---|---|---|---|---|---|---|
| 1 | 学生成绩单 | | | | | | | |
| 2 | 小组 | 姓名 | 性别 | 语文 | 数学 | 英语 | 总分 | 平均分 |
| 3 | 第1组 | 王峰 | 男 | 98 | 85 | 68 | 251 | 83.7 |
| 6 | 第2组 | 魏超 | 男 | 95 | 84 | 84 | 263 | 87.7 |
| 10 | 第1组 | 刘爱雪 | 女 | 78 | 93 | 89 | 260 | 86.7 |

图 4-32　总分前 3 名的筛选结果

注：要恢复原来的显示，则单击“总分”项的下拉箭头，在最下面的选择框中选择“全选”。要撤销数据清单中的下拉箭头，再次单击“数据”选项卡“排序和筛选”组中的“筛选”按钮即可。

⑯在筛选表 4 中筛选出平均分在 85 分以上的男生。

⑰在筛选表 5 中筛选出英语成绩在 70 分以下或 90 分以上的同学。（同一字段名的“或”条件）

⑱原名保存，退出 Excel 2010。

## 实训练习

打开“工资明细表 . xlsx”，将 Sheet3 工作表在其后复制生成 4 个工作表，分别重命名为“筛选表 1”“筛选表 2”“筛选表 3”“筛选表 4”。

在 4 个工作表中用自动筛选功能分别完成以下 4 道题目。

①筛选出计算机系的副教授。

②筛选出机械系及电气系的所有记录。

③筛选出计算机系实发工资在 3500 元以下的记录。

④筛选出应发工资介于 3500 元与 4000 元之间的所有记录。

⑤原名保存，退出 Excel 2010。

# 实训七　高级筛选

## 实训目的

掌握对数据进行高级筛选的操作方法。

## 实训内容

1. 筛选出平均分在 85 分以上的男生。

2. 筛选出英语成绩在 70 分以下或 90 分以上的同学。
3. 筛选出语文 80 分以上并且数学 90 分以上的同学。
4. 筛选出英语成绩介于 70 分与 90 分之间的同学。

## 实训步骤

①打开 F:\素材文件夹下的“学生成绩函数计算 .xlsx”文件，将 Sheet1 工作表在其后复制生成 4 个工作表，分别重命名为“筛选表 1”“筛选表 2”“筛选表 3”“筛选表 4”。

②在筛选表 1 中，在与数据清单相隔至少一行的空白单元格中输入筛选条件（注意大于号“>”一定要在半角英文状态下输入），在 C12、D12 单元格输入“性别”“平均分”，在 C13、D13 单元格输入“男”和“>85”。 C12:D13 被称为条件区域，如图 4-33 所示。

| | A | B | C | D | E | F | G | H |
|---|---|---|---|---|---|---|---|---|
| 1 | 学生成绩单 | | | | | | | |
| 2 | 小组 | 姓名 | 性别 | 语文 | 数学 | 英语 | 总分 | 平均分 |
| 3 | 第1组 | 王峰 | 男 | 98 | 85 | 68 | 251 | 83.7 |
| 4 | 第2组 | 邬子洋 | 女 | 78 | 68 | 95 | 241 | 80.3 |
| 5 | 第3组 | 董艳 | 女 | 68 | 73 | 76 | 217 | 72.3 |
| 6 | 第2组 | 魏超 | 男 | 95 | 84 | 84 | 263 | 87.7 |
| 7 | 第3组 | 王聪 | 男 | 85 | 95 | 67 | 247 | 82.3 |
| 8 | 第1组 | 郭磊 | 女 | 67 | 67 | 92 | 226 | 75.3 |
| 9 | 第3组 | 杨文俐 | 女 | 78 | 93 | 65 | 236 | 78.7 |
| 10 | 第1组 | 刘爱雪 | 女 | 78 | 93 | 89 | 260 | 86.7 |
| 11 | | | | | | | | |
| 12 | | | 性别 | 平均分 | | | | |
| 13 | | | 男 | >85 | | | | |

图 4-33　输入“与”筛选条件

③在数据清单中选定任一单元格。

④单击“数据”选项卡“排序和筛选”组中的“高级”按钮，如图 4-34 所示。

⑤弹出“高级筛选”对话框，在“方式”框中选择筛选结果的显示位置。 在“列表区域”“条件区域”和“复制到”输入地址（也可用鼠标拖动选择数据区），如图 4-35 所示。

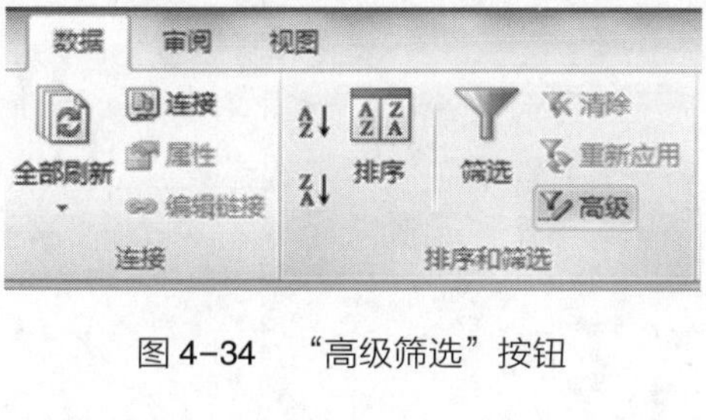


图 4-34　“高级筛选”按钮

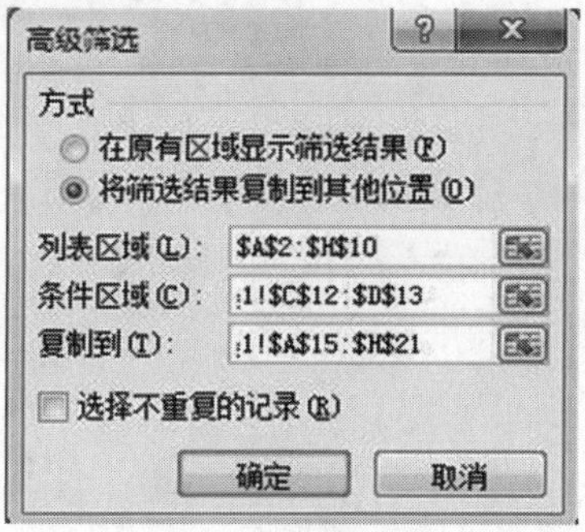


图 4-35　“高级筛选”对话框

⑥单击“确定”按钮，即可显示平均分在 85 分以上的男生信息，如图 4-36 所示。

| | A | B | C | D | E | F | G | H |
|---|---|---|---|---|---|---|---|---|
| 1 | 学生成绩单 | | | | | | | |
| 2 | 小组 | 姓名 | 性别 | 语文 | 数学 | 英语 | 总分 | 平均分 |
| 3 | 第1组 | 王峰 | 男 | 98 | 85 | 68 | 251 | 83.7 |
| 4 | 第2组 | 邬子洋 | 女 | 78 | 68 | 95 | 241 | 80.3 |
| 5 | 第3组 | 董艳 | 女 | 68 | 73 | 76 | 217 | 72.3 |
| 6 | 第2组 | 魏超 | 男 | 95 | 84 | 84 | 263 | 87.7 |
| 7 | 第3组 | 王聪 | 男 | 85 | 95 | 67 | 247 | 82.3 |
| 8 | 第1组 | 郭磊 | 女 | 67 | 67 | 92 | 226 | 75.3 |
| 9 | 第3组 | 杨文俐 | 女 | 78 | 93 | 65 | 236 | 78.7 |
| 10 | 第1组 | 刘爱雪 | 女 | 78 | 93 | 89 | 260 | 86.7 |
| 11 | | | | | | | | |
| 12 | | | 性别 | 平均分 | | | | |
| 13 | | | 男 | >85 | | | | |
| 14 | | | | | | | | |
| 15 | 小组 | 姓名 | 性别 | 语文 | 数学 | 英语 | 总分 | 平均分 |
| 16 | 第2组 | 魏超 | 男 | 95 | 84 | 84 | 263 | 87.7 |
| 17 | | | | | | | | |

图 4-36　高级筛选两个条件同时满足的结果

⑦在筛选表 2 中，在与数据清单相隔至少一行的空白单元格中输入筛选条件（注意大于号“>”和小于号“<”一定要在半角英文状态下输入），在 C12、D12 单元格输入“英语”，在 C13、D14 单元格输入“>90”和“<70”。 C12:D14 被称为条件区域，如图 4-37 所示。

| | A | B | C | D | E | F | G | H |
|---|---|---|---|---|---|---|---|---|
| 1 | 学生成绩单 | | | | | | | |
| 2 | 小组 | 姓名 | 性别 | 语文 | 数学 | 英语 | 总分 | 平均分 |
| 3 | 第1组 | 王峰 | 男 | 98 | 85 | 68 | 251 | 83.7 |
| 4 | 第2组 | 邬子洋 | 女 | 78 | 68 | 95 | 241 | 80.3 |
| 5 | 第3组 | 董艳 | 女 | 68 | 73 | 76 | 217 | 72.3 |
| 6 | 第2组 | 魏超 | 男 | 95 | 84 | 84 | 263 | 87.7 |
| 7 | 第3组 | 王聪 | 男 | 85 | 95 | 67 | 247 | 82.3 |
| 8 | 第1组 | 郭磊 | 女 | 67 | 67 | 92 | 226 | 75.3 |
| 9 | 第3组 | 杨文俐 | 女 | 78 | 93 | 65 | 236 | 78.7 |
| 10 | 第1组 | 刘爱雪 | 女 | 78 | 93 | 89 | 260 | 86.7 |
| 11 | | | | | | | | |
| 12 | | | 英语 | 英语 | | | | |
| 13 | | | >90 | | | | | |
| 14 | | | | <70 | | | | |

图 4-37　输入“或”筛选条件

⑧重复操作步骤③~⑥，筛选结果如图 4-38 所示。

⑨在筛选表 3 中筛选出语文 80 分以上并且数学 90 分以上的同学。

⑩在筛选表 4 中筛选出英语成绩介于 70 分与 90 分之间的同学。

⑪原名保存，退出 Excel 2010。

| | A | B | C | D | E | F | G | H |
|---|---|---|---|---|---|---|---|---|
| 1 | 学生成绩单 | | | | | | | |
| 2 | 小组 | 姓名 | 性别 | 语文 | 数学 | 英语 | 总分 | 平均分 |
| 3 | 第1组 | 王峰 | 男 | 98 | 85 | 68 | 251 | 83.7 |
| 4 | 第2组 | 邬子洋 | 女 | 78 | 68 | 95 | 241 | 80.3 |
| 5 | 第3组 | 董艳 | 女 | 68 | 73 | 76 | 217 | 72.3 |
| 6 | 第2组 | 魏超 | 男 | 95 | 84 | 84 | 263 | 87.7 |
| 7 | 第3组 | 王聪 | 男 | 85 | 95 | 67 | 247 | 82.3 |
| 8 | 第1组 | 郭磊 | 女 | 67 | 67 | 92 | 226 | 75.3 |
| 9 | 第3组 | 杨文俐 | 女 | 78 | 93 | 65 | 236 | 78.7 |
| 10 | 第1组 | 刘爱雪 | 女 | 78 | 93 | 89 | 260 | 86.7 |
| 11 | | | | | | | | |
| 12 | | | 英语 | 英语 | | | | |
| 13 | | | >90 | | | | | |
| 14 | | | | <70 | | | | |
| 15 | 小组 | 姓名 | 性别 | 语文 | 数学 | 英语 | 总分 | 平均分 |
| 16 | 第1组 | 王峰 | 男 | 98 | 85 | 68 | 251 | 83.7 |
| 17 | 第2组 | 邬子洋 | 女 | 78 | 68 | 95 | 241 | 80.3 |
| 18 | 第3组 | 王聪 | 男 | 85 | 95 | 67 | 247 | 82.3 |
| 19 | 第1组 | 郭磊 | 女 | 67 | 67 | 92 | 226 | 75.3 |
| 20 | 第3组 | 杨文俐 | 女 | 78 | 93 | 65 | 236 | 78.7 |

图 4-38　高级筛选两个条件满足其中之一的结果

## 实训练习

打开“工资明细表 . xlsx”文件，将 Sheet3 工作表在其后复制生成 4 个工作表，分别重命名为“筛选表 11”“筛选表 22”“筛选表 33”“筛选表 44”。

在 4 个工作表中用高级筛选分别完成以下 4 道题目，并与上节自动筛选的结果对比各自的优缺点。

①筛选出计算机系的副教授。

②筛选出机械系及电气系的所有记录。

③筛选出计算机系实发工资在 3500 元以下的记录。

④筛选出应发工资介于 3500 元与 4000 元之间的所有记录。

⑤原名保存，退出 Excel 2010。

# 实训八 数据图表

## 实训目的

熟练掌握图表的创建、编辑及格式化操作。

## 实训内容

在“学生成绩单 . xlsx”中完成以下操作，并将文件另存到 F:\素材文件夹下，命名为：“数据图表”。

①利用“姓名”“总分”和“平均分”3 列数据创建图表。

②设置图表标题为“学生成绩单”。

③设置格式：字体为隶书，字号为 14。

## 实训步骤

①在 Excel 2010 中打开实训三中所建的 F:\素材文件夹下的“学生成绩单 . xlsx”文件，如图 4-11 所示，另存到 F:\素材文件夹下，命名为“数据图表”。

②计算总分、平均分的值，将平均分设成 1 位小数。

③选中“姓名”“总分”和“平均分”3 列数据。(不相邻的数据按住 Ctrl 键同时选中)

④单击“插入”选项卡功能区中的“柱形图”按钮，如图 4-39 所示。

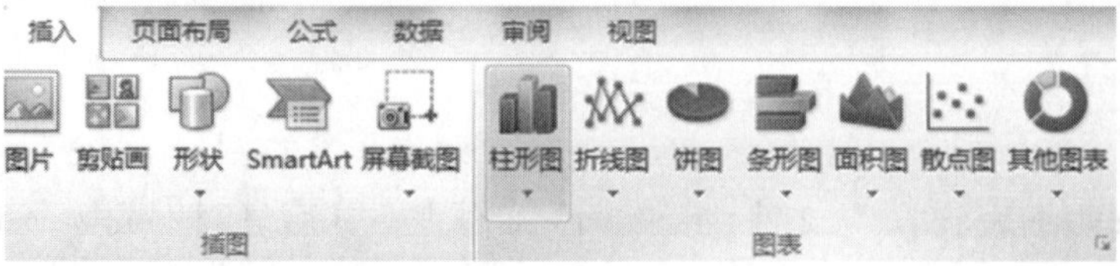


图 4-39　插入柱形图工具按钮

⑤在子图表“三维柱形图”中选中第一项“三维簇状柱形图”，如图 4-40 所示。

⑥单击“确定”按钮，创建后的效果如图 4-41 所示。

⑦单击“图表工具”｜“布局”选项卡“标签”组中的“图表标题”按钮，在下拉列表中单击“图表上方”命令，如图 4-42 所示。

⑧在图表上方就会出现“图表标题”框，如图 4-43 所示。

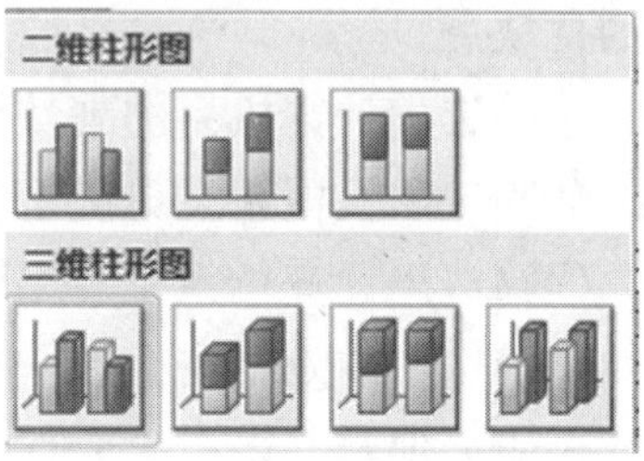


图 4-40　选择图表类型对话框

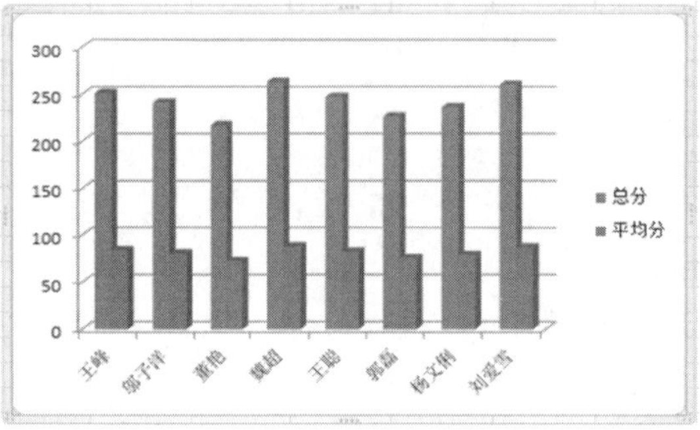


图 4-41　创建后的图表

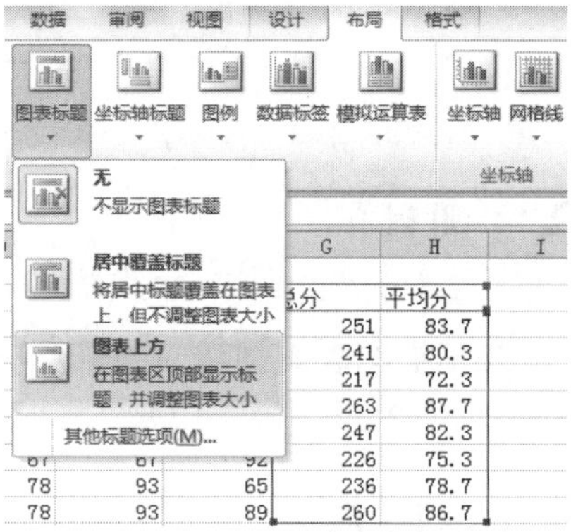


图 4-42　选择标题位置

⑨在“图表标题”框内输入标题“学生成绩单”，如图 4-44 所示。

⑩选中整个图表，在“开始”选项卡“字体”组中设置字体为隶书，字号为 14，如图 4-45 所示。

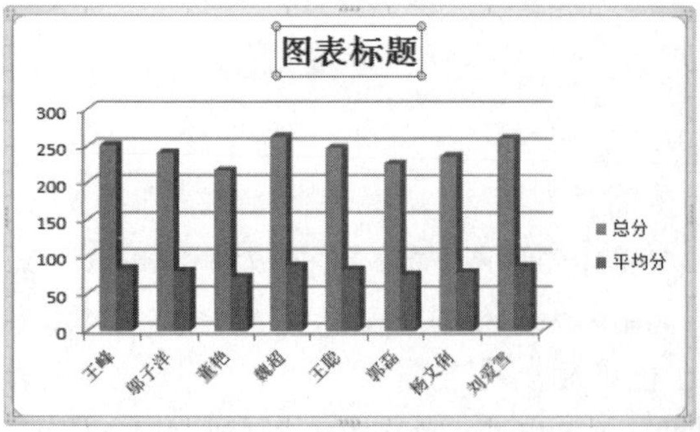


图 4-43　图表标题

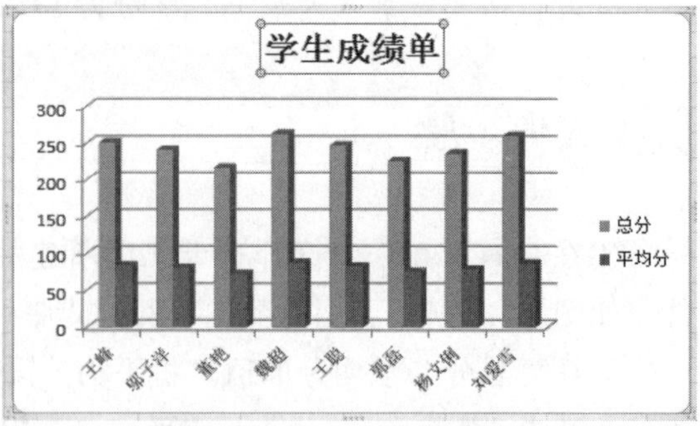


图 4-44　标题“学生成绩单”的图表

⑪复制 Sheet1 工作表中的数据到 Sheet2 工作表中。

⑫在 Sheet2 工作表中，利用 B～F 五列数据制作三维簇状柱形图，在上方加入标题为"学生各科成绩图"，并将标题字体设为华文彩云，字号为 20，图例文字设为华文行楷，加下划线，效果如图 4-46 所示。

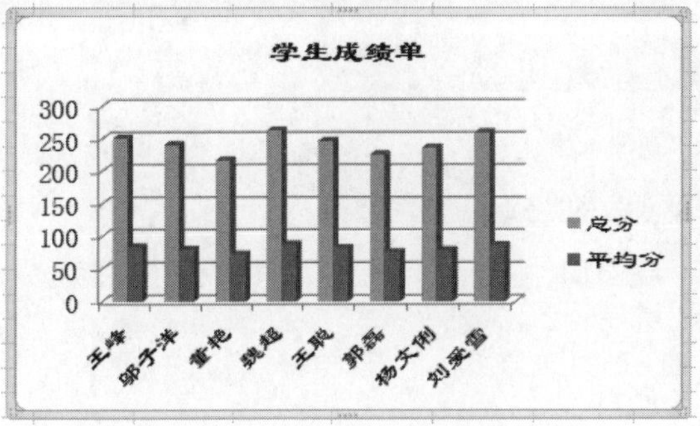


图 4-45　设置格式后图表的最终效果

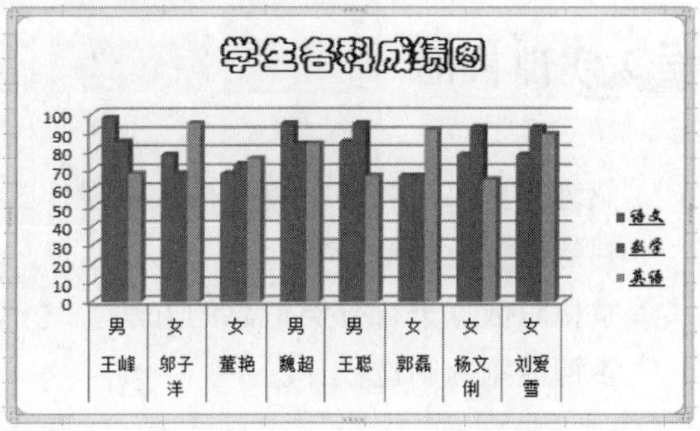


图 4-46　学生各科成绩图

注：对图表的各组成部分（包括：图表区、绘图区、背景墙、网格线、坐标轴、标题、图例）双击，均可对相应部分进行格式设置。

⑬保存，退出 Excel 2010。

## 实训练习

在 F:\素材文件夹下新建工作簿"部分城市降水量统计表"，如图 4-47 所示，在表中完成以下题目：

| | A | B | C | D | E | F | G |
|---|---|---|---|---|---|---|---|
| 1 | 部分城市降水量统计表 | | | | | | |
| 2 | 城市 | 第一季度 | 第二季度 | 第三季度 | 第四季度 | 年总量 | 季平均量 |
| 3 | 北京 | 5.5 | 64.7 | 383.2 | 53.3 | 506.7 | 126.7 |
| 4 | 上海 | 276.2 | 371.7 | 769.6 | 177.8 | 1595.3 | 398.8 |
| 5 | 哈尔滨 | 11.7 | 215.4 | 261.7 | 63.9 | 552.7 | 138.2 |
| 6 | 海口 | 62.5 | 481.5 | 648.6 | 331 | 1523.6 | 380.9 |
| 7 | 乌鲁木齐 | 60.3 | 105.2 | 95.4 | 39.1 | 300.0 | 75.0 |

图 4-47　部分城市降水量统计表

①将 A1:G1 单元格合并居中，字体设为黑体，字号 16。

②求出各城市的降水年总量和季平均量的值，均保留 1 位小数。

③利用"城市"和"季平均量"制作折线图，标题为"部分城市降水量统计图"。

④复制 Sheet1 工作表中的数据区内容到 Sheet2 工作表中。

⑤将 Sheet2 工作表重命名为"排序表"，并在其中按季平均量降序排序。

⑥在 Sheet2 中为上海的季平均量（G3 单元格）插入批注：降水最多。

⑦在表中的最后插入一行"合计"，分别求出各城市每个季度、年总量及季平均量的和。

⑧保存文件，退出 Excel 2010。

# 实训九 综合应用

## 实训目的

熟练掌握工作表的编辑及格式化操作。

熟练进行数据的计算。

掌握对数据进行分类汇总的方法。

掌握数据的筛选操作。

## 实训内容

建立“员工档案管理”工作簿，完成如下操作。

①设置单元格格式。

②用公式计算扣款和实发工资的值：扣款=基本工资×2%；实发工资=基本工资-扣款。

③按照政治面貌进行分类汇总（先排序）求基本工资和实发工资的平均值。

④按性别分类汇总（先排序）求扣款项的和。

⑤用自动筛选筛选出实发工资低于3000元的男团员。

⑥用高级筛选筛选出政治面貌为党员或实发工资低于3000元的员工。（不同字段名的或条件）

## 实训步骤

①打开Excel 2010，在F:\素材文件夹下创建一个Excel工作簿“员工档案管理”，在Sheet1工作表中输入如下内容，如图4-48所示。

| | A | B | C | D | E | F | G | H |
|---|---|---|---|---|---|---|---|---|
| 1 | 员工档案管理 | | | | | | | |
| 2 | 会员编号 | 姓名 | 性别 | 出生年月 | 政治面貌 | 基本工资 | 扣款 | 实发工资 |
| 3 | 1001 | 李强 | 男 | 1987年6月 | 团员 | 3000 | | |
| 4 | 1002 | 刘婷 | 女 | 1972年5月 | 党员 | 3500 | | |
| 5 | 1003 | 张晓燕 | 女 | 1985年8月 | 团员 | 2900 | | |
| 6 | 1004 | 王宏伟 | 男 | 1973年4月 | 群众 | 3300 | | |
| 7 | 1005 | 康伟 | 男 | 1979年2月 | 党员 | 3440 | | |
| 8 | 1006 | 赵红 | 女 | 1983年1月 | 群众 | 2950 | | |
| 9 | 1007 | 孙国庆 | 男 | 1978年11月 | 团员 | 3200 | | |

图4-48 创建工作表

②在编辑区中，选择 A1:H1 单元格区域，设置“对齐方式”为“合并后居中”，“字体”为“华文行楷”，“字号”为 26；其他单元格字体黑体，字号 12，对齐方式“水平居中”；并设第一行的行高为 30，效果如图 4-49 所示。

| | A | B | C | D | E | F | G | H |
|---|---|---|---|---|---|---|---|---|
| 1 | 员工档案管理 | | | | | | | |
| 2 | 会员编号 | 姓名 | 性别 | 出生年月 | 政治面貌 | 基本工资 | 扣款 | 实发工资 |
| 3 | 1001 | 李强 | 男 | 1987年6月 | 团员 | 3000 | | |
| 4 | 1002 | 刘婷 | 女 | 1972年5月 | 党员 | 3500 | | |
| 5 | 1003 | 张晓燕 | 女 | 1985年8月 | 团员 | 2900 | | |
| 6 | 1004 | 王宏伟 | 男 | 1973年4月 | 群众 | 3300 | | |
| 7 | 1005 | 康伟 | 男 | 1979年2月 | 党员 | 3440 | | |
| 8 | 1006 | 赵红 | 女 | 1983年1月 | 群众 | 2950 | | |
| 9 | 1007 | 孙国庆 | 男 | 1978年11月 | 团员 | 3200 | | |

图 4-49 设置单元格格式

③计算：扣款=基本工资 × 2%（图 4-50）；实发工资=基本工资-扣款（图 4-51）。

| 基本工资 | 扣款 |
|---|---|
| 3000 | =F3*2% |

图 4-50 计算扣款

| 基本工资 | 扣款 | 实发工资 |
|---|---|---|
| 3000 | 60.0 | =F3-G3 |

图 4-51 计算实发工资

④选中 G3:H3，拖动填充柄向下填充，完成复制，结果保留 1 位小数。效果如图 4-52 所示。

| | A | B | C | D | E | F | G | H |
|---|---|---|---|---|---|---|---|---|
| 1 | 员工档案管理 | | | | | | | |
| 2 | 会员编号 | 姓名 | 性别 | 出生年月 | 政治面貌 | 基本工资 | 扣款 | 实发工资 |
| 3 | 1001 | 李强 | 男 | 1987年6月 | 团员 | 3000 | 60.0 | 2940.0 |
| 4 | 1002 | 刘婷 | 女 | 1972年5月 | 党员 | 3500 | 70.0 | 3430.0 |
| 5 | 1003 | 张晓燕 | 女 | 1985年8月 | 团员 | 2900 | 58.0 | 2842.0 |
| 6 | 1004 | 王宏伟 | 男 | 1973年4月 | 群众 | 3300 | 66.0 | 3234.0 |
| 7 | 1005 | 康伟 | 男 | 1979年2月 | 党员 | 3440 | 68.8 | 3371.2 |
| 8 | 1006 | 赵红 | 女 | 1983年1月 | 群众 | 2950 | 59.0 | 2891.0 |
| 9 | 1007 | 孙国庆 | 男 | 1978年11月 | 团员 | 3200 | 64.0 | 3136.0 |

图 4-52 计算后效果图

⑤选择 A1:H9 单元格区域，单击“字体”组中“边框”右侧的下拉按钮，在弹出的列表框中选择“所有框线”选项，如图 4-53 所示。

⑥执行操作后，即可为表格设置边框线，如图 4-54 所示。

⑦将 Sheet1 工作表在其后复制生成 4 个工作表，分别重命名为“分类汇总 1”“分类汇总 2”“筛选 1”“筛选 2”。

⑧在“分类汇总 1”工作表中选择“政治面貌”列任一非空单元格，单击“数据”选项卡

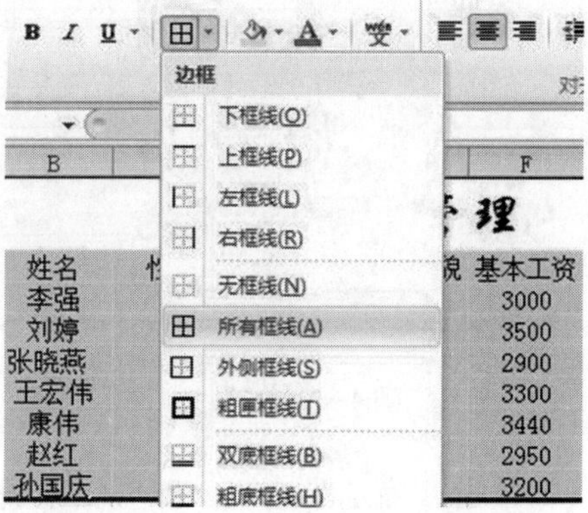


图 4-53 选择“所有框线”选项

| | A | B | C | D | E | F | G | H |
|---|---|---|---|---|---|---|---|---|
| 1 | 员工档案管理 | | | | | | | |
| 2 | 会员编号 | 姓名 | 性别 | 出生年月 | 政治面貌 | 基本工资 | 扣款 | 实发工资 |
| 3 | 1001 | 李强 | 男 | 1987年6月 | 团员 | 3000 | 60.0 | 2940.0 |
| 4 | 1002 | 刘婷 | 女 | 1972年5月 | 党员 | 3500 | 70.0 | 3430.0 |
| 5 | 1003 | 张晓燕 | 女 | 1985年8月 | 团员 | 2900 | 58.0 | 2842.0 |
| 6 | 1004 | 王宏伟 | 男 | 1973年4月 | 群众 | 3300 | 66.0 | 3234.0 |
| 7 | 1005 | 康伟 | 男 | 1979年2月 | 党员 | 3440 | 68.8 | 3371.2 |
| 8 | 1006 | 赵红 | 女 | 1983年1月 | 群众 | 2950 | 59.0 | 2891.0 |
| 9 | 1007 | 孙国庆 | 男 | 1978年11月 | 团员 | 3200 | 64.0 | 3136.0 |

图 4-54 设置边框线

下功能区中的按钮，即可实现按“政治面貌”升序排列，效果如图 4-55 所示。

| | A | B | C | D | E | F | G | H |
|---|---|---|---|---|---|---|---|---|
| 1 | 员工档案管理 | | | | | | | |
| 2 | 会员编号 | 姓名 | 性别 | 出生年月 | 政治面貌 | 基本工资 | 扣款 | 实发工资 |
| 3 | 1002 | 刘婷 | 女 | 1972年5月 | 党员 | 3500 | 70.0 | 3430.0 |
| 4 | 1005 | 康伟 | 男 | 1979年2月 | 党员 | 3440 | 68.8 | 3371.2 |
| 5 | 1004 | 王宏伟 | 男 | 1973年4月 | 群众 | 3300 | 66.0 | 3234.0 |
| 6 | 1006 | 赵红 | 女 | 1983年1月 | 群众 | 2950 | 59.0 | 2891.0 |
| 7 | 1001 | 李强 | 男 | 1987年6月 | 团员 | 3000 | 60.0 | 2940.0 |
| 8 | 1003 | 张晓燕 | 女 | 1985年8月 | 团员 | 2900 | 58.0 | 2842.0 |
| 9 | 1007 | 孙国庆 | 男 | 1978年11月 | 团员 | 3200 | 64.0 | 3136.0 |

图 4-55 按“政治面貌”升序排序

⑨在“数据”选项卡中单击“分级显示”组中的“分类汇总”按钮，如图 4-56 所示。

⑩弹出“分类汇总”对话框，在“分类字段”下拉列表框中选择“政治面貌”选项；在“汇总方式”下拉列表框中选择汇总方式“平均值”；在“选定汇总项”列表框中选择“基本工资”和“实发工资”，选中“汇总结果显示在数据下方”复选框。如图 4-57 所示。

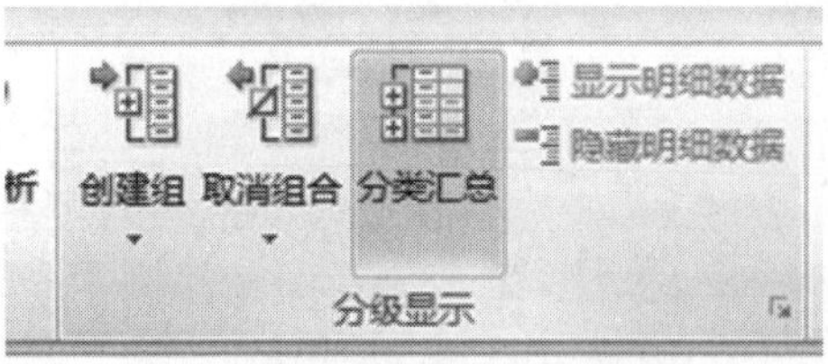


图 4-56 “分类汇总”按钮

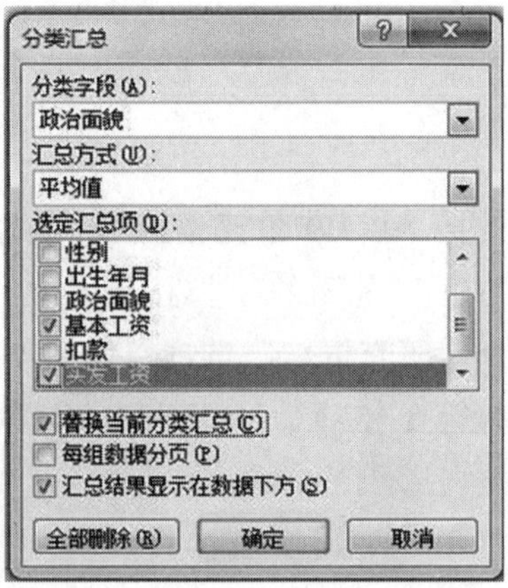


图 4-57 按“政治面貌”分类汇总对话框

⑪单击“确定”按钮，即可实现按政治面貌进行分类，求基本工资和实发工资的平均值，如图 4-58 所示。

| 员工档案管理 | | | | | | | |
|---|---|---|---|---|---|---|---|
| 会员编号 | 姓名 | 性别 | 出生年月 | 政治面貌 | 基本工资 | 扣款 | 实发工资 |
| 1002 | 刘婷 | 女 | 1972年5月 | 党员 | 3500.0 | 70.0 | 3430.0 |
| 1005 | 康伟 | 男 | 1979年2月 | 党员 | 3440.0 | 68.8 | 3371.2 |
| | | | | 党员 平均值 | 3470.0 | | 3400.6 |
| 1004 | 王宏伟 | 男 | 1973年4月 | 群众 | 3300.0 | 66.0 | 3234.0 |
| 1006 | 赵红 | 女 | 1983年1月 | 群众 | 2950.0 | 59.0 | 2891.0 |
| | | | | 群众 平均值 | 3125.0 | | 3062.5 |
| 1001 | 李强 | 男 | 1987年6月 | 团员 | 3000.0 | 60.0 | 2940.0 |
| 1003 | 张晓燕 | 女 | 1985年8月 | 团员 | 2900.0 | 58.0 | 2842.0 |
| 1007 | 孙国庆 | 男 | 1978年11月 | 团员 | 3200.0 | 64.0 | 3136.0 |
| | | | | 团员 平均值 | 3033.3 | | 2972.7 |
| | | | | 总计平均值 | 3184.3 | | 3120.6 |

图 4-58　按“政治面貌”分类汇总结果

⑫在“分类汇总 2”工作表中选择“性别”列任一非空单元格，单击“数据”选项卡下功能区中的 按钮，即可实现按“性别”降序排列。

⑬在“数据”选项卡中单击“分级显示”组中的“分类汇总”按钮。

⑭弹出“分类汇总”对话框，在“分类字段”下拉列表框中选择“性别”选项；在“汇总方式”下拉列表框中选择“求和”；在“选定汇总项”列表框中选择“扣款”，选中“汇总结果显示在数据下方”复选框。如图 4-59 所示。

⑮单击“确定”按钮，即可实现按性别进行分类，对扣款项求和，如图 4-60 所示。

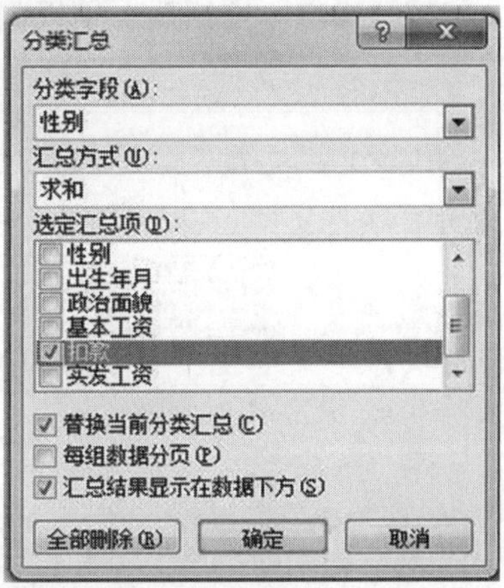


图 4-59　按“性别”分类汇总对话框

| 员工档案管理 | | | | | | | |
|---|---|---|---|---|---|---|---|
| 会员编号 | 姓名 | 性别 | 出生年月 | 政治面貌 | 基本工资 | 扣款 | 实发工资 |
| 1002 | 刘婷 | 女 | 1972年5月 | 党员 | 3500 | 70.0 | 3430.0 |
| 1003 | 张晓燕 | 女 | 1985年8月 | 团员 | 2900 | 58.0 | 2842.0 |
| 1006 | 赵红 | 女 | 1983年1月 | 群众 | 2950 | 59.0 | 2891.0 |
| | | 女 汇总 | | | | 187.0 | |
| 1001 | 李强 | 男 | 1987年6月 | 团员 | 3000 | 60.0 | 2940.0 |
| 1004 | 王宏伟 | 男 | 1973年4月 | 群众 | 3300 | 66.0 | 3234.0 |
| 1005 | 康伟 | 男 | 1979年2月 | 党员 | 3440 | 68.8 | 3371.2 |
| 1007 | 孙国庆 | 男 | 1978年11月 | 团员 | 3200 | 64.0 | 3136.0 |
| | | 男 汇总 | | | | 258.8 | |
| | | 总计 | | | | 445.8 | |

图 4-60　按“性别”分类汇总结果

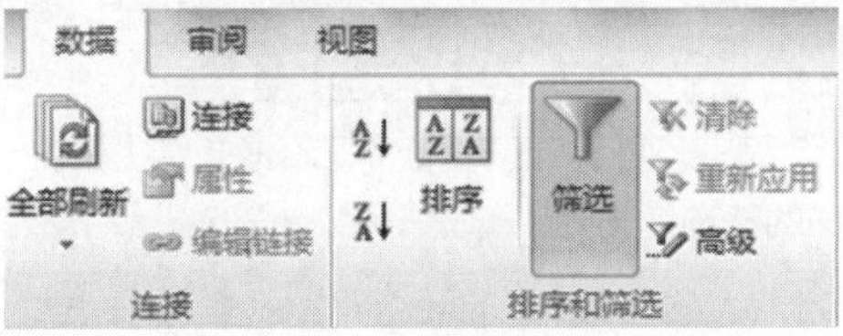


图 4-61　“筛选”按钮

⑯在“筛选 1”工作表的数据清单中选定任一单元格。

⑰单击“数据”选项卡“排序和筛选”组中的“筛选”按钮，如图 4-61 所示。

⑱这时标题行中每个字段名右侧会出现下拉按钮，如图 4-62 所示。

| | A | B | C | D | E | F | G | H |
|---|---|---|---|---|---|---|---|---|
| 1 | 员工档案管理 | | | | | | | |
| 2 | 会员编 | 姓名 | 性别 | 出生年月 | 政治面 | 基本工 | 扣款 | 实发工 |
| 3 | 1001 | 李强 | 男 | 1987年6月 | 团员 | 3000 | 60.0 | 2940.0 |
| 4 | 1002 | 刘婷 | 女 | 1972年5月 | 党员 | 3500 | 70.0 | 3430.0 |
| 5 | 1003 | 张晓燕 | 女 | 1985年8月 | 团员 | 2900 | 58.0 | 2842.0 |

图 4-62　单击筛选后的屏幕画面

⑲单击“性别”字段名右侧的下拉列表按钮，在打开的对话框中去掉“女”前面复选框中的“√”，如图 4-63 所示。

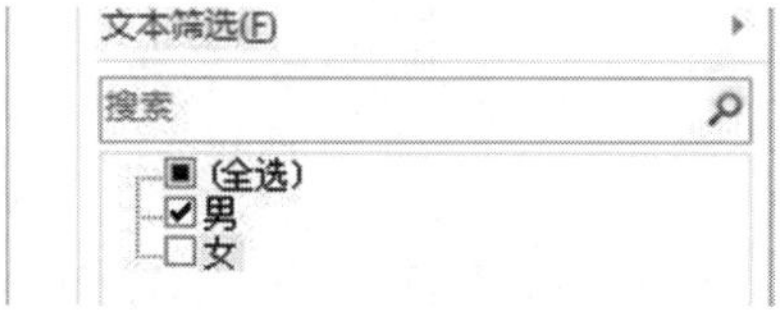


图 4-63　选择性别为男

⑳按“确定”按钮后，结果如图 4-64 所示。

| | A | B | C | D | E | F | G | H |
|---|---|---|---|---|---|---|---|---|
| 1 | 员工档案管理 | | | | | | | |
| 2 | 会员编 | 姓名 | 性别 | 出生年月 | 政治面 | 基本工 | 扣款 | 实发工 |
| 3 | 1001 | 李强 | 男 | 1987年6月 | 团员 | 3000 | 60.0 | 2940.0 |
| 6 | 1004 | 王宏伟 | 男 | 1973年4月 | 群众 | 3300 | 66.0 | 3234.0 |
| 7 | 1005 | 康伟 | 男 | 1979年2月 | 党员 | 3440 | 68.8 | 3371.2 |
| 9 | 1007 | 孙国庆 | 男 | 1978年11月 | 团员 | 3200 | 64.0 | 3136.0 |

图 4-64　性别为男的筛选结果

㉑再单击“政治面貌”字段名右侧的下拉列表按钮，在打开的对话框中去掉“党员”和“群众”前面复选框中的“√”，如图 4-65 所示。

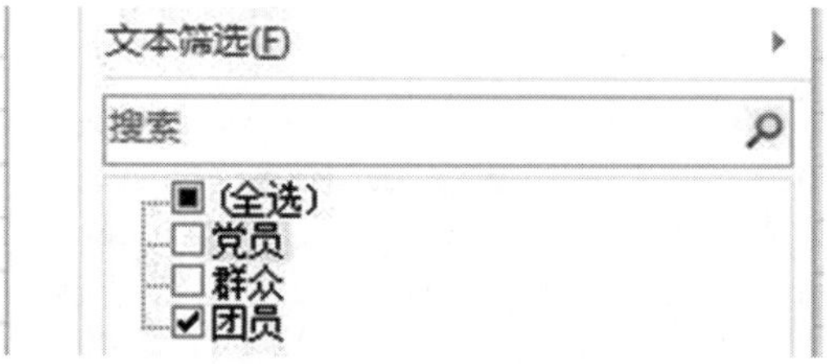


图 4-65　选择政治面貌为团员

㉒按“确定”按钮后，结果如图 4-66 所示。

| | A | B | C | D | E | F | G | H |
|---|---|---|---|---|---|---|---|---|
| 1 | 员工档案管理 | | | | | | | |
| 2 | 会员编 | 姓名 | 性别 | 出生年月 | 政治面 | 基本工 | 扣款 | 实发工 |
| 3 | 1001 | 李强 | 男 | 1987年6月 | 团员 | 3000 | 60.0 | 2940.0 |
| 9 | 1007 | 孙国庆 | 男 | 1978年11月 | 团员 | 3200 | 64.0 | 3136.0 |

图 4-66　政治面貌为团员的筛选结果

㉓再单击“实发工资”字段名右侧的下拉列表按钮，在列表中选择“数字筛选｜小于”，出现“自定义自动筛选方式”对话框，输入 3000，如图 4-67 所示。

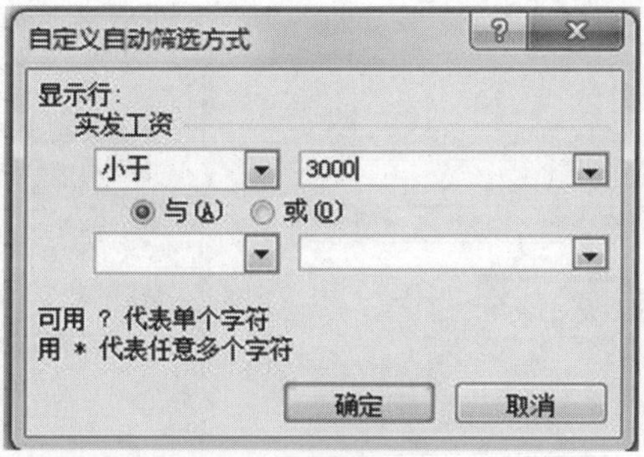


图 4-67　“自定义自动筛选方式”对话框

㉔按“确定”按钮，完成筛选。结果只有一名员工同时满足三个条件：即实发工资低于 3000 元的男团员，如图 4-68 所示。

| | A | B | C | D | E | F | G | H |
|---|---|---|---|---|---|---|---|---|
| 1 | 员工档案管理 | | | | | | | |
| 2 | 会员编 | 姓名 | 性别 | 出生年月 | 政治面 | 基本工 | 扣款 | 实发工 |
| 3 | 1001 | 李强 | 男 | 1987年6月 | 团员 | 3000 | 60.0 | 2940.0 |

图 4-68　实发工资低于 3000 元的男团员

㉕在“筛选 2”工作表中，与数据清单相隔至少一行的空白单元格中输入筛选条件（注：小于号“<”一定要在半角英文状态下输入），在 C12、D12 单元格输入“政治面貌”“实发工资”，在 C13、D14 单元格输入“党员”和“<3000”。如图 4-69 所示。

| | A | B | C | D | E | F | G | H |
|---|---|---|---|---|---|---|---|---|
| 1 | 员工档案管理 | | | | | | | |
| 2 | 会员编号 | 姓名 | 性别 | 出生年月 | 政治面貌 | 基本工资 | 扣款 | 实发工资 |
| 3 | 1001 | 李强 | 男 | 1987年6月 | 团员 | 3000 | 60.0 | 2940.0 |
| 4 | 1002 | 刘婷 | 女 | 1972年5月 | 党员 | 3500 | 70.0 | 3430.0 |
| 5 | 1003 | 张晓燕 | 女 | 1985年8月 | 团员 | 2900 | 58.0 | 2842.0 |
| 6 | 1004 | 王宏伟 | 男 | 1973年4月 | 群众 | 3300 | 66.0 | 3234.0 |
| 7 | 1005 | 康伟 | 男 | 1979年2月 | 党员 | 3440 | 68.8 | 3371.2 |
| 8 | 1006 | 赵红 | 女 | 1983年1月 | 群众 | 2950 | 59.0 | 2891.0 |
| 9 | 1007 | 孙国庆 | 男 | 1978年11月 | 团员 | 3200 | 64.0 | 3136.0 |
| 10 | | | | | | | | |
| 11 | | | | | | | | |
| 12 | | | 政治面貌 | 实发工资 | | | | |
| 13 | | | 党员 | | | | | |
| 14 | | | | <3000 | | | | |

图 4-69　不同字段名的“或”筛选条件

㉖在数据清单中选定任一单元格

㉗单击“数据”选项卡“排序和筛选”组中的“高级”按钮，如图 4-70 所示。

㉘弹出“高级筛选”对话框，在“方式”框中选择筛选结果的显示位置。在“列表区域”“条件区域”和“复制到”输入地址（也可用鼠标拖动选择数据区），如图 4-71 所示。

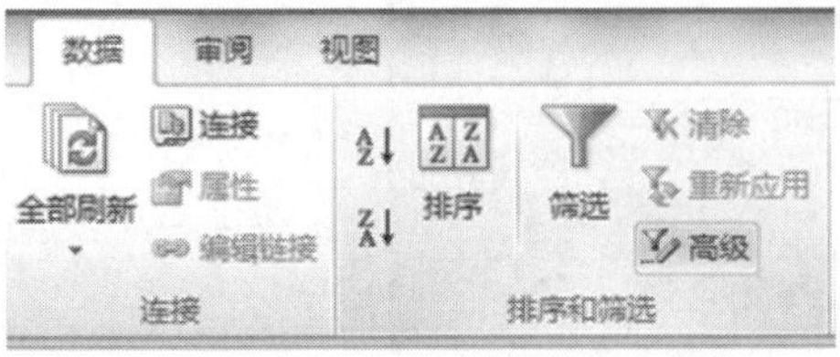


图 4-70 “高级筛选”按钮

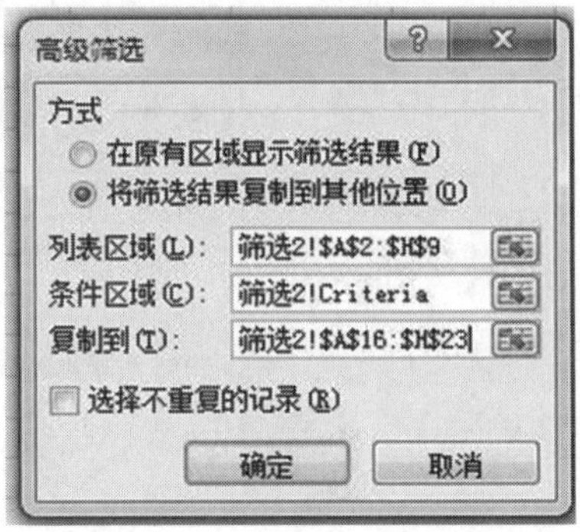


图 4-71 “高级筛选”对话框

㉙单击“确定”按钮，即可显示政治面貌为党员或者实发工资低于 3000 元的员工的信息，如图 4-72 所示。

| 16 | 会员编号 | 姓名 | 性别 | 出生年月 | 政治面貌 | 基本工资 | 扣款 | 实发工资 |
|---|---|---|---|---|---|---|---|---|
| 17 | 1001 | 李强 | 男 | 1987年6月 | 团员 | 3000 | 60.0 | 2940.0 |
| 18 | 1002 | 刘婷 | 女 | 1972年5月 | 党员 | 3500 | 70.0 | 3430.0 |
| 19 | 1003 | 张晓燕 | 女 | 1985年8月 | 团员 | 2900 | 58.0 | 2842.0 |
| 20 | 1005 | 康伟 | 男 | 1979年2月 | 党员 | 3440 | 68.8 | 3371.2 |
| 21 | 1006 | 赵红 | 女 | 1983年1月 | 群众 | 2950 | 59.0 | 2891.0 |

图 4-72 高级筛选两个条件满足其一的结果

㉚保存文件，退出 Excel 2010。

## 实训练习

新建工作簿，在 Sheet1 工作表中输入如图 4-73 所示的销售记录表，保存在 F 盘:\素材文件夹下，命名为“销售记录表 . xlsx”。

| | A | B | C | D | E | F | G |
|---|---|---|---|---|---|---|---|
| 1 | 销售记录表 | | | | | | |
| 2 | 商品类别 | 商品名称 | 销售员 | 进货单价 | 售出单价 | 售出数量 | 利润 |
| 3 | 空调 | 海尔 | 丁丽 | 3026 | 3471 | 27 | |
| 4 | 洗衣机 | 松下 | 刘鹏 | 1784 | 1988 | 20 | |
| 5 | 空调 | 春兰 | 李海 | 2984 | 3218 | 30 | |
| 6 | 电冰箱 | 容声 | 刘鹏 | 2102 | 2315 | 6 | |
| 7 | 洗衣机 | 小天鹅 | 丁丽 | 1698 | 1874 | 26 | |
| 8 | 电冰箱 | TCL | 李海 | 1764 | 1956 | 8 | |
| 9 | 空调 | LG | 刘鹏 | 2588 | 2872 | 15 | |
| 10 | 洗衣机 | 小鸭 | 李海 | 1548 | 1690 | 11 | |
| 11 | 电冰箱 | 海尔 | 丁丽 | 1872 | 2058 | 23 | |

图 4-73 销售记录表

在表中完成以下题目。

①将 A1:G1 单元合并居中，字号 22、文字加下划线、填充绿色。

②表格所有框线为红色单线。

③用公式计算利润 =（售出单价-进货单价）× 售出数量，结果保留整数。

④复制 Sheet1 工作表生成 4 个工作表，分别命名为“按商品类别分类”“按销售员分类”“自动筛选”和“高级筛选”。

⑤在上面生成的 4 个工作表中分别完成以下 4 道题目：

- 按商品类别升序排序，分别求出三种商品的进货单价与售出单价的平均值。
- 按销售员降序排序，分别求出每个人售出数量及利润的和。
- 筛选出电冰箱进货单价低于 2000 元的商品名称。（自动筛选）
- 筛选出售出数量在 20 与 30 之间的商品。（高级筛选）

⑥保存文件，退出 Excel 2010。

## 习　题

### 一、选择题

1. Excel 2010 所属的套装软件是(　　)。

A. Adobe 2010　　B. Windows 7　　C. Office 2010　　D. Word 2010

2. Excel 2010 工作簿文件的默认扩展名为(　　)。

A. docx　　B. xlsx　　C. pptx　　D. mdbx

3. 表示一定范围的单元格地址（如从单元格 A2:E4）是以(　　)分隔的。

A. 逗号　　B. 冒号　　C. 分号　　D. 等号

4. 在 Excel 2010 工作表中，按下 Delete 键将清除被选区域中所有单元格的(　　)。

A. 格式　　B. 内容　　C. 批注　　D. 所有信息

5. 下列不能表示 Excel 2010 工作表中单元格地址的是(　　)。

A. C$66　　B. $C66　　C. C66$　　D. $C$66

6. (　　)命令可以给工作表中的数据添加表格边框。

A. 图表　　B. 页面设置　　C. 网格线　　D. 设置单元格格式

7. 设置单元格格式对话框中(　　)选项卡可以修改数值型数据的小数位数。

A. 字体　　B. 对齐　　C. 数字　　D. 填充

8. Excel 2010 工作界面窗口中编辑栏上的“fx”按钮用来向单元格插入(　　)。

A. 文字　　B. 数字　　C. 公式　　D. 函数

9. 在 Excel 2010 中，可以利用(　　)函数求最大值。

A. SUM　　B. MAX　　C. AVERAGE　　D. MIN

10. 在 Excel 2010 的工作表中，假定 C3:C8 区域内的每个单元格中都保存着一个数值型数据，则函数=COUNT(C3:C8)的值为(　　)。

A. 4　　B. 5　　C. 6　　D. 8

11. “排序”按钮在(　　)功能选项卡上。

A. 公式　　B. 插入　　C. 数据　　D. 视图

12. 在高级筛选命令中，条件区域内写在不同行的条件表示的是(　　)关系。

A. 或　　B. 与　　C. 非　　D. 相等

13. 在 Excel 2010 中，图表的(　　)会随着工作表中数据的改变而发生相应的变化。

A. 图例　　B. 系列数据的值　　C. 图表类型　　D. 图表位置

14. 执行 Excel 2010 的自动筛选命令后，单击每个列标题上的三角形按钮，都会对应着一个(　　)，可以在其中设置适当的筛选条件。

A. 工具栏　　B. 对话框　　C. 窗口　　D. 下拉菜单

15. 进行分类汇总前必须将数据按某关键字段进行(　　)操作。

A. 排序　　B. 筛选　　C. 对齐　　D. 合并

**二、操作题**

1. 打开 Excel 2010，创建文件“销售表.xlsx”，并录入如下内容。

| 2019 年 4 月神州公司打印机销售报表 | | | | | |
|---|---|---|---|---|---|
| 品名 | 营业部名称 | 所在地 | 单价 | 销售数量 | 销售额 |
| 惠普 7612 | 长江营业部 | 江苏 | 1180 | 12 | |
| 惠普 M154 | 黄河营业部 | 山西 | 870 | 25 | |
| 爱普生 1390 | 长江营业部 | 江苏 | 855 | 32 | |
| 惠普 M477 | 泰山营业部 | 山东 | 2380 | 8 | |
| 爱普生 7710 | 黄河营业部 | 山西 | 1510 | 11 | |
| 佳能 IX6780 | 长江营业部 | 江苏 | 1569 | 7 | |
| 佳能 X6680 | 长江营业部 | 江苏 | 1180 | 9 | |
| 佳能 BC3020 | 泰山营业部 | 山东 | 12699 | 5 | |
| 爱普生 L1800 | 黄河营业部 | 山西 | 2480 | 6 | |
| 合计 | | | | | |

2. 在“品名”前插入一列，该列标题为“序号”，在 A3、A4 单元格分别输入 1、2，并以自动填充方式输入后序产品的序号。

3. 合并 A1:G1 单元格，并将标题做居中设置。

4. 将标题设为黑体 16 号字，加粗，颜色设置为红色；列标题设为黑体 12 号字；表中其他数据设为宋体 12 号字；所有数据都设为垂直居中，水平居中。

5. 将“品名”“营业部名称”“销售额”所在列的列宽分别设置为 16、12 和 10。

6. 将“单价”和“销售额”的数据设置为小数位数 2 位。

7. 删除“所在地”一列。

8. 在“爱普生 L1800”前插入一行，录入如下内容，并重新调整序号。

佳能 MF633　泰山营业部　山东　4999　3

9. 在“合计”后输入行标题：“各产品平均销售额”，添加序号 12。

10. 利用公式计算出每种打印机的销售额，计算公式为：销售额=单价×销售数量

11. 利用求和函数计算出销售数量和销售额的合计，并将计算结果放到相应的单元格中。

12. 利用求平均数函数计算出“各产品平均销售额”，并将计算结果放到相应的单元格中。

13. 利用 MAX 函数找出打印机的最高单价，并将结果放入 D15 单元格中。

14. 将标题“2019 年 4 月神州公司打印机销售报表”所在单元格填充为橘色，图案颜色设置为蓝色，图案样式设置为“逆对角线条纹”。

15. 将单价大于 2000 元的打印机价格标记为“黄填充色深黄色文本”。

16. 为数据区域加边框。设置外边框为深蓝色、粗线，内部线条为黑色、细线。

17. 以“品名”“销售数量”和“销售额”三列为数据区域，以插入对象方式添加一个簇状圆柱图，插入图表的起始位置的单元为 H2，图表标题“销售表”，位于图表上方。

18. 利用自动筛选命令筛选出黄河营业部销售数量超过 10 台的打印机（查看筛选结果后取消自动筛选）。

19. 利用高级筛选命令将单价大于 2000 元或者销售数量超过 20 的打印机筛选出来，并将筛选结果复制到起始单元格为 B17 的区域中。

20. 利用高级筛选命令将长江营业部销售额超过 20000（包括 20000）元的打印机筛选出来。（要求在原有区域显示筛选结果）查看筛选结果后，取消高级筛选操作。

21. 将“2019 年 4 月神州公司打印机销售报表”按“销售额”做升序排序。

22. 将“2019 年 4 月神州公司打印机销售报表”按“营业部名称”做降序排序。

23. 以“营业部名称”为分类字段进行分类汇总，求出各营业部的销售总额。

项目五

# 演示文稿制作软件 PowerPoint 2010

## 实训一 演示文稿的基本操作

### 实训目的

掌握启动和退出 PowerPoint 2010 的方法。

熟练掌握演示文稿的新建、打开、保存及关闭方法。

掌握新建幻灯片的方法。

掌握演示文稿内容的格式化设置方法。

### 实训内容

新建演示文稿，插入对象并对其进行格式化操作。

### 实训步骤

①启动 PowerPoint 2010。选择“开始”｜“所有程序”｜“Microsoft Office”｜“Microsoft PowerPoint 2010”命令，启动 PowerPoint 2010 应用程序，打开演示文稿软件。如图 5-1 所示。

注：或者双击桌面上的快捷方式图标，也可启动 PowerPoint 2010。

②新建 PowerPoint 2010 文件。启动 PowerPoint 2010 应用程序后，软件默认会自动创建一个名为“演示文稿 1”的文件，同时左侧的视图窗口新建一页幻灯片，如图 5-2 所示。

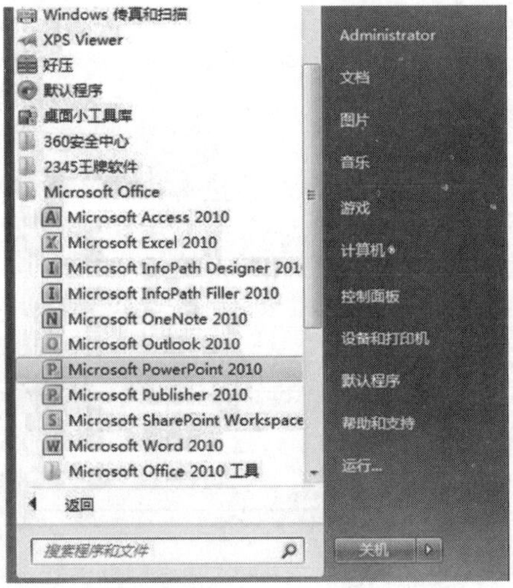

图 5-1 Microsoft PowerPoint 2010 的启动

**新建演示文稿的另一种方法**

• 单击“文件”选项卡中的“新建”按钮，在中间选择区选择“空白演示文稿”选项，单击右侧预览页面下方的“创建”按钮，即可创建一个空白的演示文稿，如图 5-3 所示。

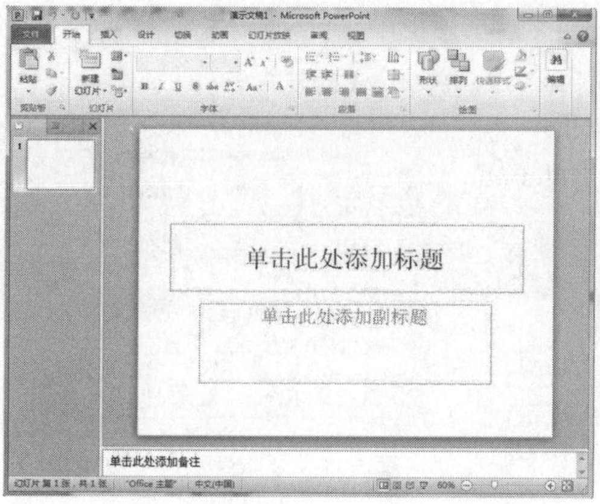


图 5-2　PowerPoint 2010 的工作界面

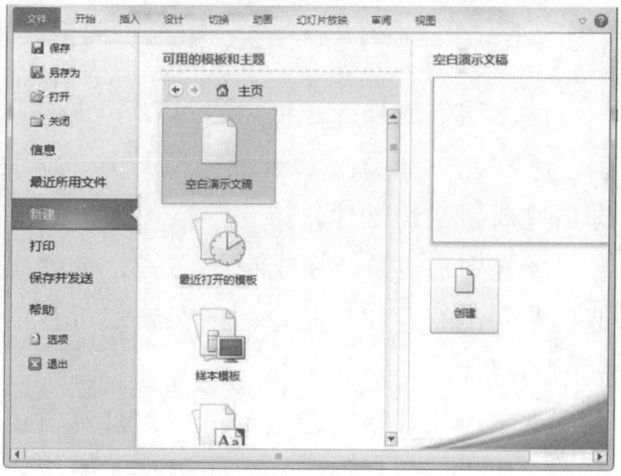


图 5-3　新建 PowerPoint 2010 文件

③输入标题信息。 在新建的空白演示文稿的第一张幻灯片中，单击如图 5-2 所示的“单击此处添加标题”文字处，光标变为输入状态时，输入文本“个人简历”，在“单击此处添加副标题”处输入文本“姓名：王丽”，如图 5-4 所示。

图 5-4　输入幻灯片标题

④设置标题格式。 设置标题字体为“黑体”，字号 48，颜色为“红色”，副标题字体为“华文行楷”，字号 40，颜色为“黑色”，如图 5-5 所示。

⑤插入新幻灯片。 将光标放置在第一张幻灯片的后面，右击幻灯片视图窗口空白处，在弹出的快捷菜单中选择“新建幻灯片”命令，即可插入一张新幻灯片，如图 5-6 所示。

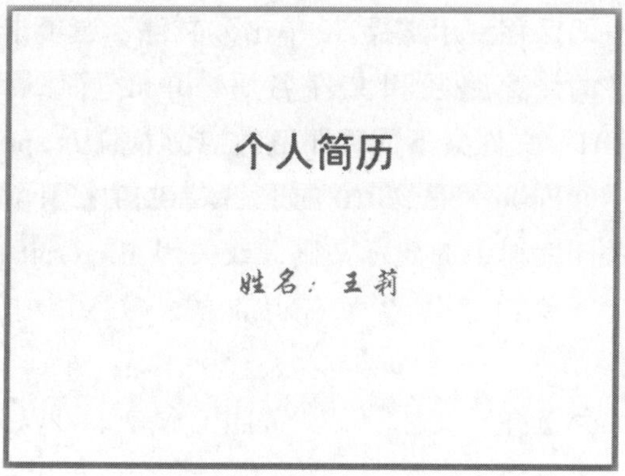


图 5-5　标题格式设置

图 5-6　新建幻灯片

除上述方法外，还可以通过以下操作新建幻灯片。

• 将光标放置在想要插入幻灯片的末尾，按 Enter 键即可完成新建幻灯片。

• 选中幻灯片，单击鼠标右键，在弹出的快捷菜单中选择“新建幻灯片”命令，则在该幻灯片的后面插入一张新的幻灯片。

• 单击“开始”选项卡下“幻灯片”组中的“新建幻灯片”按钮创建新幻灯片，如图 5-7 所示。

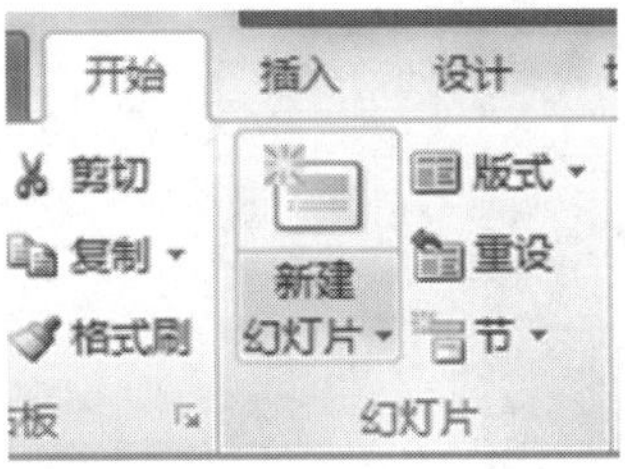


图 5-7　“新建幻灯”按钮

⑥新建幻灯片后，屏幕上出现第二张幻灯片，版式为标题和内容，如图 5-8 所示。

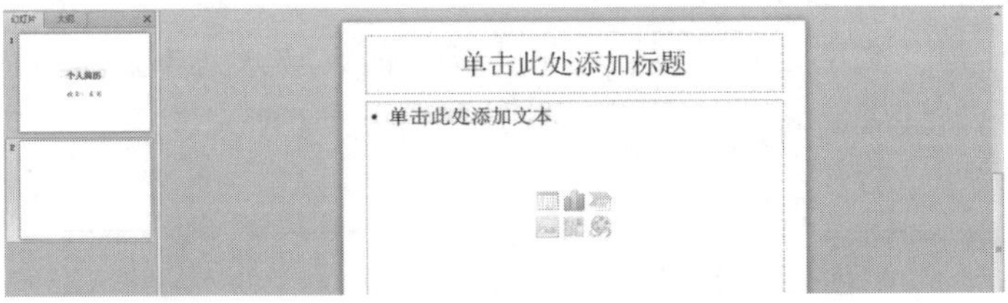


图 5-8　第二张幻灯片版式

⑦在第二张幻灯片中单击如图 5-8 所示的“单击此处添加标题”文字处，光标变为输入状态时，输入文本“基本情况简介”，在“单击此处添加文本”处输入具体内容，调整文本框的大小和位置，并设标题字体为“隶体”，字号 44，颜色为“红色”，文本内容字体为“楷体”，字号 36，颜色为“黑色”，详细情况如图 5-9 所示。

⑧保存演示文稿。单击“文件”选项卡中的“保存”按钮，在打开的对话框中设置文件的保存路径和文件名后，单击“保存”按钮即可。本例将该文件保存至 F 盘“PPT”文件夹下，文件名为“个人简历 . pptx”。

⑨PowerPoint 2010 的退出。成功打开 Microsoft PowerPoint 2010 之后，可以用以下方式关闭编辑中的演示文稿，或关闭 Microsoft PowerPoint 2010 软件。

• 单击工作界面右上方的“关闭”按钮可以直接关闭 Microsoft PowerPoint 2010 软件。

• 选择“文件”|“关闭”命令，可以关闭当前正在编辑中的演示文稿。

• 选择“文件”|“退出”命令，可以关闭 Microsoft PowerPoint 2010 软件，如图 5-10 所示。

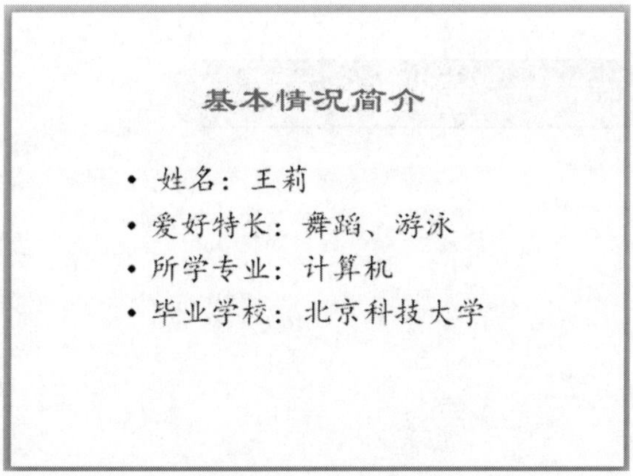


图 5-9　第二张幻灯片

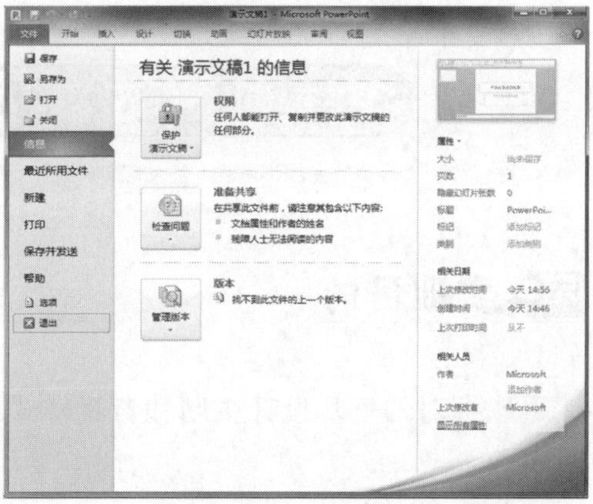


图 5-10　Microsoft PowerPoint 2010 的退出

## 实训练习

在 F:\PPT 文件夹下新建空白演示文稿，在其中完成以下操作，并以“学校简介”为文件名进行保存。

①在第一张幻灯片中分别输入标题“××× 学校简介”和副标题“××× 学校招生办”。 调整位置如图 5-11 所示。

②设置标题字体为“华文彩云”，字号 54，颜色为“绿色”，副标题字体为“华文琥珀”，字号 40，颜色为“黑色”如图 5-11 所示。

③插入一张新幻灯片，在“单击此处添加标题”文字处输入“学校简介”，在“单击此处添加文本”处输入具体内容，调整文本框的大小和位置，如图 5-11 所示。

④设标题字体为“宋体”，字号 48，颜色为“绿色”，加粗，文本内容字体为“华文楷体”，字号 36，颜色为“黑色”，如图 5-12 所示。

图 5-11　第 1 张幻灯片

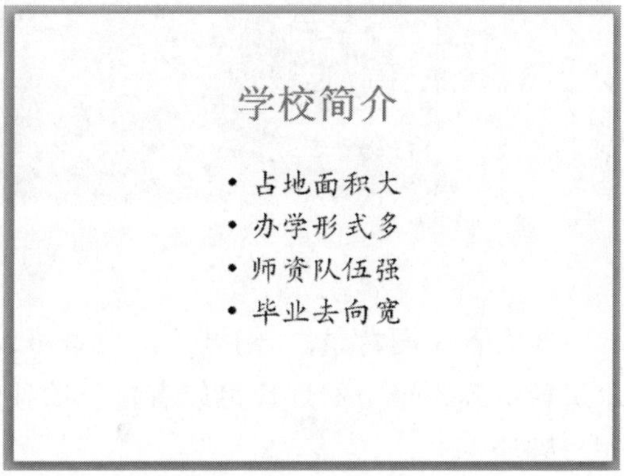


图 5-12　第 2 张幻灯片

# 实训二　设置幻灯片的设计主题和背景样式

## 实训目的

掌握对幻灯片设计主题和背景样式的设置方法。

## 实训内容

在上节创建的“个人简历”演示文稿中为幻灯片设置“波形”设计主题和“样式 3”的背景样式。

## 实训步骤

①打开保存的演示文稿文件。 启动 PowerPoint 2010 应用程序，打开上节保存的 F:\PPT 文件夹下的“个人简历”。

②设置幻灯片主题。 选择“设计”选项卡，在“主题”组中为幻灯片选择“波形”主题，如图 5-13 所示。

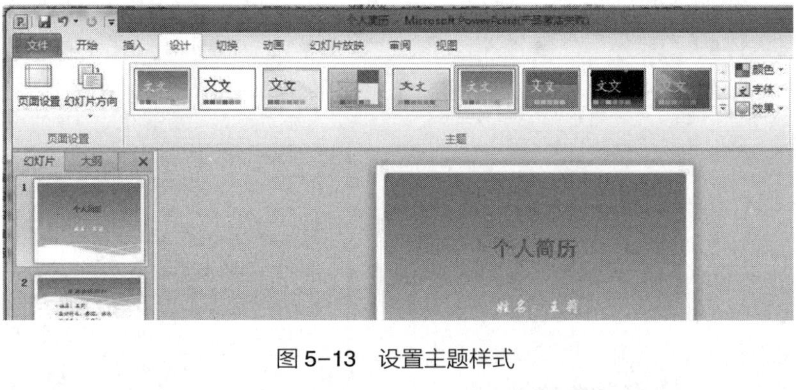


图 5-13　设置主题样式

③设置主题背景。 幻灯片的背景可以通过主题进行更改，也可以根据自己设计的需求进行更改，每个幻灯片可以有自己单独的背景，也可以所有幻灯片共用同一个背景，操作步骤如下：

● 选择“设计”选项卡，在“背景”组中单击“背景样式”按钮，在打开的下拉列表中选择固有样式，即可更改幻灯片的背景，如图 5-14 所示。

图 5-14　设置背景样式

本例中选择“样式 3”，效果如图 5-15 所示。

图 5-15　选择背景样式 3 的效果

• 在“设计”选项卡下单击“背景”组中的“背景样式”按钮，在弹出的下拉列表中选择“设置背景格式”选项，如图 5-16 所示。

• 弹出“设置背景格式”对话框，如图 5-17 所示可以对填充、图片更正、图片颜色、艺术效果等内容进行设置，填充模式下可以更换自己喜欢的图片样式。

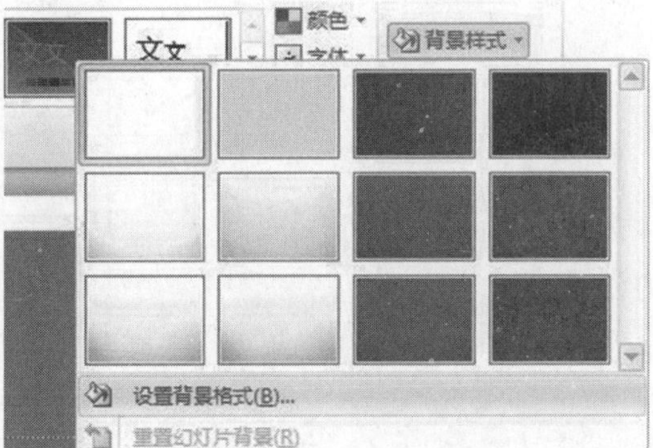


图 5-16　设置背景格式

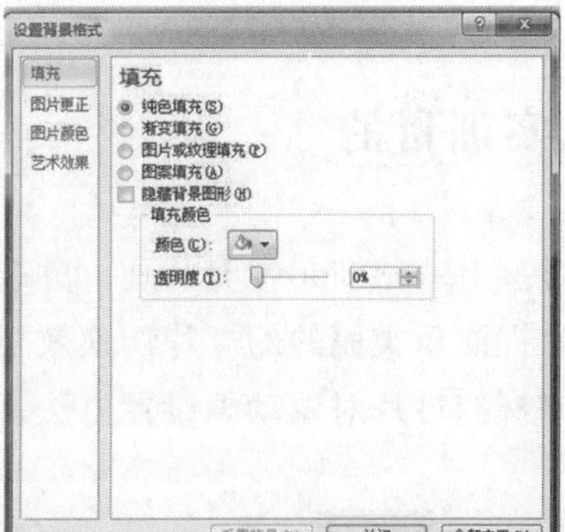


图 5-17　“设置背景格式”对话框

④单击“关闭”按钮，只对当前选中的幻灯片进行设置，若单击“全部应用”按钮，则该设置对所有幻灯片都起作用。

⑤原名保存文件，退出 PowerPoint 2010。

## 实训练习

打开上节实训练习中创建的 F:\PPT 文件夹下的“学校简介”演示文稿，在其中完成以下题目：

①设置幻灯片的设计主题为“气流”。（列表中第 2 行右数第 2 列）

②设置 2 张幻灯片背景样式均为剪贴画中的树木。（提示：背景样式 | 背景格式 | 填充 | 图片或纹理填充 | 剪贴画 | 植物 | 树木（松树））

③保存文件，退出。

完成后效果如图 5-18（a）、(b)所示。

图 5-18（a）

图 5-18（b）

# 实训三　设置幻灯片切换与动画效果

## 实训目的

掌握 PowerPoint 中剪贴画、自选图形、艺术字等的插入方法。

掌握演示文稿的幻灯片切换效果设置方法。

掌握幻灯片对象动画设置方法。

## 实训内容

1. 插入剪贴画。
2. 为幻灯片设置切换效果。
3. 为操作对象设置动画效果。

## 实训步骤

1. 打开保存的演示文稿文件

启动 PowerPoint 2010 应用程序，打开上节保存的 F:\PPT 文件夹下的“个人简历”。

2. 新建一张空白幻灯片

在打开的演示文件的最后一张幻灯片的后面，新建一张空白幻灯片。

3. 在新建的幻灯片中插入剪贴画

①选中第 3 张幻灯片，单击“插入”选项卡下“图像”组中的“剪贴画”按钮。

②在“剪贴画”窗格中，输入要搜索的关键字“人物”，单击“搜索”按钮。

③选择要插入的剪贴画，如图 5-19 所示。

④单击选中的剪贴画即可插入到幻灯片中，调整图片大小和位置，如图 5-20 所示。

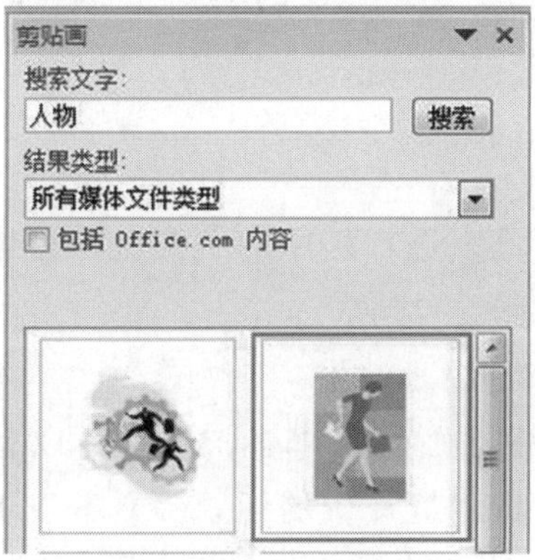


图 5-19　插入剪贴画

图 5-20　插入剪贴画的幻灯片

4. 为幻灯片添加切换效果

在 PowerPoint 2010 中预定义了很多种幻灯片的切换效果，用户可以为每张幻灯片设置切换效果，使幻灯片之间的切换带有独特的效果。

①选中第一张幻灯片，选择“切换”选项卡，单击“切换到此幻灯片”组中的“推进”按钮，在右侧的“效果选项”的下拉列表框中，选择“自底部”选项，如图 5-21 所示。

图 5-21　选择“切换 | 推进”选项

②在“计时”组中，设置持续时间：01.00；换片方式选中“单击鼠标时”复选框，如图 5-22 所示。

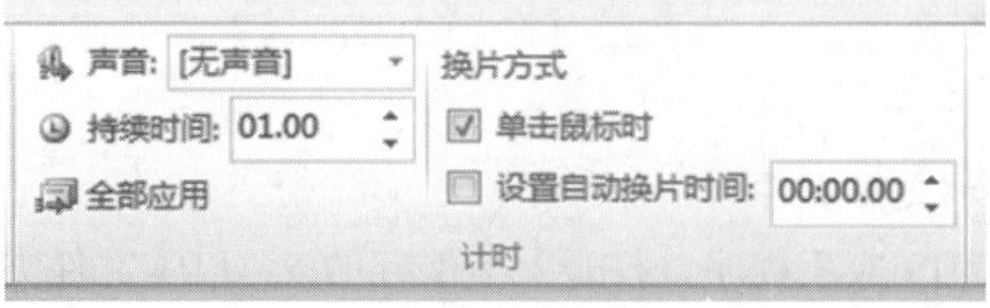


图 5-22　设置持续时间与换片方式

③用与上面同样的方法，为第 2 张幻灯片设置切换效果“形状”，“效果选项”为“菱形”；持续时间也为：01.00；设置自动换片时间为 00:00:10。 如图 5-23 所示。

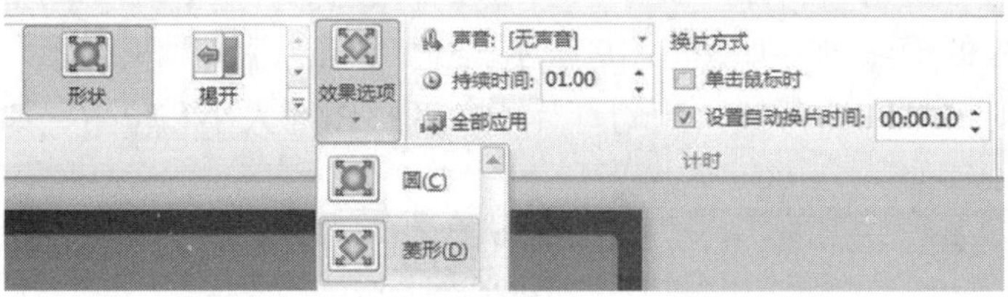


图 5-23　设置第 2 张幻灯片的切换效果

图 5-24　“预览”按钮

④单击“预览”选项板中的“预览”按钮，预览切换效果，如图 5-24 所示。

5. 为对象添加动画效果

PowerPoint 中动画效果繁多，用户可以运用提供的动画效果，将幻灯片中的标题、文本或图片等对象设置以动态的方式进行播放。 为了增强视觉效果，还可以应用“动画”选项卡中的各功能组命令对幻灯片中的文字、图片等的进入方式和顺序进行设置。

①选中第二张幻灯片，在编辑窗口中，选择需要设置动画的对象：标题文本框，选择“动画”选项卡，单击“动画”组中的“飞入”按钮，在右侧的“效果选项”的下拉列表框中，选择“自左侧”选项，如图 5-25 所示。

图 5-25　选择“动画 | 飞入”选项

②在“计时”组中，设置开始方式。 开始方式：单击时；持续时间：00.50，如图 5-26 所示。

③用与上面同样的方法，为第 2 张幻灯片中的文本内容设置动画效果“擦除”，“效果选项”为“自底部”；开始方式：上一动画之后；持续时间：00. 50，如图 5-27 所示。

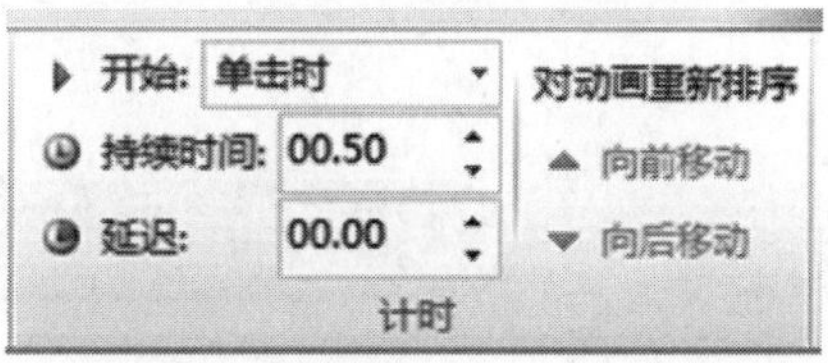


图 5-26　设置开始方式与持续时间

④为第 3 张幻灯片中的“人物”剪贴画设置动画效果“随机线条”，“效果选项”为“垂直；开始方式：单击时；持续时间：00. 80。再设图片样式：柔化边缘椭圆。

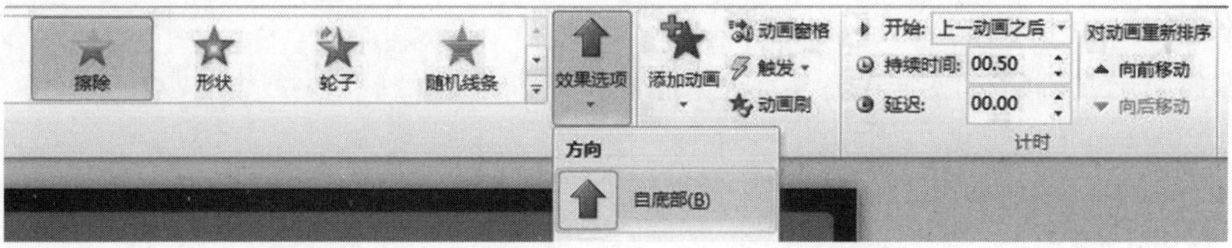


图 5-27　为第 2 张幻灯片的文本内容设置动画效果

⑤单击“预览”选项卡中的“预览”按钮，预览动画效果，如图 5-24 所示。

⑥或者切换至“幻灯片放映”选项卡，在“开始放映幻灯片”组中，单击“从头开始”按钮，也可预览动画效果。如图 5-28 所示。

图 5-28　通过放映预览动画效果

## 实训练习

打开上节保存的 F:\PPT 文件夹下的“学校简介”，在其中完成以下题目。

①在最后新建 1 张幻灯片，删除其中多余的占位符。

②在新建的幻灯片中插入艺术字“欢迎来 ××× 学校参观！”，艺术字体、字号自行设置，并调整至合适的位置。

③为第 3 张幻灯片设置切换效果“涟漪”，“效果选项”为“居中”；持续时间为：02. 00；开始方式：单击鼠标时。

④为艺术字设置动画效果：翻转式由远及近；开始方式：上一动画之后；持续时间为：01. 00。

# 实训四 设置超链接及播放演示文稿

## 实训目的

掌握幻灯片中对象的超链接设置。

掌握演示文稿的放映方式。

## 实训内容

在前面创建的“个人简历”演示文稿中为操作对象添加超链接，设置幻灯片放映方式。

## 实训步骤

1. 打开保存的演示文稿文件

启动 PowerPoint 2010 应用程序，打开前面保存的 F:\PPT 文件夹下的“个人简历”。

2. 为文本设置超链接

为第 1 张幻灯片标题中的“个人简介”文本设置超链接，使其链接到第 3 张幻灯片，操作方法如下：

①选中第 1 张幻灯片，选择“个人简历“文本，单击“插入”选项卡中的“链接”组中的“超链接”按钮，如图 5-29 所示。

图 5-29 “超链接”按钮

②打开“插入超链接”对话框，选择左侧窗口中的“本文档中的位置”选项，在右侧窗口中“请选择文档中的位置”列表框中单击“张幻灯片 3”，然后单击“确定”按钮，这样就可以链接到第 3 张灯幻灯片上，如图 5-30 所示。

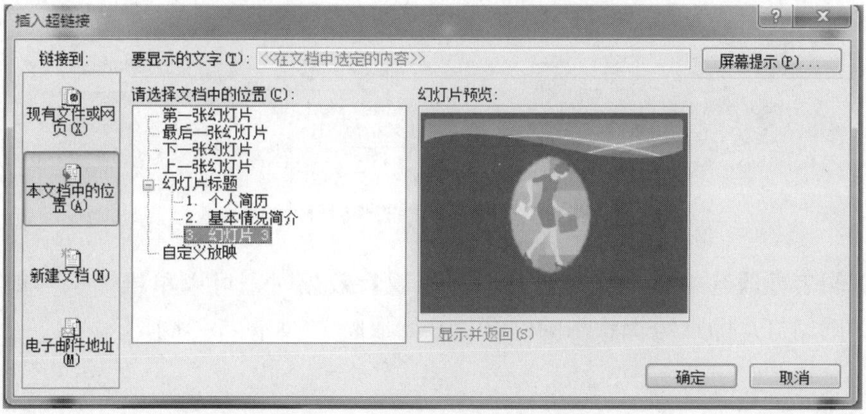


图 5-30 “插入超链接”对话框

• 现有文件或网页。选择已经创建好的文件，单击时打开该文件。(选择文件名或网页地址)

• 新建文档。重新建立新的 Office 文件。

• 电子邮件地址。用于设置电子邮件的地址，打开 Outlook 软件，直接向对方发送邮件。

3. 为剪贴画设置超链接

为第 3 张幻灯片中的剪贴画设置超链接，使其链接到第 2 张幻灯片。重复步骤 2，选择插入 | 链接 | 超链接，单击“基本情况简介”，再单击“确定”按钮，这样就可以链接到第 2 张幻灯片上，如图 5-31 所示。

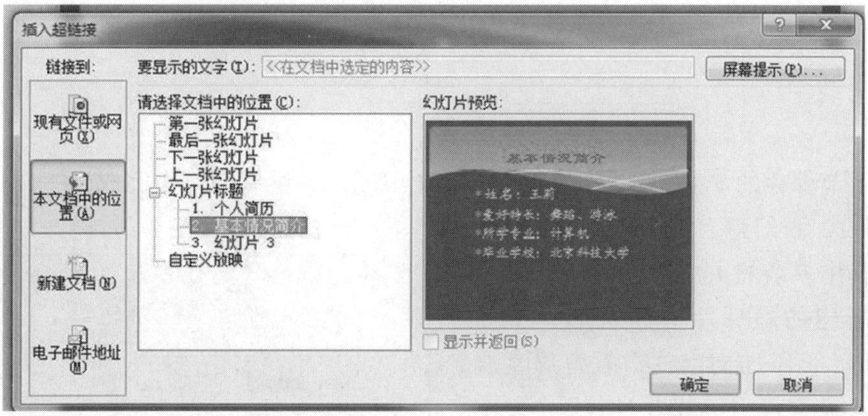


图 5-31 超链接到第 2 张幻灯片

注：设置了超链接的对象，在播放时当鼠标指向该对象会显示“手”形。

4. 幻灯片的标准放映方式

标准放映就是从当前文稿中指定的幻灯片开始，顺序放映到最后一张幻灯片后结束。

①选择“幻灯片放映”选项卡，单击“开始放映幻灯片”组中的“从头开始”按钮，演示文稿将从第一张幻灯片开始播放，如图 5-32 所示。

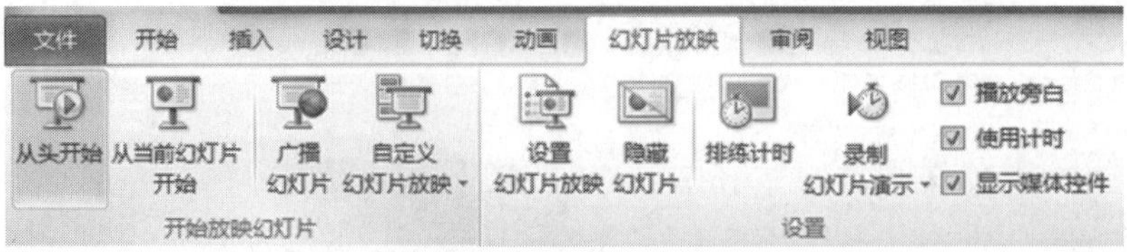


图 5-32　从头开始放映幻灯片

②当编辑者修改其中某一张幻灯片，并想观看效果时，可以单击“从当前幻灯片开始”按钮，则幻灯片即从编辑状态的幻灯片开始放映。如图 5-33 所示。

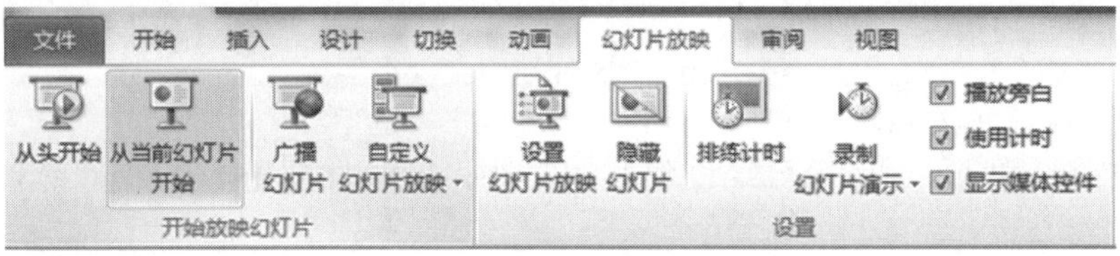


图 5-33　从当前幻灯片开始放映

在放映过程中，单击鼠标左键，一般则展示幻灯片的下一个画面；右击鼠标或单击屏幕左下角的按钮，则打开放映过程中的控制菜单。这时可向上、向下选择播放幻灯片；按 ESC 键可结束放映。

注：上例中若正常播放即为幻灯片 1、2、3。若单击第 1 张和第 3 张中的超链接，则播放顺序为 1、3、2、3。

5. 保存文件，退出

## 实训练习

打开上节保存的 F:\PPT 文件夹下的“学校简介”，继续在其中完成以下题目。

①在第 2 张幻灯片后插入 1 张幻灯片，删除其中多余的占位符。

②在新建的幻灯片中插入形状中的“圆角矩形”，添加文字“市教育局直属学校，国家级重点中等职业学校”，文字分 2 行显示，自行调整自选图形的大小及位置，适中即可。

③为自选图形设置形状填充为橙色，形状轮廓为红色；其中的文本设置为黑体、红色、字号 40。效果如图 5-34 所示。

图 5-34　插入含有形状的幻灯片

④为新插入的第 3 张幻灯片设置切换效果“棋盘”，持续时间为：02.50；开始方式：单击鼠标时。

⑤为形状设置动画效果：轮子；开始方式：上一动画之后；持续时间为：02.00。

⑥将第 1 张幻灯片中的标题文本“××× 学校简介”超链接到第 3 张幻灯片上。

⑦将第 3 张幻灯片的图形超链接到第 2 张幻灯片上。

⑧再将第 2 张幻灯片的标题超链接到第 4 张幻灯片上。

⑨从头开始播放幻灯片，执行所有的超链接，则幻灯片的播放顺序为 1、3、2、4。

⑩保存文件，退出。

# 实训五　综合应用

## 实训目的

熟练掌握幻灯片的新建及格式设置。

熟练进行演示文稿的编辑、修饰及播放。

## 实训内容

用 PowerPoint 2010 为某语文老师制作课件，以协助其更好地完成授课。

课件名为“长相思 . pptx”，保存在 F:\PPT 文件夹下。

## 实训步骤

1. 新建演示文稿并保存

启动 PowerPoint 2010，将默认的“演示文稿 1”，以“长相思 . pptx”为名保存至 F:\PPT 文件夹下。打开该文件，继续下面操作。

2. 新建第一张幻灯片

新建演示文稿中已经添加了 1 张幻灯片，版式为“标题”和“副标题”。

3. 新建其余幻灯片

在幻灯片首页的后面新建 5 张幻灯片。其中第 2 张版式为空白的幻灯片，第 3~6 张版式为标题和文本的幻灯片。

①单击开始｜幻灯片｜新建幻灯片按钮创建新幻灯片，删除多余的占位符。

②重复上面操作 5 次，完成 5 张幻灯片的添加。

4. 添加幻灯片内容

6 张幻灯片所用文本内容依次如下：

第 1 张：长相思、纳兰性德、授课教师：李丹。

第 2 张：新课导入、本课内容、本课小结、课后作业。

第 3 张：新课导入：纳兰性德原名成德，字容若，号楞伽山人。 词作以小令见长，清新自然，直抒胸臆。 内容多抒写个人的相思离别和哀思闲愁，情调感伤低沉，凄婉哀怨、感情自然真挚，多用白描手法。

第 4 张：本课内容：长相思、作者：纳兰性德、山一程，水一程，身向榆关那畔行，夜深千帐灯。 风一更，雪一更，聒碎乡心梦不成，故园无此声。

第 5 张：本课小结：《长相思》一词描写了一夜风雪，一夜征程，远在边关的词人总也不能入梦，心中泛起了被风声搅扰的思乡涟漪。

第 6 张：课后作业：1. 默写《长相思》；2. 完成课后第二题。

（文本具体位置见图 5–35 至图 5–40）

5. 插入形状

在第 2 张空白幻灯片中插入 4 个形状：椭圆，填充黄色，轮廓深红 2 磅（见图 5–36）。

单击“插入”选项卡下“插图”组中的“形状”按钮，选择“基本形状”中的“椭圆”，鼠标变为“+”，按下鼠标左键拖动画出“椭圆”，调整好大小格式，再复制三个，分别填入不同的文本内容。

6. 插入剪贴画

在第 4 张幻灯片中插入剪贴画为天气中的雪花，调整到合适的大小和位置（见图 5–38）。

单击“插入”选项卡下的“图像”组中的“剪贴画”按钮，在“搜索文字”对话框中输入“天气”，再单击“搜索”按钮，在下面的列表单击搜索到的“雪花”图片，即可插入。

7. 插入文本框

在第 4 张幻灯片中插入横排文本框，输入：“作者：纳兰性德”（见图 5–38）。

单击“插入”选项卡下的“文本”组中的“文本框”按钮，按下鼠标左键拖动画出一个横排文本框，调整好位置，再输入文本内容。

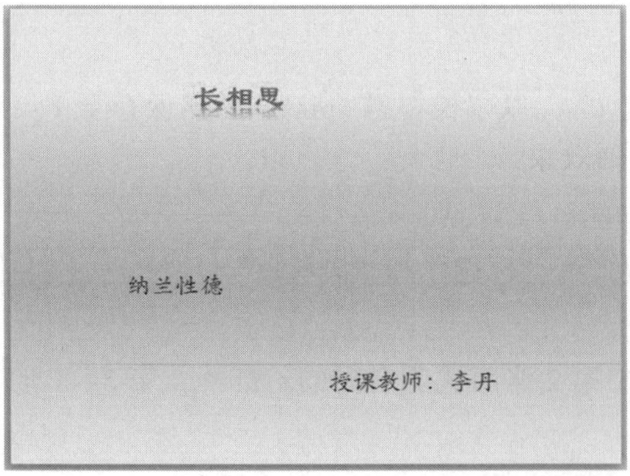


图 5–35 第 1 张幻灯片

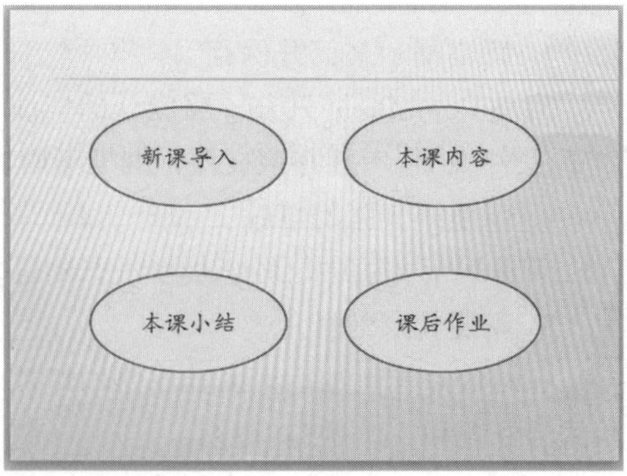


图 5–36 第 2 张幻灯片

8. 插入剪贴画

在第 6 张幻灯片中插入剪贴画为书本中的 books，调整到合适的大小和位置（见图 5-40）。

重复操作步骤 6。

9. 设置字体格式

所有标题文字设为红色，其余所有文字均为黑色，字体字号自行调整。

10. 插入项目符号

为第 3 张和第 6 张幻灯片插入相应的项目符号（见图 5-37 和图 5-40）。

单击“开始”选项卡下的“段落”组中的“项目符号”按钮右侧的下拉箭头，选择相应的符号即可（与 Word 操作类似）。

11. 添加设计主题

为幻灯片添加设计主题“跋涉”，选择“设计”选项卡，在“主题”组中为幻灯片选择“跋涉”主题即可。

12. 设置背景格式

设置第 1 张幻灯片的背景格式为渐变填充预设中的“麦浪滚滚”（效果如图 5-35）。

在“设计”选项卡下单击“背景”组中的“背景样式”按钮右侧的下拉按钮，在弹出的下拉列表中选择“设置背景格式”选项，在渐变填充中选择预设中的“麦浪滚滚”。

13. 设置超级链接

将第 2 张幻灯片的形状与相应的幻灯片建立超级链接；分别给第 3 到第 5 张幻灯片插入一个链接到第 2 张的超链接。

选中相应的椭圆形状，单击“插入”选项卡中的“链接”组中的“超链接”按钮，打开“插入超链接”对话框，选择左侧窗口中的“本文档中的位置”选项，在右侧窗口中“请选择文档中的位置”列表框中单击相应的幻灯片，然后单击“确定”按钮。重复操作，完成所有的超链接设置。

14. 设置切换方式

设置第 3~6 张幻灯片的切换方式为“覆盖”，效果选项为“自右侧”，持续时间：01.00，换片方式：单击鼠标时。

选中第 3 张幻灯片，选择“切换”选项卡，单击“切换到此幻灯片”组中的“覆盖”按钮，在“计时”组中，设置持续时间：01.00；开始方式选中“单击鼠标时”复选框。

15. 设置动画效果

为第 4 张和第 6 张幻灯片中的剪贴画设置动画效果为“旋转”，开始方式：上一动画之后，持续时间 02.00。

选中第 4 张幻灯片，选中剪贴画，然后选择“动画”选项卡，单击“动画”组中的“旋转”按钮，在“计时”组中，设置开始方式：上一动画之后；持续时间：02.00。

重复上面步骤，为第 6 张幻灯片中的剪贴画设置同样的动画效果。

16. 播放幻灯片

选择“幻灯片放映”选项卡，单击“开始放映幻灯片”组中的“开头开始”按钮，演示文稿将从第 1 张幻灯片开始播放，执行所有的超链接，则幻灯片的播放顺序为 1、2、

3、2、4、2、5、2、6。

17. 保存文件。

单击快速访问工具栏上的保存按钮，保存所制作的演示文稿。

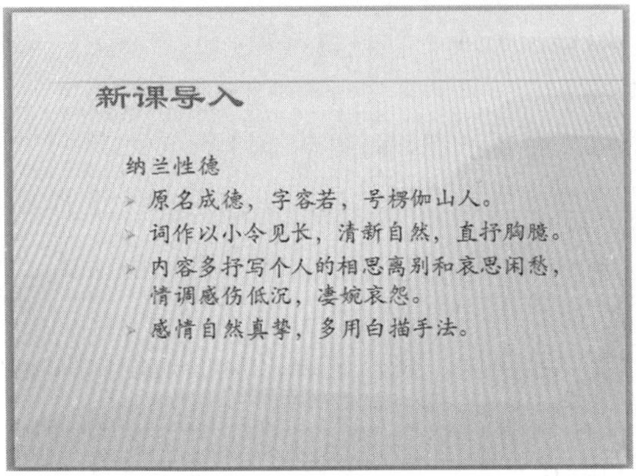


图 5-37　第 3 张幻灯片

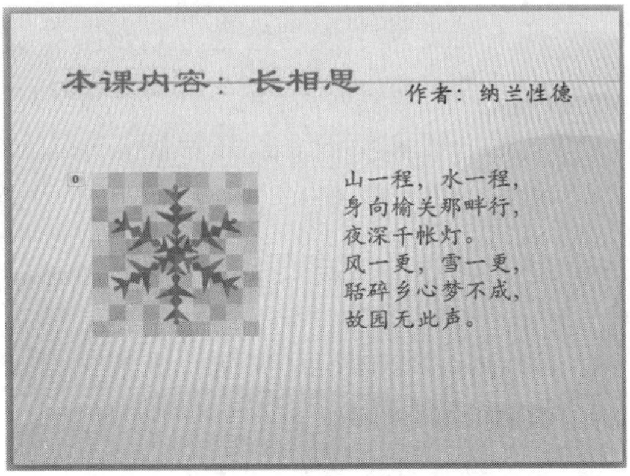


图 5-38　第 4 张幻灯片

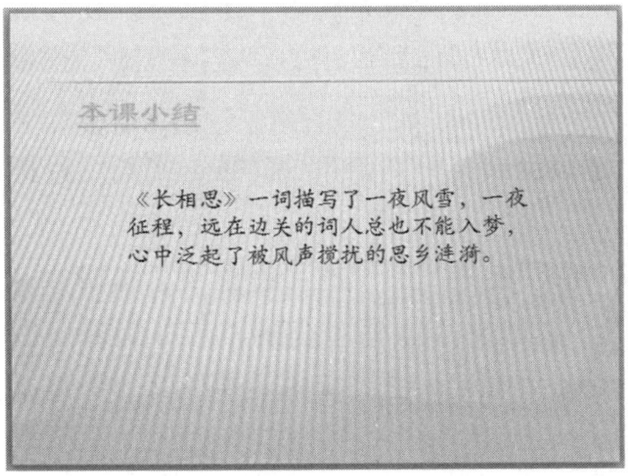


图 5-39　第 5 张幻灯片

图 5-40　第 6 张幻灯片

## 习　题

### 一、选择题

1. PowerPoint 2010 系统默认的视图方式是(　　)。

A. 大纲视图　　B. 幻灯片浏览视图　　C. 普通视图　　D. 幻灯片视图

2. PowerPoint 2010 文件的默认扩展名是(　　)。

A. pptx　　B. ppsx　　C. potx　　D. ppax

3. 在 PowerPoint 2010 幻灯片浏览视图中，选定多张不连续幻灯片，在单击选定幻灯片之前应该按住(　　)键。

A. <Alt>　　B. <Shift>　　C. <Tab>　　D. <Ctrl>

4. 在演示文稿中给幻灯片重新设置背景时，若要演示文稿中所有的幻灯片都使用相同的背景，需在“背景”对话框中单击(　　)按钮。

A. 全部应用　　B. 应用　　C. 关闭　　D. 重置背景

5. 在 PowerPoint 2010 中插入声音后，幻灯片中会出现一个(　　)图标。

A. 声音文字说明　　B. 喇叭标记　　C. 超链接标记　　D. 超链接按钮

6. (　　)视图可以对幻灯片进行添加、复制、移动和删除等操作，但不能编辑幻灯片中的内容。

A. 普通　　B. 备注页　　C. 幻灯片浏览　　D. 阅读

7. 在 PowerPoint 2010 的浏览视图下，按住<Ctrl>键并拖动某幻灯片，可以完成(　　)的操作。

A. 移动幻灯片　　B. 复制幻灯片　　C. 选定幻灯片　　D. 删除幻灯片

8. 在 PowerPoint 2010 中，要在播放幻灯片过程中结束放映，可以按(　　)。

A. <Enter>键　　B. <Esc>键　　C. <Backspace>键　　D. 鼠标左键

9. 在 PowerPoint 2010 中，不能为(　　)添加超链接。

A. 图形和图片　　B. 文本　　C. 艺术字　　D. 页面背景

10. 在 PowerPoint 2010 中，超链接除了可以指向本幻灯片的其他页外，还可以指向(　　)。

A. 其他 Office 文档　　B. 电子邮件地址　　C. 网页　　D. 以上全部均可

11. 放映当前幻灯片的快捷键是(　　)。

A. F6　　B. <Shift>+F6　　C. F5　　D. <Shift>+F5

12. 要设置幻灯片中对象的动画效果以及动画的出现方式时，应在(　　)选项卡中操作。

A. 切换　　B. 动画　　C. 设计　　D. 审阅

13. PowerPoint 2010 中设置幻灯片对象的动画效果时，可以设置(　　)。

A. 对象的进入、退出效果　　B. 动画播放的触发条件

C. 动画播放的时间和顺序　　D. 以上全部

14. PowerPoint 2010 中设置幻灯片切换方式时，不能对(　　)进行编辑。

A. 幻灯片切换效果和触发方式　　B. 幻灯片切换时播放的声音

C. 幻灯片内对象的动画效果　　D. 幻灯片切换的持续时间

15. 如果一组幻灯片中有几张幻灯片暂时不想让观众看到，但又需要保留它们，最方便的方法是(　　)。

A. 删除这些幻灯片

B. 新建一组不含这些幻灯片的演示文稿

C. 自定义放映方式时，排除这些幻灯片

D. 隐藏这些幻灯片

16. 如果想直接进入幻灯的放映模式，可以将演示文稿保存为扩展名为(　　)的文

件，鼠标双击该类型文件即可直接放映。

A. pptx B. potx C. ppax D. ppsx

**二、操作题**

要求：结合自己实际情况，创建演示文稿，介绍一项自己最喜欢的体育运动。

1. 创建一个空演示文稿。

2. 在第 1 张幻灯片中完成下列操作：

（1）标题处输入“我最喜欢的运动项目”，设置字体为隶书，66 号字，颜色为蓝色。

（2）在副标题处输入自己的姓名，专业和学校名称，字体设为楷体，28 号字，颜色为黑色。

3. 选择幻灯片的主题为“聚合”。

4. 新建第 2 张幻灯片，在该幻灯片中完成下列操作：

（1）输入标题为“我喜欢的运动—— ×××× ”，（在破折号后输入自己喜欢的运动项目名称，如“足球”）字体为宋体，32 号字。

（2）在下面文本框中输入该种运动的名称、特点等内容，比如“足球运动的规则和特点”。 该部分文字使用默认字体、字号。

（3）在右下角插入形状，“星与旗帜”中的“爆炸形 2”，在其中输入运动项目的名称，并设置填充颜色为“青绿色”。

5. 新建第 3 张幻灯片，在该幻灯片中完成下列操作：

（1）标题处输入“我喜欢的中国运动员”，使用默认字体设置。

（2）在下方文本框简单介绍自己喜欢的中国运动员，字体做加粗设置。

（3）在幻灯片右侧插入一张该运动项目的照片（照片格式为 . jpg）。

（4）为照片设置超链接，指向第 2 张幻灯片。

6. 新建第 4 张幻灯片，在该幻灯片中完成下列操作：

（1）标题处输入“我喜欢的世界体育明星”，在下方文本框中介绍该运动项目的世界明星。 以上文字使用默认格式。

（2）将本张幻灯片的背景设置为渐变填充，预设颜色使用“雨后初晴”，其他设置使用默认值。

7. 新建第 5 张幻灯片，在该幻灯片中完成下列操作：

（1）标题处输入“我的期望”，在下方文本框中输入对该项运动发展的愿望和看法，如“希望中国足球走向世界”，文字设置使用默认格式。

（2）在该幻灯片右下角插入剪贴画“埃菲尔铁塔”，并调整大小，设置高度为 8 厘米。

8. 将全部幻灯片设置切换方式为“形状”，设置自动换片时间为 3 秒。

9. 将第 1 张幻灯片中的标题“我最喜欢的运动项目”设置为动画效果从左侧飞入，设定“平滑结束”为 0. 5 秒。

10. 将剪贴画“埃菲尔铁塔”设置动画效果为“弹跳”。

11. 保存文件，文件名为“运动 . pptx”。 使用幻灯片放映命令，从头开始放映幻灯片。

项目六

# 计算机网络与 Internet 应用

## 实训一　计算机网络

### 实训目的

了解计算机网络。

学习计算机网络的分类。

理解 Internet 提供的服务。

了解 TCP/IP 协议。

掌握 IP 地址的设置方法。

能正确地区分域名和网址。

### 实训内容

设置 IP 地址和 DNS 地址。

### 知识储备

1. 了解计算机网络

（1）网络的含义

“网络”顾名思义就是一张“网”，纵横交错，各节点间相互连接，实现计算机之间的数据通信和资源共享。随着 WiFi 技术和 5G 网络技术的发展，用户可以在任何时间、任何地点接入计算机网络，如图 6-1 所示为计算机网络图。



图 6-1　计算机网络

（2）网络的功能

①实现资源共享：进入计算机网络的

用户可以共享网络中各种硬件和软件资源。

②用户之间交换信息和数据传输：数据传输是计算机网络的基本功能之一。

③分布式数据处理：不同的计算机进行数据处理，可实现均衡使用网络资源。

2. 计算机网络的分类（根据网络覆盖的范围划分）

（1）局域网（LAN）

分布范围局限在一个办公室、一栋大楼或一个校园内。

（2）广域网（WAN）

分布范围可达数百甚至数千千米，可覆盖一个省、一个国家乃至全球。

（3）城域网（MAN）

分布范围介于局域网和广域网之间。

3. Internet 提供的服务

（1）电子邮件(E-mail)

电子邮件可以在两个用户间交换，也可以向多个用户发送同一封邮件，或将收到的邮件转发给其他用户。电子邮件中除文本外，还可包含声音、图像、应用程序等各类计算机文件，是 Internet 上使用最广泛的一种服务。

（2）文件传送协议（FTP）

FTP 是 Internet 的基本服务之一，为 Internet 用户提供在网上传输各种类型的文件的功能，分普通和匿名 FTP 服务两种。

（3）远程登录（Telnet）

用户可以坐在联网的主机键盘前，登录进入远距离的另一联网主机，成为那台主机的终端。

（4）WWW（World Wide Web）服务

中文名字为“万维网”“环球网”等，常简称为 Web。分为 Web 客户端和 Web 服务器程序。WWW 可以让 Web 客户端（常用浏览器）访问浏览 Web 服务器上的页面，是一个由许多互相链接的超文本组成的系统，通过互联网访问。在这个系统中，每个有用的事物，称为一样“资源”；并且由一个全局“统一资源标识符”（URL）标识；这些资源通过超文本传输协议（HTTP）传送给用户，而用户通过点击链接来获得资源。

（5）电子公告板 BBS

每个用户都可以在它提供的公共电子白板上面发布信息或提出看法，是一种电子信息服务系统。

4. TCP/IP 协议

TCP/IP 是一组协议，由多个协议组成，TCP（传输控制协议）和 IP（网际协议）是其中两个极其重要的协议。TCP/IP 协议模型将网络分为 4 层：

①应用层：向用户提供一组常用的应用程序。

②传输层：提供应用程序之间的通信，可使用 TCP 协议。

③网际层：使用 IP 及其与 IP 配合使用的协议。

④网络接口层：负责接收 IP 数据报并通过网络发送出去。

5. IP 地址

IP 地址是 IP 协议提供的一种统一的地址格式，它为 Internet 上的每一个网络和每一台主机分配一个逻辑地址，以此来屏蔽物理地址的差异。

IP 地址就像是我们的家庭住址一样，如果你要写信给一个人，你就要知道他（她）的地址，这样邮递员才能把信送到。计算机发送信息就好比是邮递员，它必须知道唯一的“家庭地址”才不至于把信送错人家。

IP 地址可分两部分组成，一部分为网络地址，另一部分为主机地址。IP 地址分为 A、B、C、D、E 五类，它们适用的类型分别为：大型网络；中型网络；小型网络；多目地址；备用。常用的是 B 和 C 两类。C 类适用于小规模的局域网络，每个网络最多只能包含 254 台计算机。

IP 地址通常用“点分十进制”表示成（a. b. c. d）的形式，其中 a,b,c,d 都是 0~255 之间的十进制整数。

按以下要求设置计算机的 IP 地址：

IP 地址：192. 168. 0. 8

子网掩码：255. 255. 255. 0

网关地址：192. 168. 0. 1

DNS 服务器：202. 202. 200. 200

6. 域名和网址

（1）域名

随着互联网的不断发展，当访问很多个网站时，输入 IP 地址访问不但比较麻烦，而且也不容易记忆。为了更简单容易地访问某个网站，便出现了今天的域名。在组织模式中，顶级域名表示该网络的属性，如表 6-1 所示。

表 6-1　顶级域名所表示的网络属性

| 顶级域名 | 所表示的网络属性 | 顶级域名 | 所表示的网络属性 |
|---|---|---|---|
| com | 营利性的商业组织 | firm | 企业或公司 |
| edu | 教育机构或组织 | store | 商场 |
| gov | 非军事性政府机构或组织 | web | 和 WWW 有关的实体 |
| int | 国际组织 | arts | 文化娱乐 |
| mil | 军事机构或组织 | arc | 消遣性娱乐 |
| net | 网络服务机构或组织 | info | 信息服务 |
| org | 非营利性组织 | | |

在地理模式中，顶级域名表示国家或地区，次级域名表示该网络属性，如表 6-2 所示。

表 6-2　　顶级域名所表示的国家或地区

| 顶级域名 | 所表示的国家或地区 | 顶级域名 | 所表示的国家或地区 |
|---|---|---|---|
| cn | China,中国 | in | India,印度 |
| au | Australia,澳大利亚 | jp | Japan,日本 |
| ca | Canada,加拿大 | uk | United Kingdom,英国 |
| de | Germany,德国 | us | United States,美国 |
| fr | France,法国 | … | … |

例如，新浪网的域名为 www. sina. com. cn，表示主机是在中国（cn）注册的，属于营利性的商业组织（com），名字叫新浪（sina），是万维网（www）的子网。 域名是相对于网站来说的，而 IP 地址是相对于网络来说的，它们之间是通过 DNS 系统来加以联系。

访问域名→域名解析服务器（DNS）解析成 IP 地址→访问 IP 地址→完成网站的访问→返回信息，如图 6-2 所示。

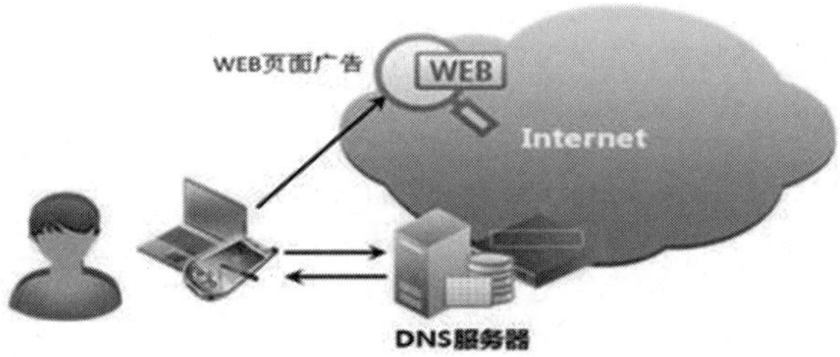


图 6-2　访问 Internet 的过程

（2）网址

URL：在 WWW 上，每一信息资源都有统一的且在网上唯一的地址，该地址就叫统一资源定位符（Uniform Resource Locator，URL），它是 WWW 的统一资源定位标志，就是指网络地址。

URL 由三部分组成：资源类型、存放资源的主机域名、资源文件名。 例如：辽宁大学的 URL 为：http://www. lnu. edu. cn/index. htm，其中：

①“http”指出要使用 HTTP 协议，协议名后必须有“://”；

②“www. lnu. edu. cn”指出要访问的服务器的主机名；

③“index. htm”指出要访问的主页的路径及文件名，通常这部分可以不输入，浏览器会自动打开默认主页。

## 实训步骤

设置 IP 地址和 DNS 地址：

①右击桌面上的“网络”图标，在弹出的快捷菜单中选择“属性”命令，打开如图 6-3 所示的窗口。

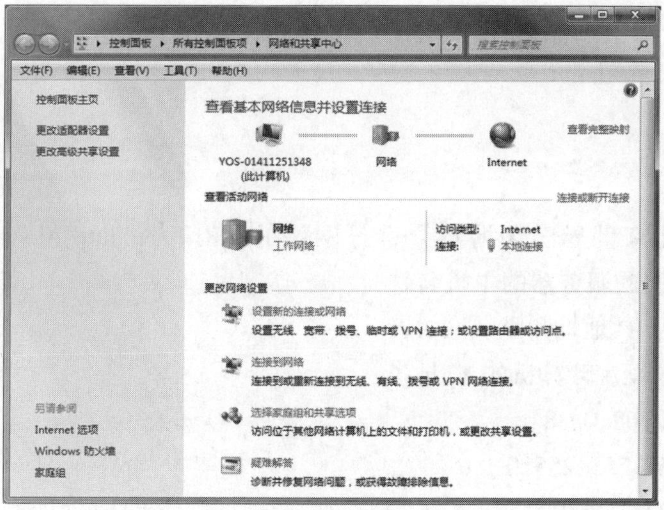


图 6-3 “网络和共享中心”窗口

②单击“本地连接”，弹出“本地连接状态”对话框，如图 6-4 所示。

③单击“属性”按钮，弹出“本地连接属性”对话框，如图 6-5 所示。

④在“此连接使用下列项目”列表框中双击“Internet 协议版本 4（TCP/IPv4）”选项（或者单击“Internet 协议版本 4（TCP/IPv4）”选项，再单击“属性”按钮），弹出“Internet 协议版本 4（TCP/IPv4）属性”对话框，如图 6-6 所示。

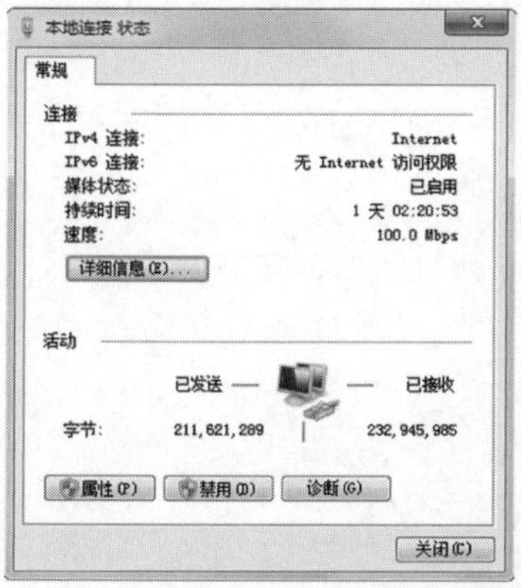


图 6-4 “本地连接状态”对话框

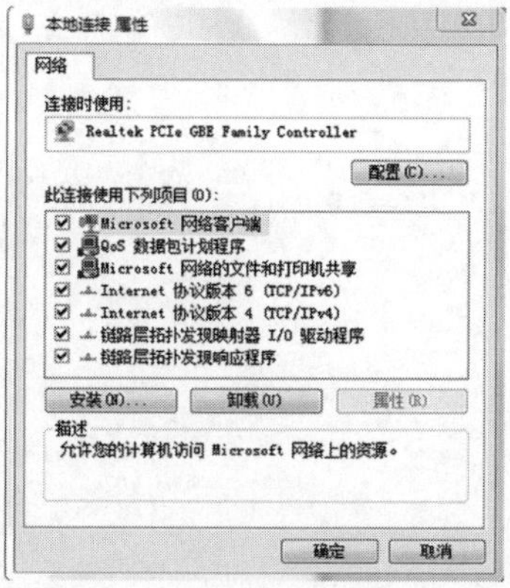


图 6-5 “本地连接属性”对话框

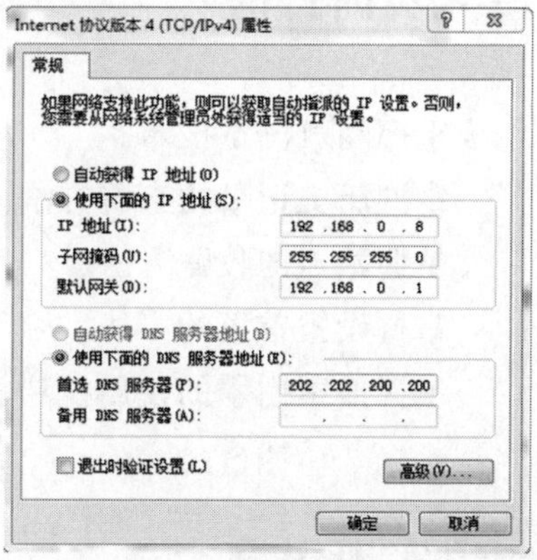


图 6-6 “Internet 协议版本 4（TCP/IPv4）属性”对话框

⑤选中“使用下面的 IP 地址”和“使用下面的 DNS 服务器地址”单选按钮。

⑥在相应的文本框中输入数值，这里输入的数值如下：

IP 地址为 192.168.0.8

子网掩码为 255.255.255.0

默认网关为 192.168.0.1

首选 DNS 服务器为 202.202.200.200

⑦单击“确定”按钮，完成 IP 地址设置。

## 实训练习

1. 2019 中国北京世界园艺博览会官方网站的 URL 为：http://www.horti-expo2019.com，请指出要访问的服务器的主机名。

2. 查看本机的 IP 地址和默认网关。

3. 按以下要求设置计算机的 IP 地址：

IP 地址：192.168.0.88

子网掩码：255.255.255.0

网关地址：192.168.0.1

DNS 服务器：202.202.200.200

# 实训二　信息搜索

## 实训目的

掌握网页浏览技术。

掌握历史记录的查看方法。

掌握站点的收藏方法。

掌握设置首页的方法。

掌握搜索引擎的使用技巧。

## 实训内容

1. 浏览新浪网。
2. 查看历史记录。
3. 收藏新浪站点。
4. 将新浪站点设为首页。
5. 学习搜索引擎的使用技巧。
6. 使用百度搜索“2019 世园会”的相关网页信息。

## 实训步骤

1. 浏览网页

双击桌面上的 IE 图标，打开 IE 浏览器。 在 IE 浏览器的地址栏中输入新浪的网址 www.sina.com.cn，按 Enter 键，新浪的首页就在 IE 浏览器中显示出来，如图 6-7 所示。

图 6-7 新浪首页

将鼠标指针移动到“新闻”栏目上，当鼠标指针变为手形时单击，即可打开新浪网的新闻中心首页。 单击新闻中心首页中的标题链接，即可打开内容页面，浏览后关闭该内容页面。

单击地址栏左侧的“后退”按钮，可返回浏览过的上一个页面，即新浪网主页面。单击地址栏左侧的“前进”按钮，可进到浏览过的下一个页面，即新闻中心首页。

2. 查看历史记录

单击地址栏右侧的“查看收藏夹、源和历史记录”按钮如图 6-8 所示，打开如图 6-9 所示的窗格，窗格中有 3 个选项卡：收藏夹、源、历史记录。

图 6-8 查看历史记录按钮图

3. 收藏

（1）添加到收藏夹

可以把经常访问的网址添加到收藏夹中，以便快捷地访问该网址。单击“收藏夹”菜单，然后单击“添加到收藏夹”按钮，弹出“添加收藏”对话框，如图6-10所示，单击“添加”按钮即可把当前打开的网页添加到收藏夹。

图6-9　收藏夹、源和历史记录窗格

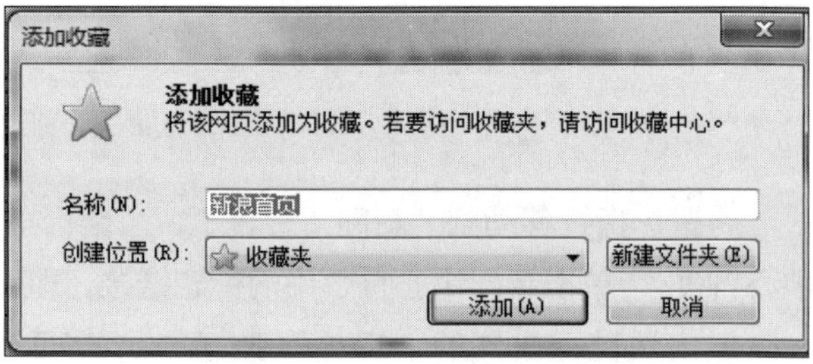


图6-10　“添加收藏”对话框

（2）使用收藏夹

单击“收藏夹”菜单，然后单击所收藏的网页的名称即可。

（3）删除收藏的网页

单击“收藏夹”菜单，用鼠标右键单击要删除的项目，在弹出的快捷菜单中单击“删除”命令即可，也可在整理收藏夹时进行删除。

（4）整理收藏夹

单击“收藏夹”菜单，然后单击“整理收藏夹”命令，按照提示进行操作后，单击“确定”按钮即可。如图6-11所示，打开“整理收藏夹”对话框。

4. 设置主页

（1）Internet属性的设置

①双击桌面上的IE图标，打开IE浏览器；

②单击地址栏一行最右边的“工具”按钮；

③依次选择“Internet选项”｜“常规”选项卡，如图6-12所示；

④单击“设置”按钮，可以在设置页面里设置网页保存在历史记录中的天数；

⑤在“退出时删除浏览历史记录”前的小方框勾选上，可以及时删除历史记录。

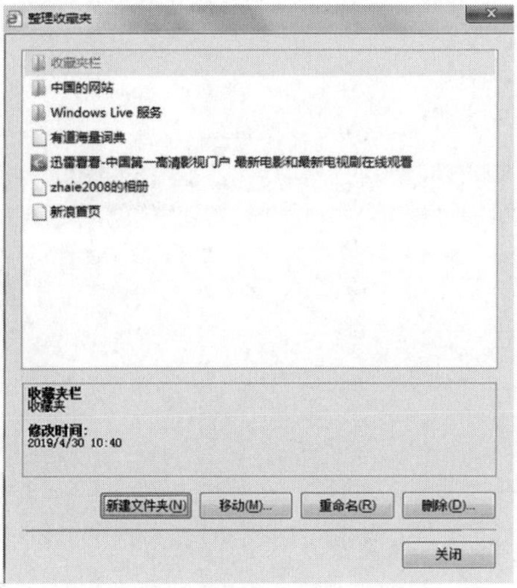

图 6-11 “整理收藏夹”对话框

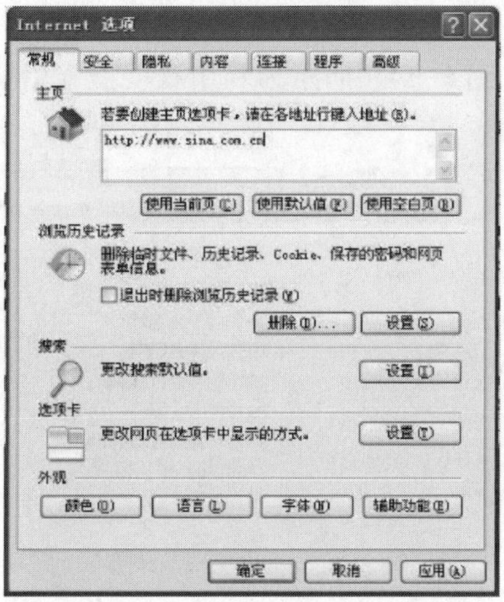

图 6-12 “Internet 选项”对话框

（2）主页的设置

①在图 6-12“主页”的地址文本框中输入要设置主页的某个网站的起始页地址如：输入新浪的网址 http://www.sina.com.cn；单击“确定”按钮，即可将新浪网设为主页。

②使用当前页：将当前正在访问的页面设置为主页。

③使用默认页：将 http://www.microsoft.com/windows/ie_intl/cn/start/设置为主页。

④使用空白页：将空白页设置为主页（即打开 IE 浏览器时窗口是空白的，不出现任何页面）。

5. 搜索引擎使用技巧

Internet 网如同一个巨大的图书馆，要在许许多多的资料中找到需要的信息，就要用搜索引擎。搜索引擎既是用于检索的软件，又是提供查询、检索的网站。在 IE 浏览器的地址栏中输入百度的网址 www.baidu.com，按 Enter 键，打开百度站点首页，如图 6-13 所示。

图 6-13 百度站点首页

（1）简单查询

图 6-14　所示为利用百度搜索引擎搜索信息。

图 6-14　利用百度搜索引擎搜索信息

在“搜索”文本框中输入关键字“2019 世园会”，按 Enter 键或单击“百度一下”按钮，页面将显示与“2019 世园会”相关的网页链接，图 6-15 为简单查询页面。

图 6-15　简单查询页面

（2）使用双引号（“”）精确查询

给要查询的关键词加上双引号（半角，以下要加的其他符号同此），代表完全匹配搜索，可以实现精确的查询，也就是说搜索结果返回的页面包含双引号中出现的所有的词，连顺序也必须完全匹配。 百度和 Google 都支持这个指令，如图 6-16 所示页面。

（3）使用加号（+）进行限制性检索

在关键词的前面使用加号（+），也就等于告诉搜索引擎该单词必须出现在搜索结果中的网页上。 例如，在搜索引擎中输入“+2019+沈阳+樱花”就表示要查找的内容必须同时包含“2019、沈阳、樱花”这三个关键词，如图 6-17 所示。

图 6-16　精确查询页面

图 6-17　限制性检索页面

（4）减号（-）进行限制性检索

减号（-）代表搜索的结果不包含减号后面的词的页面。使用这个指令时，减号（-）前面必须是空格，减号（-）后面没有空格，紧跟着需要排除的词。Google 和百度都支持这个指令。

（5）使用通配符（＊和？）

通配符包括星号（＊）和问号（？），前者表示匹配的数量不受限制，后者表示匹配的字符数要受到限制，主要用在英文搜索引擎中，百度不支持＊号搜索指令。

## 实训练习

1. 用百度搜索“2019 世园会”，打开“2019 世园会_百度百科”页面，并将搜索结果添加到收藏夹。

2. 搜索大小为 800 × 600 像素的沈阳市风光图片，并将搜索结果添加到收藏夹中的“图片”文件夹中。

3. 在搜索引擎的文字框中输入“网游”,给要查的关键词加上双引号，实现精确的查询；比较精确查询和简单查询的页面区别。

4. 查找关于 2019 辽宁春晚的相关网页(指定在腾讯网内搜索)。

5. 在辽宁大学的网站上查找招生信息并添加到收藏夹。

6. 查询歌曲《我和我的祖国》并添加到收藏夹中的“歌曲”文件夹中。

7. 用百度搜索“一带一路”，打开“一带一路_百度百科”页面，了解“一带一路”的历史背景。

# 实训三 获取网页信息

## 实训目的

掌握保存网页的方法。

掌握保存网页中图片的方法。

掌握保存网页中文字的方法。

掌握将整个网页保存为图片的方法。

## 实训内容

1. 保存网页——“2019 中国北京世界园艺博览会官方网站”主页。
2. 保存网页中的图片。
3. 保存网页中的文字。
4. 将整个网页保存为图片。

## 实训步骤

1. 保存网页

当遇到一个需要的网页时，可以通过保存网页的形式，把整个网页的内容（文字、图像、声音、超链接等）保存到本地计算机的硬盘上。 网页可以保存为网页文件、文本文件。

（1）保存为网页文件

①浏览需要保存的网页——“2019 中国北京世界园艺博览会官方网站”的主页。

②单击浏览器左上角的“文件”｜“另存为”命令，或单击地址栏右侧的“工具”按钮，在下拉列表中选择“文件”｜“另存为”命令，如图 6-18 所示，主窗口将弹出“保存网页”对话框。

图 6-18　保存网页页面

③选择网页的保存位置，如果没有现成的文件夹，则应新建一个文件夹，其方法为：单击“新建文件夹”命令，并改为指定的名字，如“2019 世园会”，如图 6-19 所示。

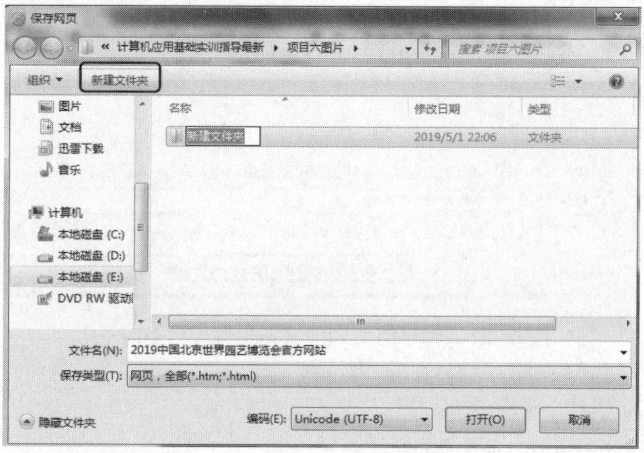


图 6-19　网页保存位置页面

④双击打开“2019 世园会”文件夹，准备保存网页文件。

⑤在“文件名”文本框中输入要保存的网页文件的文件名，如“2019 中国北京世界园艺博览会”。

⑥选择“保存类型”为“网页，全部（ *. htm； *. html）”，如图 6-20 所示。

⑦单击“保存”按钮。这样就将网页上的所有内容，包括文字、图片等内容全部保存在指定的文件夹中了。

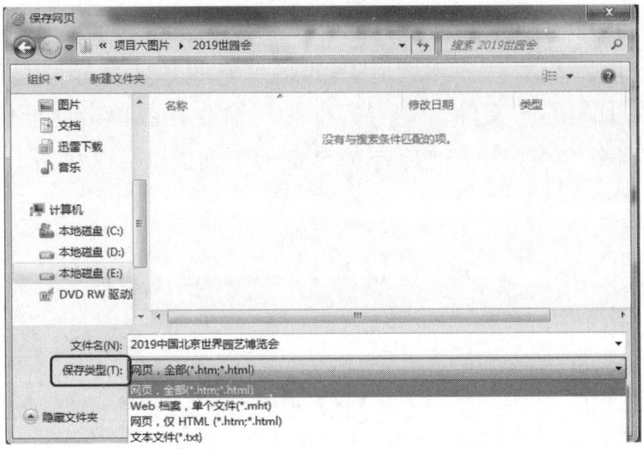


图 6-20　选择“保存类型”页面

（2）保存为文本文件

在“（1）保存为网页文件”的步骤⑥中，选择保存类型为“文本文件（*. txt）”，“编码”为“简体中文（GB2312）”，单击“保存”按钮，这样就将网页保存为文本文件（*. txt），如图 6-21 所示。

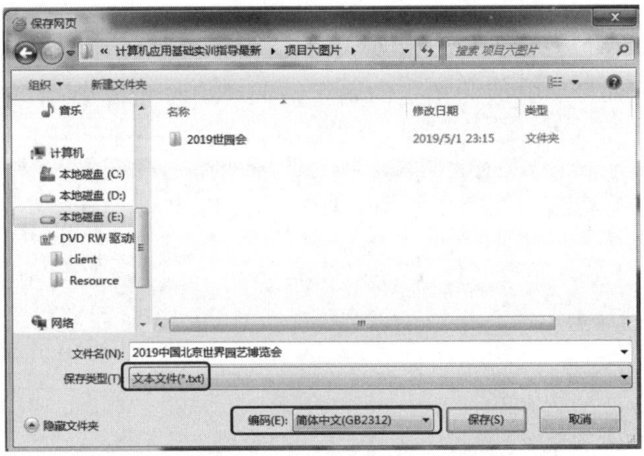


图 6-21　保存类型为“文本文件（*. txt）”

2. 保存网页中的图片

①单击鼠标右键选择要保存的图片。

②在弹出的快捷菜单中选择“图片另存为”命令，如图 6-22 所示。

③在弹出的“保存图片”对话框中，输入文件名如“世园会图片 1”。

④选择保存路径和图片文件格式“JPEG（*. jpg）”。

⑤单击“保存”按钮即可保存该图片，如图 6-23 所示。

3. 保存网页中的文字

①将光标定位在网页中要保存的文字前。

②按住鼠标左键拖放，选中要保存的文字。

图 6-22 图片另存为页面

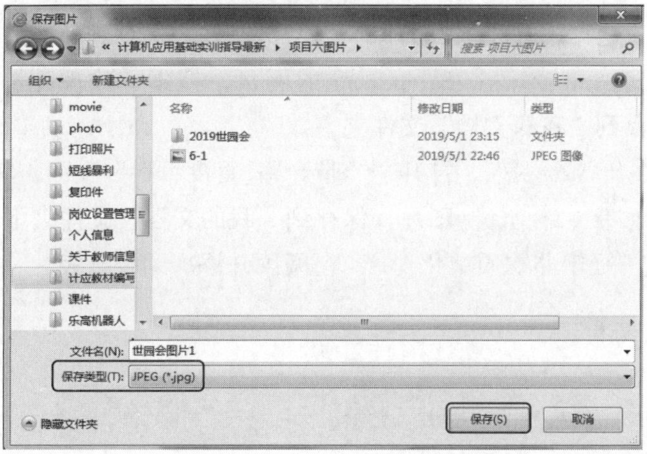


图 6-23 “保存图片”对话框

③单击鼠标右键。

④在弹出的快捷菜单中，选择“复制”命令，如图 6-24 所示，在保存网页文字的指定文件中，单击鼠标右键，选择“粘贴”命令，则完成保存网页中文字的操作。

图 6-24 复制网页中的文字页面

4. 将整个网页保存为图片

①使用 360 浏览器，打开想要保存为图片的网页。

②使用快捷键 Ctrl+M，或单击工具栏最右侧菜单选项，在弹出的对话框中，选择将网页存为图片，然后选择图片保存位置、输入图片名字、选择保存图片类型即可。

## 实训练习

1. 设置 IE 浏览器主页为：www. sina. com. cn。

2. 用百度搜索“沈阳”，打开“沈阳_百度百科”页面，并将其另存为“我爱沈阳 . txt”文件，保存到“我的文档”文件夹下。 浏览网页“世界园艺博览会_百度百科”，并将其保存到“我的文档”文件夹下。

3. 请打开地址 http://www. lnzsks. com/的网页，进入“辽宁招生考试之窗”网站，查找非学历考试的招生电话，并将该页面保存为网页文件，保存到“我的文档”文件夹下。

4. 请打开地址为 http://www. baidu. com 的网页，搜索“玫瑰花”图片，下载 10 张“玫瑰花”图片保存到“我的文档”文件夹下。

5. 用百度搜索“一带一路”，打开“一带一路_百度百科”页面，将其添加到收藏夹，并将该网页存为“一带一路 . jpg”图片，保存到“我的文档”文件夹下。

6. 用百度搜索“辽宁非物质文化遗产”，阅读并添加到收藏夹。

# 实训四 管理电子邮件

## 实训目的

掌握申请免费电子邮箱的方法。

识记电子邮件地址的格式。

掌握收发电子邮件的方法。

## 实训内容

1. 申请网易 126 免费电子邮箱。

2. 识记电子邮件地址的格式。

电子邮件地址的结构为：用户名@ 邮件服务器

以上面申请的网易 126 免费电子邮箱为例，jisuanji_pm@ 126. com，“jisuanji_pm”这一部分为用户名，“126. com”为网易的邮件服务器域名，@ 读作“at”，是电子邮件地址的专用分隔符。

3. 发送电子邮件。

（1）登录已申请的电子邮箱；

（2）撰写电子邮件并发送；

（3）群发邮件的方法；

（4）转发邮件的三种方法。

4. 接收电子邮件。

（1）接收邮件并阅读；

（2）查看附件；

（3）下载附件到电脑中；

（4）查看已下载的附件。

5. 删除电子邮件。

## 实训步骤

1. 申请网易 126 免费电子邮箱

双击桌面上的 IE 图标，打开 IE 浏览器。 在 IE 浏览器的地址栏中输入 126 网易免费邮的网址（http://www. 126. com），按 Enter 键，打开 126 网易免费邮站点首页，如图 6-25 所示，单击“注册”按钮。

图 6-25　126 网易免费邮站点首页

打开用户注册页面，填写用户信息，如图 6-26 所示。 单击“立即注册”按钮，完成以上操作后，弹出注册成功的界面则会打开“申请成功”页面，接下来就可以使用这个电子邮箱地址收发邮件了。在用户登录页面中输入用户名和密码，单击“登录”按钮即可登录邮箱。

2. 发送电子邮件

登录已申请的网易126电子邮箱，给李老师撰写一封电子邮件并发送。主题为“运动会前导词”；内容为“李老师：您好！现将17平面1班前导词发送给您，请查收。”；将文件“17平面1班运动会前导词.docx”（D:\班级上交材料）以附件的形式发送；李老师的邮箱地址是：315552337@qq.com；

（1）撰写电子邮件并发送

①双击桌面上的IE图标，打开IE浏览器。

②在IE浏览器的地址栏中输入126网易免费邮的网址http://www.126.com，按Enter键，打开126网易免费邮站点首页，如图6-27所示。

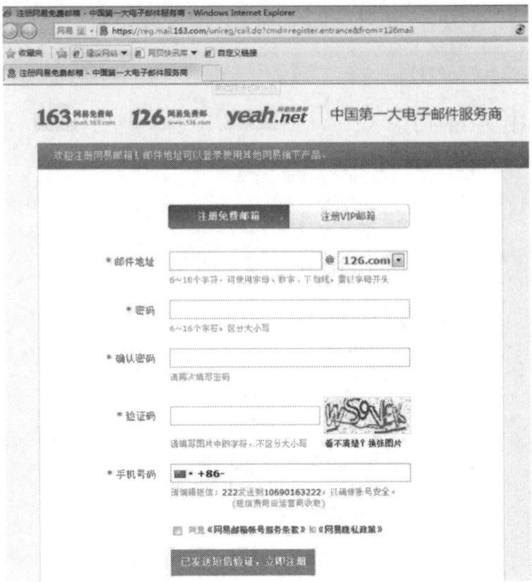

图6-26 用户注册页面

图6-27 126网易免费邮站点首页

③输入用户名和密码，单击“登录”按钮，打开网易126电子邮箱页面，如图6-28所示。

④单击“写信”按钮，在右边的区域中显示“写信”页面，如图6-29所示。

⑤在“写信”页面中，输入收件人地址和主题。

收件人：输入收件人地址（李老师的邮箱地址是：315552337@qq.com）。

主题：表明这封邮件的基本内容，就好比一篇文章的标题，在主题文本框中输入“运动会前导词”。

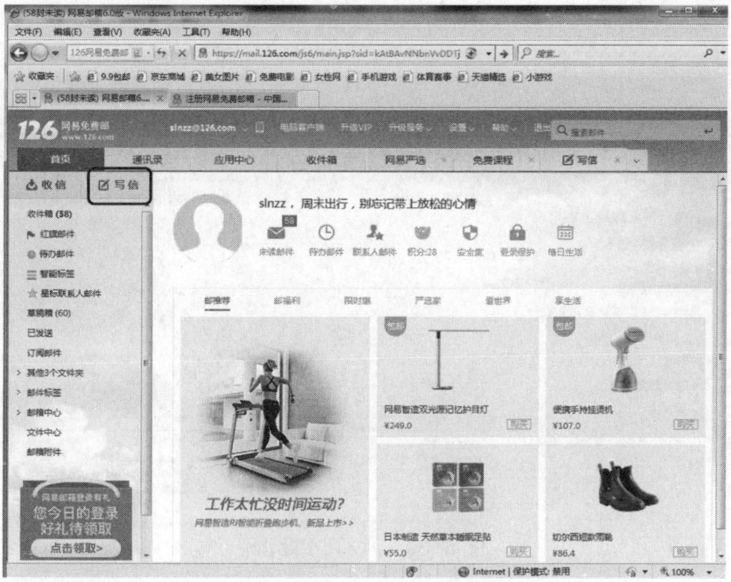


图 6-28　网易 126 电子邮箱页面

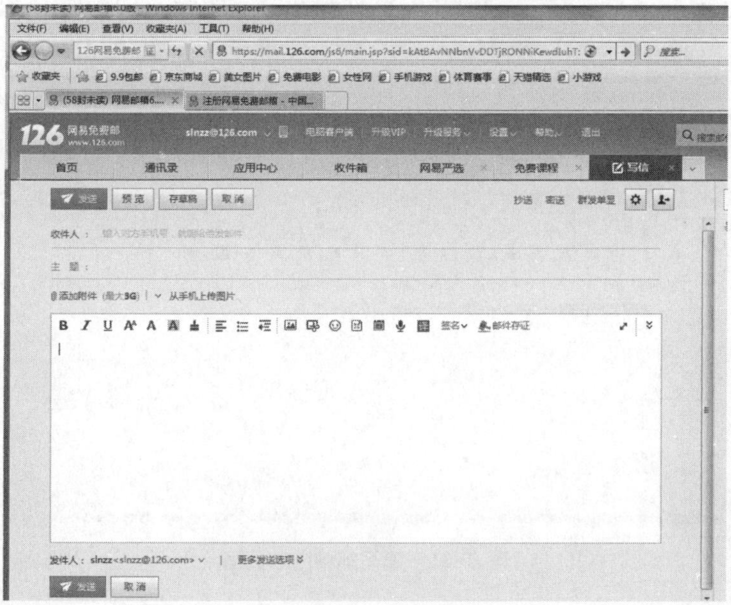


图 6-29　写信页面

⑥添加附件：单击“添加附件”按钮，在计算机中找到需要发送的文件，单击“打开”按钮，如图 6-30 所示。（提示：网易 126 电子邮箱附件最大容量为 3G，相当于一次最多可发送 2000 张照片、600 首 MP3 或一部高清电影。）

⑦填写邮件内容：在主题下面的正文框中书写邮件内容。 可以通过正文上方的各种命令来进行编辑文字、插入图片等基本操作，操作规则和 Office 相同。 如图 6-31 所示，单击“存草稿”按钮，则把邮件存到“草稿箱”里，可以在“草稿箱”找到该邮件继续编辑。

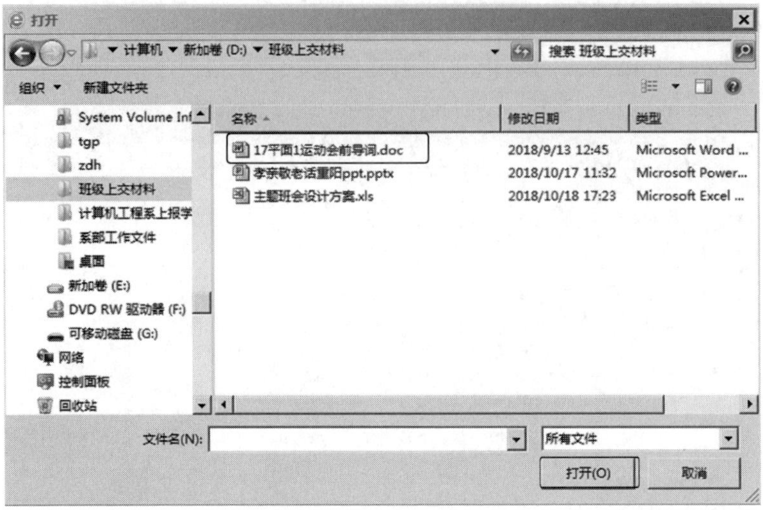


图 6-30　添加附件页面

图 6-31　填写邮件内容页面

⑧发送邮件：单击“发送”按钮，出现发送成功字样后，表示邮件已经成功发送，如图 6-32 所示。

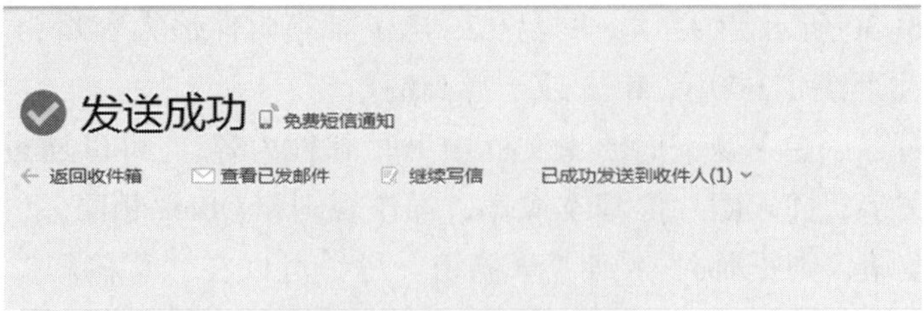


图 6-32　发送成功提示页面

（2）群发邮件

在收件人中输入群发邮件的邮箱地址，用分号（；）隔开，输入正文内容及主题，点击发送即可。同时，也可以点击右上角的“群发单显”，邮件将一对一地发送，如图 6-33 所示。

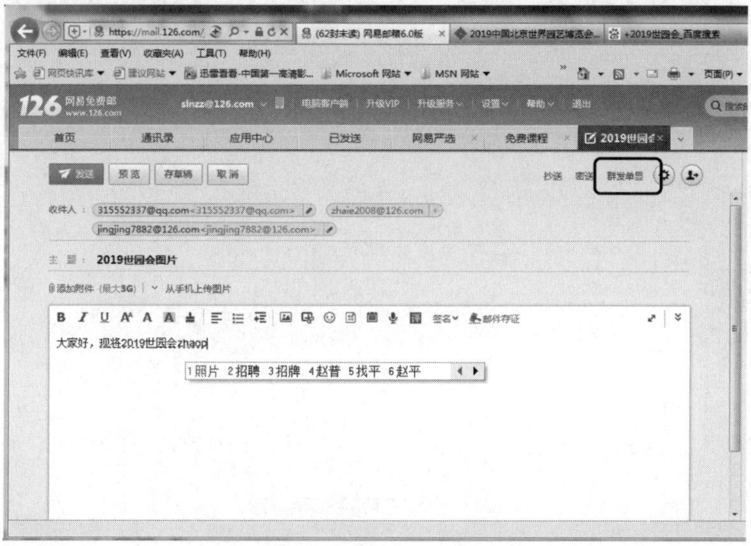


图 6-33　群发邮件页面

（3）转发邮件

①直接转发邮件。登录 126 网易免费邮，打开邮件，点击上方的“转发”按钮旁边的倒三角，在下拉选项中选择，如图 6-34 所示。

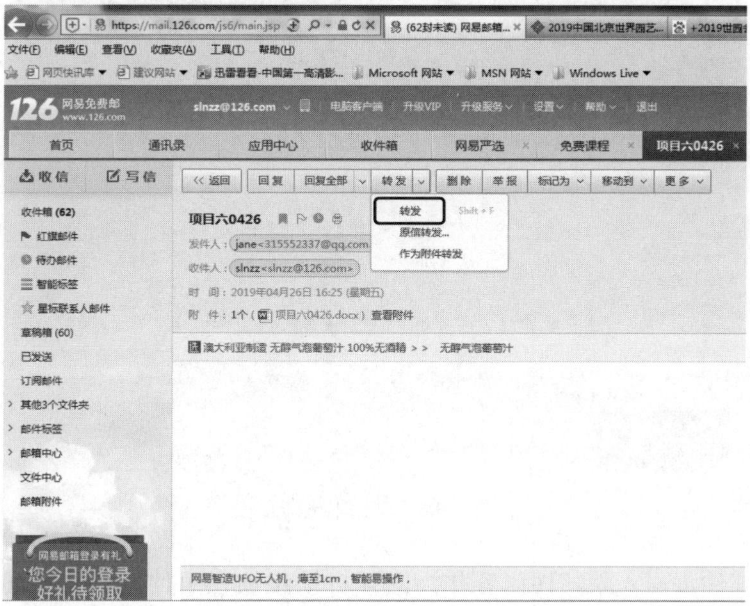


图 6-34　直接转发邮件

进入转发邮件页面，如图 6-35 所示，原邮件内容作为转发邮件的内容，可以直接发送或编辑后发送。

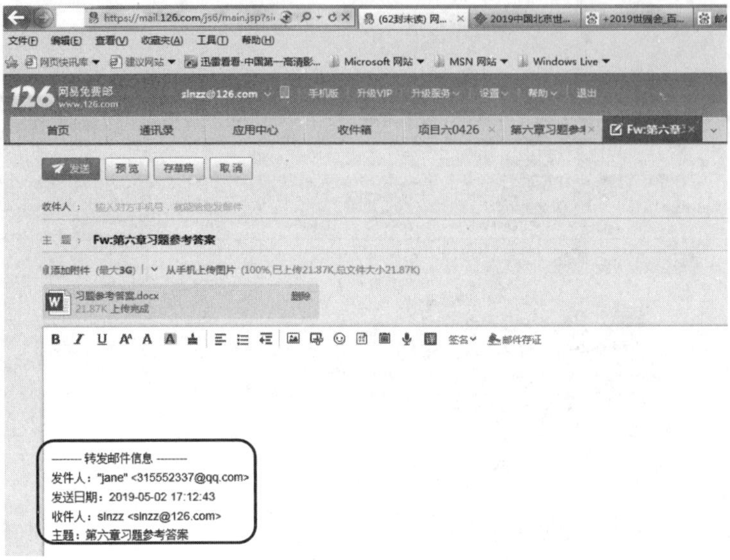


图 6-35　编辑转发邮件

②作为附件转发。 打开邮件，点击上面“转发”按钮旁边的倒三角，选择“作为附件转发”。

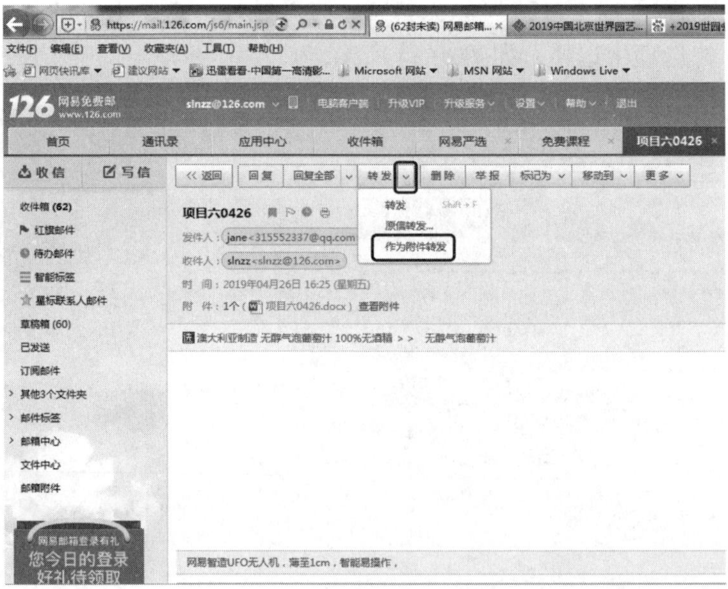


图 6-36　作为附件转发

进入转发邮件页面，原邮件内容作为附件自动添加在附件位置，可直接发送或编辑邮件内容后发送，如图 6-37 所示。

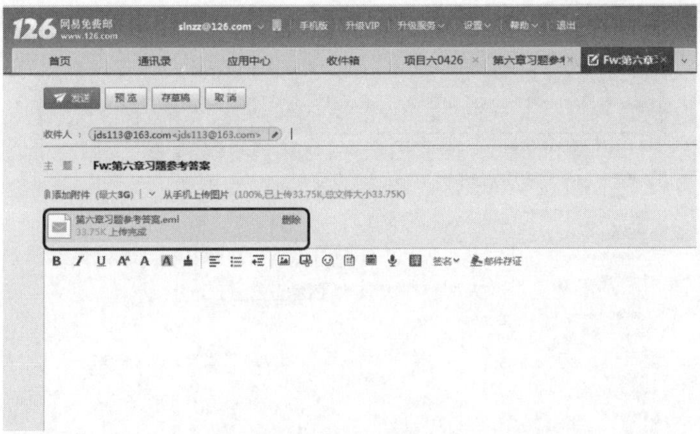


图 6-37　原邮件内容作为附件自动添加

③原信转发。 打开邮件，点击上面“转发”按钮旁边的倒三角，选择“原信转发”；在弹窗中直接填写收件人地址，点击“发送”按钮后即可转发成功，如图 6-38 所示。

图 6-38　原信转发

3. 接收电子邮件

（1）接收邮件并阅读

①单击“收信”按钮，将在右边区域中显示邮件列表界面，如图 6-39 所示。

图 6-39　邮件列表界面

②单击“收件箱”按钮,阅读已收邮件，并单击查看附件，如图 6-40 所示。

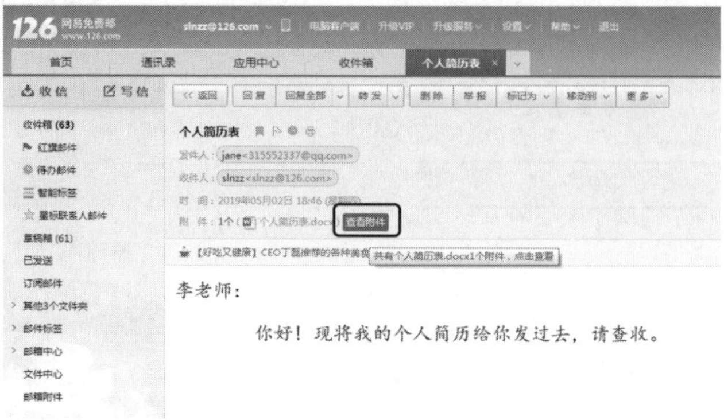


图 6-40　阅读已收邮件并查看附件

（2）下载附件

①将鼠标移到附件上，右键单击“下载”，如图 6-41 所示。

图 6-41　下载附件页面

②在弹出的快捷菜单中，选择“目标另存为”，如图 6-42 所示。

图 6-42　目标另存为页面

③或单击附件右下方的“保存”按钮，也可以单击“保存”按钮旁边的倒三角，在下拉选项中选择“另存为”，如图 6-43 所示。

图 6-43　保存附件页面

④选择保存位置，如图 6-44 所示，单击“保存”，将其下载到计算机中。

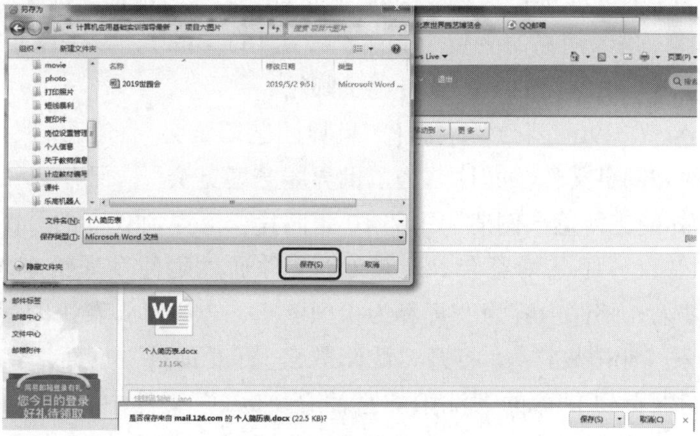


图 6-44　选择保存位置页面

（3）查看下载

下载后如图 6-45 所示，可以单击“打开”按钮，查看下载；或单击“查看下载”按钮，在弹出的窗口中选中要查看下载的文件，再单击“打开”按钮查看。

图 6-45　查看下载页面

4. 删除电子邮件

打开“收件箱”，选中要删除的邮件，单击“删除”按钮，或右键单击要删除的邮件，在弹出的快捷菜单中选择“删除邮件”，如图 6-46 所示。（提示：单击“标记为”还可以将邮件标记为已读、未读、待办、置顶等。）

图 6-46　删除邮件页面

## 实训练习

1. 打开新浪站点首页（http://www. sina. com. cn），练习申请新浪免费邮箱。

2. 打开浏览器，进入网易的主页（http://www. 163. com），单击网页上方的“注册免费邮箱”按钮，练习申请网易的 163 免费电子邮箱。

3. 用百度搜索“2019 世园会”，打开“世界园艺博览会_百度百科”页面，分别保存该网页为文本文件和网页文件，文件名为“世界园艺博览会”，保存到“我的文档”文件夹下。下载“世界园艺博览会图册”中的 10 张照片，保存到 D 盘的“图片”文件夹下，并将 10 张照片和“世界园艺博览会 . txt”文本文件通过附件发送给李老师。邮件主题为：我们都是追梦人；邮件内容为：青春为祖国歌唱，志愿者青春快闪燃爆世园会！

4. 用百度搜索“沈阳故宫”，打开“沈阳故宫_百度百科”页面，查看沈阳故宫的简介，并将文字介绍保存到 D 盘的“沈阳故宫简介 . docx”文件中。登录 163 邮箱，通过附件发送给李老师，邮件主题为：沈阳故宫简介；邮件内容为：李老师，您好！现将我整理好的沈阳故宫简介发送给您，请提出宝贵建议。

## 习　题

### 一、选择题

1. 广域网、城域网和局域网是按照(　　)来分类的。

A. 网络使用者　　B. 传输控制协议　　C. 网络覆盖范围　　D. 信息交换方式

2. Internet 域名采用分层次方法命名，常见的最高域名 cn 表示(　　)。

A. 中国　　B. 商业网　　C. 教育网　　D. 网络机构

3. 建立计算机网络的主要目的是(　　)。

A. 共享资源　　B. 提高计算精度

C. 增加内存容量　　D. 提高计算机运行速度

4. URL 由三部分组成：资源类型、(　　)、资源文件名。

A. 服务器名　　B. 客户机名

C. 存放资源的主机域名　　　　　　　　D. 顶级域名

5. 计算机网络中的主计算机也称为主机，在局域网中一般称为(　　)。

A. 主机　　B. 客户机　　C. 文件服务器　　D. 服务器

6. 在关键词的前面使用(　　)，也就等于告诉搜索引擎该单词必须出现在搜索结果中的网页上。

A. 减号（-）　　B. 双引号（“”）　　C. 星号（*）　　D. 加号（+）

7. 顶级域名 . cn 表示　(　　)。

A. 中国　　B. 英国　　C. 澳大利亚.　　D. 美国

8. Internet 的中文含义为(　　)。

A. 因特网　　B. 国际网　　C. 邮电网　　D. 校园网

9. 网页文件实际上是一种(　　)。

A. 图像文件　　B. 声音文件　　C. 图形文件　　D. 文本文件

10. IP 地址一般由(　　)组成。

A. DNS 和网络标识　　　　　　　　B. 子网掩码和主机标识

C. 网络标识和主机标识　　　　　　D. 网关和网络标识

11. 在一个 Web 网站的众多 Web 页中，最重要的是(　　)。

A. 主页　　B. 导航页　　C. 网页　　D. WWW 页

12. 电子邮件地址的结构为：(　　)。

A. 用户名+IP　　　　　　　　　　B. 用户名@ 邮件服务器

C. 主机名@ 邮件服务器　　　　　　D. IP@ 主机名

13. IP 地址可分两部分组成，一部分为网络地址，另一部分为(　　)。

A. 域名　　B. 家庭地址　　C. 机器地址　　D. 主机地址

14. 万维网(WWW)是(　　)。

A. Internet 的连接规则　　　　　　B. Internet 的另一种称呼

C. 一种上网的软件　　　　　　　　D. Internet 基于超文本的信息服务方式

15. 在浏览网页过程中，为方便以后多次访问某一个网页，可以将这个网页放到(　　)中。

A. 地址簿　　B. 浏览表　　C. 笔记本　　D. 收藏夹

**二、操作题**

任务 1：收藏夹的整理与 Internet 属性的设置

1. 请打开地址为 http://www. xinhuanet. com//video/gjxc/index. htm 的网页，将该网页添加到收藏夹。根据页面信息，将其另存为“国家相册 . txt”文本文件，并保存到“我的文档”文件夹下。

2. 打开 IE 浏览器，百度搜索“世园会_百度百科”。打开收藏夹，在“整理收藏夹”中新建文件夹“世园会”，将“世园会_百度百科”网页收藏。

3. 将“世园会_百度百科”页面保存为“世园会 . txt”文本文件到“我的文档”文件夹下。

4. 请打开地址为 http://www.lnzsks.com/的网页，进入“辽宁招生考试之窗”网站，查找非学历考试的招生电话，并将该页面保存为“辽宁招生考试之窗.jpg”图片，保存到D盘下的考生文件夹下。

5. 设置网页保存在历史记录中的天数为“10”，在 Internet 属性设置中，勾选“设置退出时删除浏览记录”。

任务 2：网易（126 或 163）邮箱账号申请与邮件收发

1. 进行网易免费电子邮箱注册。

2. 用百度搜索“2019 世园会”，打开“世界园艺博览会_百度百科”页面，将网页保存为“世界园艺博览会.txt”文本文件到D盘考生文件夹下，下载“世界园艺博览会图册”中的10张照片，保存到“我的文档”文件夹下。

3. 登录免费邮箱，给同学小李发送一封电子邮件，主题为：绿色北京，四海相约；邮件内容为：我们都是追梦人，青春为祖国歌唱，志愿者青春快闪燃爆世园会！。

4. 在邮件内添加附件，选择“我的文档”文件夹下的5张世园会照片及D盘考生文件夹下的“世界园艺博览会.txt”文本文件，发送给同学小李。

任务 3：浏览网页、下载图片、音频

1. 打开 IE 浏览器，搜索班会需要的音频文件，保存到“主题班会”文件夹中。

2. 设置百度为主页，在百度搜索内点击“图片”选项，输入：班会背景图。将喜欢的图片另存到“主题班会”文件夹中，将搜索到的班会设计方案保存到D盘的文档“孝亲敬老话重阳.docx”中。

任务 4：搜索引擎的合理使用与下载网上资源、邮件的发送

1. 打开 IE 浏览器，搜索需要的自我介绍的信息，保存到D盘的“个人简历表.docx”文件中。

2. 登录已经申请的163邮箱，将个人简历表发送给娜娜老师，邮件主题为：我的个人简历表；邮件内容为：娜娜老师您好！ 个人简历表已制作完成，现发给您，希望得到您的指正，谢谢。并将“我的文档”文件夹下的“个人简历表.docx”文件以附件的形式发送，娜娜老师的邮箱地址是：slnzz@126.com。

项目七

# 多媒体软件应用

计算机因多媒体技术的应用而生动起来，真正意义地实现了多样、集成、实时和交互。 随着云计算、物联网、4G 互联网等技术的日臻成熟，多媒体计算机技术更是飞速发展。

什么是多媒体？ 什么是多媒体技术？ 多媒体有哪些常用设备和软件呢？

多媒体在计算机信息领域中泛指一切信息载体，如文字、图像、图形、动画、音频、视频等。 多媒体技术是指计算机对多种媒体信息进行综合处理与管理，使用户可以通过多种感官与计算机进行信息交互的技术。 常见的多媒体设备也是日新月异，如数码相机、数码摄像机、扫描仪、手绘板、录音笔、麦克风、打印机、投影仪、超声波检查设备，等等。 有日常用的也有专业用的，不胜枚举。

在本项目中我们只拣选了几款小巧的多媒体软件，它们在处理相应素材时也并非全能，只是因其具有易获取、操作便捷、上手快等特点，让大家获得更好的体验感。 更多更专业的软件还需大家深入其中，去探索充满魅力的多媒体世界。

## 实训一 图像获取与处理

### 实训目的

了解图像的基础知识。

掌握获取、编辑图像软件的基本操作。

### 实训内容

1. 使用截图软件。
2. 使用图像编辑软件。

## 知识储备

1. 图像的基本知识

（1）图形与图像

在计算机学科里，图形与图像是两个不同的概念。图形是由点、线、多边形、圆和弧线等构成，即通常所说的矢量图；优点是无限放大、缩小都不会失真，缺点是色彩层次不丰富。图像也称位图图像或像素图；如果把这类图像放大到一定程度，就会发现它是由一个个小方格组成的，这些小方格就是像素点，图像的大小和清晰度取决于像素的多少，单位面积像素越多，清晰度也越高，文件也越大。

（2）像素、分辨率与色彩

位图图像的像素大小是指该图在宽和高两个方向的像素数。例如 640 × 480 就是宽度为 640 像素，高度为 480 像素。

分辨率可以浅显地理解为单位面积上像素的多少，像素的多少决定着分辨率的高低。640 × 480 的图片分辨率就是 307200 像素，也就是通常说的 30 万像素。

色彩可以用亮度、色相、饱和度来描述。亮度（B），图像画面的明暗程度；色相（H），是各类色彩的相貌称谓，是区别各种不同色彩的最准确的标准；饱和度（S），色彩的强度或纯度，饱和度越高颜色越鲜明。

2. 图像文件的格式

常见图像文件的格式，如表 7-1 所示。

表 7-1 图像文件格式

| 文件类型 | 特点 | 主要用途 |
|---|---|---|
| BMP | Windows 中标准图像文件格式，几乎不压缩，占磁盘空间过大 | 不适用网络传输 |
| JPG/JPEG | 高效有损压缩存储，能用较少的空间存储较好的图像质量，支持 24 位真彩色 | 静止图像及网络传输 |
| GIF | 无损压缩，文件容量小，支持动态，不能存储超过 256 色的图像 | 适用网络传输 |
| TIFF | 存储信息多，图像质量高 | 为跨平台而研发，MAC 和 PC 机应用都很广泛 |
| PNG | 兼具 JPG、GIF 的优点，支持 24、48 位真彩色，支持透明图像 | 不支持动画应用效果，应用于网页等 |
| PDF | 覆盖矢量图和位图图像，支持超级链接，可保存多页信息 | 电子图书、网络资料等 |

## 实训步骤

图像获取的途径有很多：从网上下载（素材使用时要注意版权等法律法规），从手机、数码相机、扫描仪等处获取，从视频中截取，等等。有时所需的图片可能只是资源图片中的一部分，怎么得到满意的图片？除了寻找图片资源，还要有恰当的截屏工具。

1. 截取图像：红蜻蜓抓图精灵的使用

除 Print Screen 键提供了一键截屏，Windows 也自带截图软件，截图软件不胜枚举。这里介绍红蜻蜓抓图精灵（以下简称“红蜻蜓”），它因小巧、下载方便、上手快、使用便捷，又是中文软件无需插件补丁，对于初学者是一个不错的选择。红蜻蜓抓图精灵具有多种捕捉方式，分别是整个屏幕、活动窗口、选定区域、固定区域、选定控件、选定菜单、选定网页。

这里以捕捉 Word 中“字体”对话框为例进行讲解，捕捉步骤如下：

①首先准备好要截屏的界面，这里打开 Word，单击“开始”菜单｜“字体”区域｜右下角的“折叠”按钮，打开“字体”对话框。

②启动红蜻蜓后，出现如图 7-1 所示的主界面，单击主界面左侧按钮组中的“选定控件”捕捉方式。

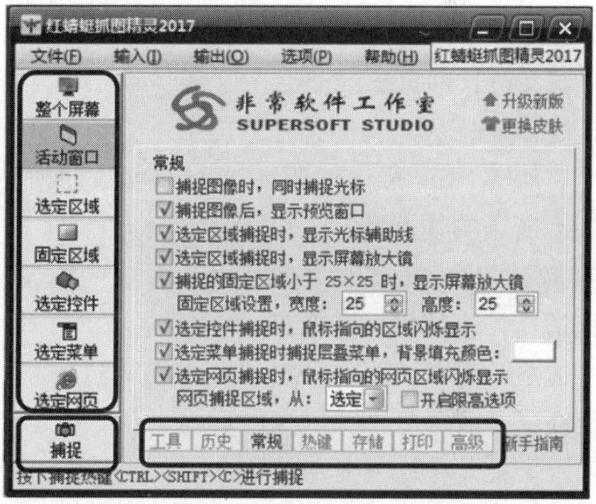


图 7-1　红蜻蜓抓图精灵 2017 主界面

③单击“输出”菜单，在输出菜单中选择需要的输出方式，输出方式共有 4 种：文件、剪贴板、画图和打印机。这里点选输出方式为“文件”，则每次捕捉后以文件方式输出到指定位置；再点选“预览窗口”，则捕捉后打开预览窗口，并可在预览窗口对图片进行简单编辑。

④单击主界面下方的参数设置标签中的“存储”标签，出现如图 7-2 所示的界面，这里选择命名方式为根据模板自动命名（可重新定义文件名模板），#代表数字，设置生效后起始文件以“截图 00”开始，修改保存位置以及文件保存类型。

⑤单击主界面左下角的“捕捉”按钮，出现如图 7-3 所示的预览窗口。

⑥这时可以利用预览窗口编辑器里左侧和上方的工具对图片进行简单处理，例如：添加文字、剪裁、各种画笔、图形……（方法类似 Windows 的画图软件）。处理结束后单击“完成”按钮，则自动保存到步骤④中设定的存储位置，若不保存，则单击“取消”按钮。

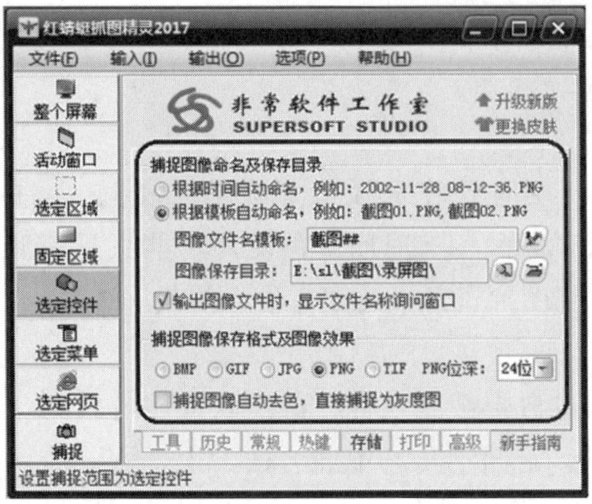


图 7-2　红蜻蜓抓图精灵存储标签

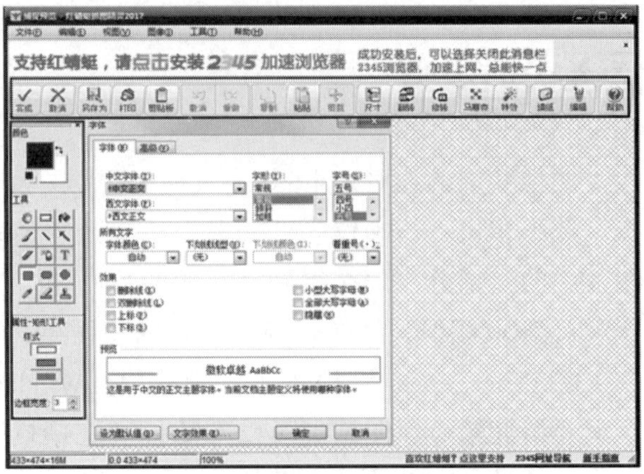


图 7-3　红蜻蜓抓图精灵预览窗口

捕捉时，还需注意以下几个问题：

①熟悉其他参数设置标签；

②捕捉菜单时，要使用延迟或热键捕捉；

③支持长网页滚屏捕捉，但有一定的局限性。

2. 编辑图像：美图秀秀的使用

启动美图秀秀 5.1 版本，出现如图 7-4 所示的主界面。 主界面的上方是功能选择区，美图秀秀的几大主要功能包括：美化编辑、人像美容、贴纸文字、边框场景和拼图，闪图和九宫格等功能在“更多”中。

图 7-4　美图秀秀主界面

（1）对人物进行美容操作

①点击主界面右上角“打开图片”按钮，打开“雀斑 . jpg”，选择“人像美容”标签。

②选择“美肤” | “祛斑祛痘”，进入“祛斑祛痘”编辑窗口，设置祛痘笔大小，在有斑印的位置处单击，满意后单击“应用”按钮，效果如图 7-5 所示。

③打开“瘦脸 . jpg”，选择“人像美容” | “美型” | “瘦脸”，进入“瘦脸”编辑窗口，设置笔触大小和力度，在左右下颌骨边缘处向内推，满意后单击“应用”按钮，效果如图 7-6 所示。

（2）日历的制作

在上方的功能选择区，打开“花 . jpg”，选择“贴纸文字” | “文字” | “文字模板” | “日历”，在右侧“在线素材”中选择所需素材，进行如图 7-7 所示的设置，一张日历简单完成。

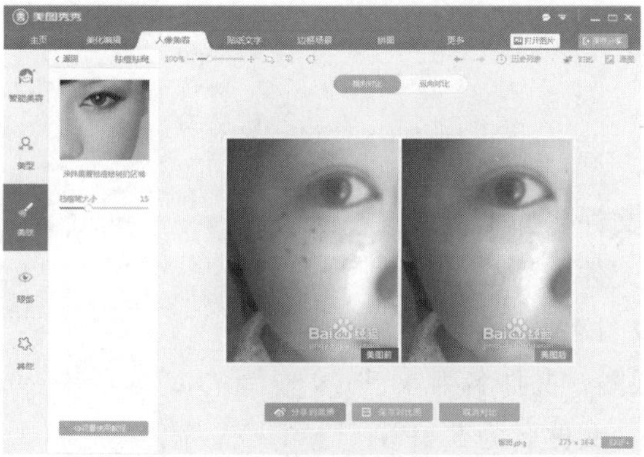

图 7-5　祛斑祛痘对比图

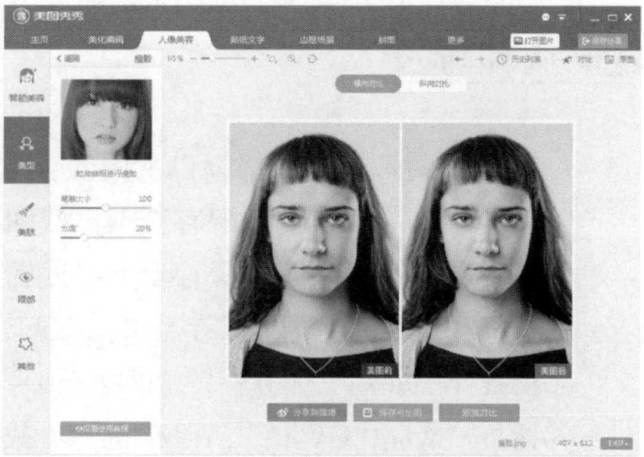

图 7-6　瘦脸对比图

（3）对图像文件进行加装贴纸、九宫格、魔幻笔的操作

效果分别如图 7-8、图 7-9、图 7-10 所示。

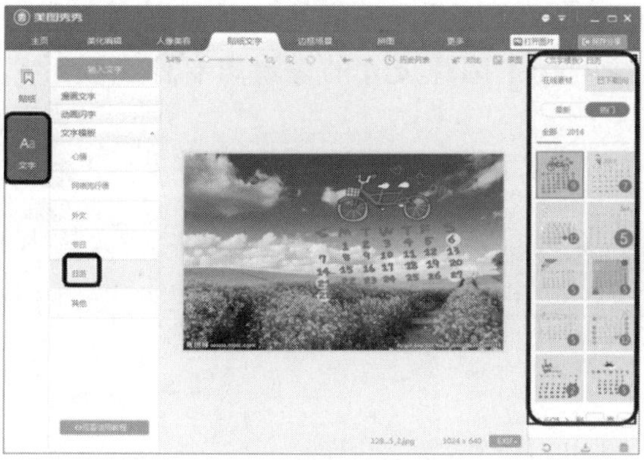

图 7-7　制作日历

图 7-8　贴纸

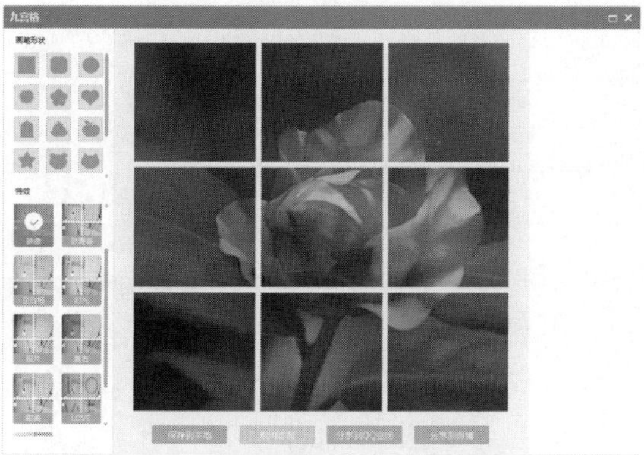

图 7-9　九宫格

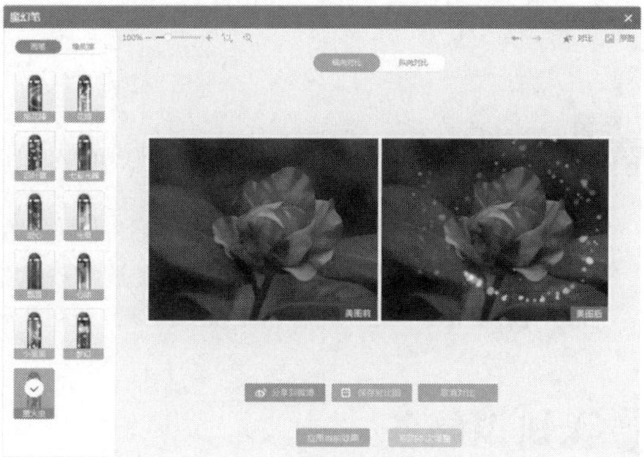

图 7-10　魔幻笔

## 实训练习

1. 用红蜻蜓抓图精灵捕捉以下内容

①捕捉“Word 图标”，保存至 D:\截图，文件名为 1. JPG;

②捕捉“Word 窗口”，保存至 D:\截图，文件名为 2. JPG;

③捕捉“开始菜单”，保存至 D:\截图，文件名为 3. JPG;

④捕捉 Windows“任务栏”，保存至 D:\截图，文件名为 4. JPG;

⑤捕捉“Word 工具栏”，保存至 D:\截图，文件名为 5. JPG;

⑥捕捉“新浪整个首页”，保存至 D:\截图，文件名为 6. JPG。

2. 利用美图秀秀制作明年的日历一份

日历共 13 页，主题为“美好生活”。包括封面+12 个月，每页试着用不同的美图方式。

**拓展思维**

1. 在网上下载 Snagit，试着使用这个截图软件，看看它有哪些更强大的功能。
2. 网上搜索 Photoshop 软件的介绍，比较一下它和美图秀秀之间的差别。
3. 上网查找图像文件大小是怎么计算的，它与衡量图片尺寸的像素点有什么联系？它还与什么有关系？

# 实训二　音频获取与处理

## 实训目的

了解音频文件的格式、特点等基本知识。

掌握音频格式转换软件的基本操作。

## 实训内容

1. 音频获取。
2. 音频格式转换软件的使用。

## 知识储备

声音的来源很广泛，有人声、乐声、电脑制作的音效等。多媒体计算机中把声音文件统称为音频文件。音频文件有很多种类，在这里只介绍如表 7-2 所示的几种类型。

表 7-2　　音频文件格式

| 文件类型 | 特点 | 主要用途 |
|---|---|---|
| WAV | 音质与 CD 相差无几,占用空间比较大 | 适合保存原始音频素材 |
| MP3 | 音质较好、高压缩比是最流行的音频格式 | 适合网络应用、移动存储设备使用 |
| CD | 存放于 CD 光盘,音质完美,文件本身不包含声音信息,只是索引信息,想复制必须通过软件转换格式 | 适合 CD 唱机使用 |
| WMA | 比 MP3 音质更好、压缩比更高,内置版权保护 | 适合网络在线播放 |

## 实训步骤

音频素材的获取途径有:

①自行录音。利用麦克风和软件结合录音是一种常用的声音采集方法。如 Windows 录音机、录音笔等，按下录音按钮，就可以通过麦克风把人声、音乐等录制下来，最后保存文件即可。

②利用电子乐器数字接口 MIDI 采集。

③利用声音编辑软件制作。利用一些声音编辑软件，既可以录音，也可以对已有音乐文件进行编辑处理，获得自己所需的音频文件。

④从声音素材库获取。市场上有很多音乐、音效素材的光盘，一般以 WAV、MIDI 等格式为主，用户可以根据需要选择购买，这是一种最直接、最方便的获取声音素材的方法。

⑤网络下载。

以上音频作为素材使用时要注意版权等法律法规。

1. 使用 Windows“录音机”和手机等设备获取声音

（1）使用 Windows“录音机”录制声音

①将音频输入设备（如麦克风）连接到计算机。

②单击“开始”|“所有程序”|“附件”|“录音机”命令，打开“录音机”窗口，如图 7-11 所示。

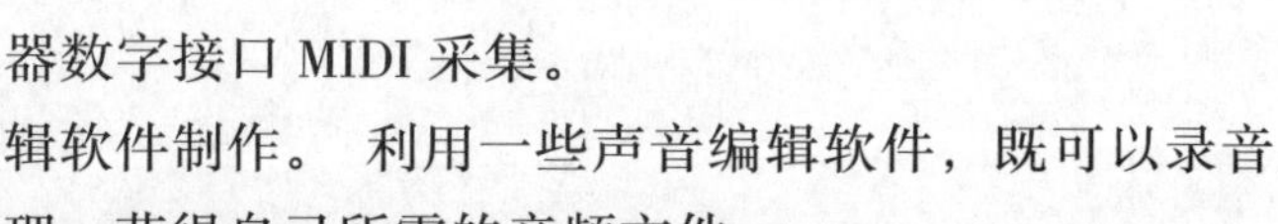


图 7-11　录音机主界面

③单击“开始录制”按钮，对着麦克风讲话。

④停止录制，单击“停止录制”按钮，弹出“另存为”对话框，确定存盘位置以及文件名，单击“保存”按钮，录制的声音文件默认为 WMA 格式。也可单击“继续录制”，在原录制的基础上继续录制声音。

如果试听录制的声音，可以打开媒体播放器进行试听。

（2）使用手机中的“录音机”录制声音

手机录制声音后，可以很方便地对单个文件进行编辑剪切、传输，文件类型因手机品牌不同而不同。

2. 音频文件格式转换：格式工厂（Format Factory）的使用

音频素材的格式多种多样，在使用这些音频素材时，由于媒体播放工具不支持一些音频文件格式，因此需要对音频文件进行格式转换。 音频格式转换的软件很多，其中格式工厂是一个使用广泛便捷的多媒体格式转换软件，它可以抓取 DVD 到视频文件，也可以抓取音乐 CD 到音频文件。

下面以音频 2. MP3 格式转化为音频 2. WMA 格式为例，转换过程操作步骤如下：

①打开格式工厂软件，主界面如图 7-12 所示。

②在左侧的功能菜单中选择“音频”，在其中选择“所有转到 WMA”，如图 7-13 所示。

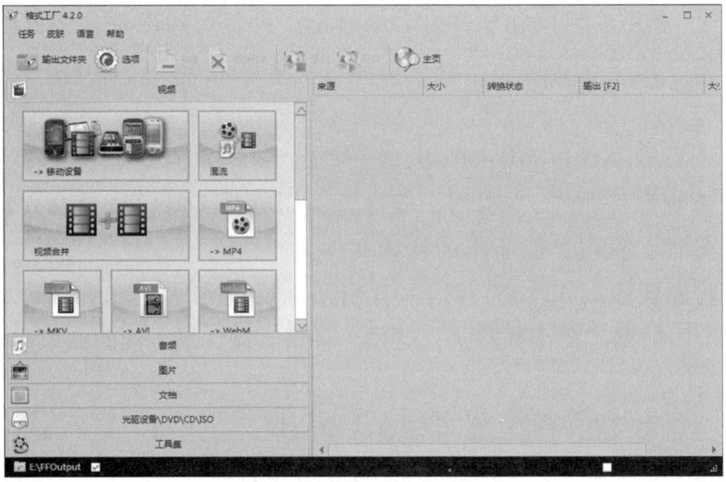


图 7-12　格式工厂主界面

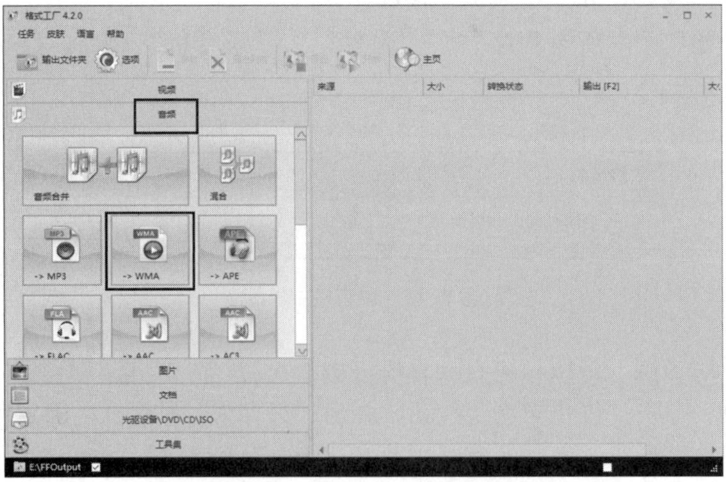


图 7-13　音频文件格式转换

③在弹出的对话框中，如图 7-14 所示，单击下方的“输出文件夹”确定输出位置，单击“添加文件”把需要转化的音频文件导入，单击“输出配置”按钮对音频的质量进行设置。

④如需截取音频中的某一小段，单击图 7-14 所示界面上的“截取片段”，可以截取音频中的某个片段，进入如图 7-15 所示的界面，设置截取片段的开始和结束时间即可。

⑤如果只想简单转换音频格式，直接单击图 7-14 右上角的“确定”按钮，就可以返回格式工厂的主界面。这时单击快捷工具按钮中的“开始”按钮，就可以进行音频格式转换，如图 7-16 所示，转换结束后，在输出文件夹的位置就可以找到转换后的文件了。

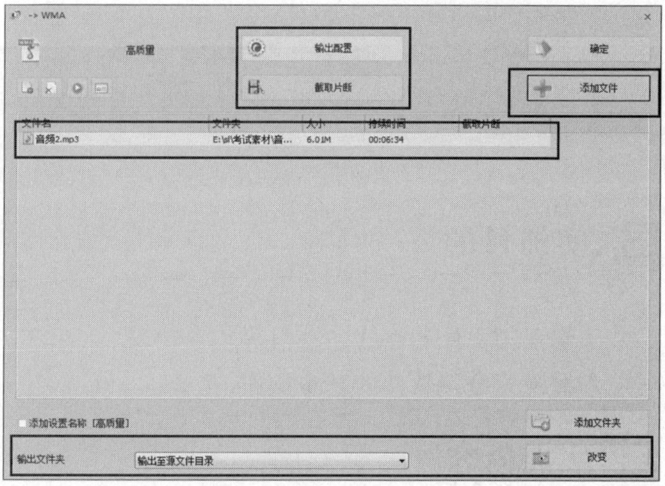

图 7-14　添加文件对话框

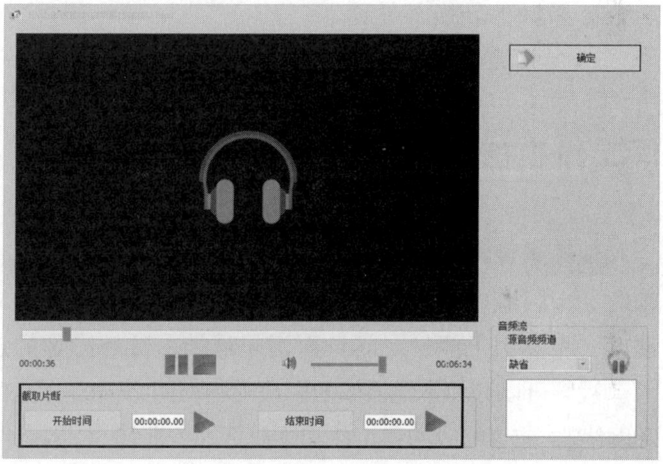

图 7-15　截取片段界面

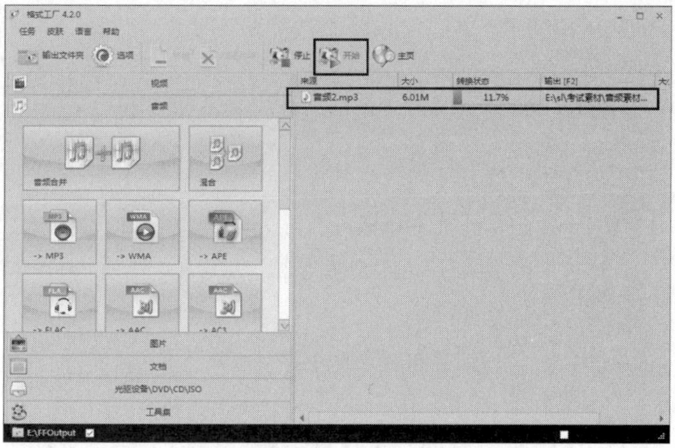
图 7-16　格式工厂主界面

## 实训练习

用格式工厂软件将上一任务中录制的歌曲文件分别转换成 MP3、WMA、WAV 等格式，比较它们的异同。

**拓展思维**

在网上搜索一下 Adobe Audition 软件，看一看这个音频处理软件你能不能使用，它有哪些强大的功能？

# 实训三　视频获取与处理

## 实训目的

了解视频文件的格式、特点等基本知识。

掌握视频处理软件的基本操作。

## 实训内容

1. 视频获取。
2. 视频的转换与处理。
3. 视频的合成。

## 知识储备

视频图像是由一系列单个静止画面组成，这些静止画面被称为帧。 当帧频在每秒 24 帧时，人眼获得平滑连续的视觉效果，视频图像的运动感觉就比较光滑连续，而低于这个速度，将会由于停顿时间长而引起跳帧，破坏影像的连续性。

视频可以分为本地播放的影像视频和网络播放的流媒体影像，对应的视频格式也分为本地和网络。 前者播放的稳定性和画质更好，期待 5G 网络技术的发展，使后者在观影体验上越来越好。 视频文件格式繁多，下面简要介绍几种常见的视频文件格式，如表 7-3 所示。

表 7-3　　视频文件格式

| 文件类型 | 特点 | 主要用途 |
|---|---|---|
| AVI | 有损压缩压缩率较高，视频、音频交织同步播放，数据量大、图像质量好 | 应用最广泛的视频格式 |
| MPEG/MPG | 有损压缩压缩率高 | 采用这种压缩技术的文件类型较多 |
| WMV | 属于流媒体格式 | 在线观看 |
| MOV | 压缩率和图像质量高，Windows 默认播放器是 QuickTime | 多系统跨平台 |
| ASF | 压缩率和图像质量高 | 在线观看 |

生活中有没有遇到过这样情况：视频无法正常播出、下载了的视频却打不开，怎么办？不同的播放器支持不同的视频格式文件，或者计算机中缺少相应格式的解码器等原因，经常

会出现视频无法播出的现象。这时，只能使用格式转换工具来弥补这一缺陷。本项目前面介绍的格式工厂软件不仅能实现音频格式转换，同样也能实现大多数视频及图像不同格式之间的相互转换，视频文件转换方式与音频文件转换方式相似，在这里不再赘述。

## 实训步骤

1. 视频素材的获取

①用数码摄像机（或数码照相机、手机）拍摄。通过摄像头等直接拍摄记录成数字文件格式，然后存储到硬盘或光盘中。

②从素材光盘中获取。VCD 和 DVD 光盘是丰富的视频素材资源库，用户可根据需要选择合适的视频或截取视频中的某一片断。

③网络下载。在 Internet 上有大量丰富的视频资源供用户下载。用户可通过百度、Google 等搜索引擎搜索相关的视频直接下载或利用迅雷软件下载，也可到土豆、优酷、Verycd 等专业视频资源网站进行搜索下载。

④屏幕录制。屏幕录像软件是指可以录制来自于计算机视窗环境桌面操作、播放器视频内容等的专用软件。

2. 截取视频：狸窝（Leawo Video Converter）软件的使用

①启动狸窝 5.1 软件打开主界面，共分为四个区域，如图 7-17 所示。

图 7-17　狸窝主界面

②修改下方区域中的“预设方案”即视频转换后的文件格式，修改“视频质量”“音频质量”，以及“输出目录”即视频转换后的保存位置，再单击快捷工具按钮区的“添加视频”按钮，添加所需截取的视频后，出现如图 7-18 所示界面。

③单击快捷工具按钮区的“编辑”按钮，进入视频编辑窗口，如图 7-19 所示，设置视频截取精确的开始时间和结束时间（时：分：秒：毫秒），单击确定，返回到主界面。

④单击右下角的“开始转换”按钮，完成转换后，在输出位置找到截取的视频文件。

图 7-18　添加视频界面

图 7-19　视频编辑窗口

⑤在狸窝软件中还可以将多个视频合而为一。添加多个视频后，点选上如图 7-20 所示的几项，再单击右下角的“开始转换”按钮，直至完成转换。

图 7-20　多视频合并

3. 录屏：Camtasia Studio 软件的使用

Camtasia Studio 可以记录屏幕动作，包括光标的运动、菜单的选择、弹出窗口、层叠窗口、打字和其他在屏幕上看得见的所有内容。录屏的具体步骤如下。

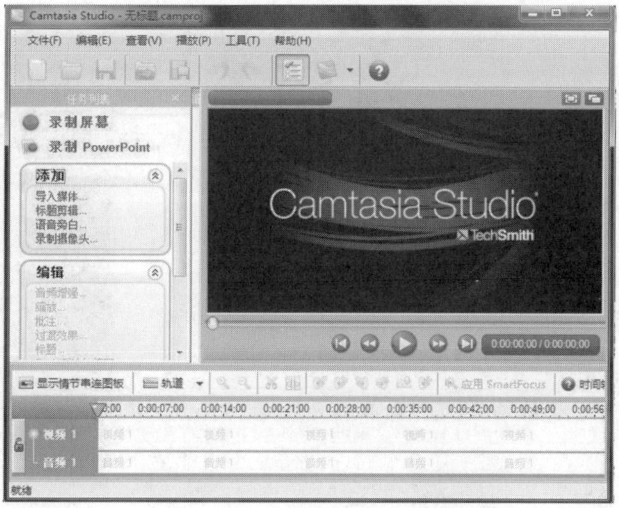


图 7-21　Camtasia Studio 主界面

①启动 Camtasia Studio 6. 0. 2 软件，打开如图 7-21 所示的主界面。界面顶部是菜单工具栏，底部是时间轴。中间分为三部分：左侧是“任务列表”，中间是“剪辑箱”，右侧是“预览窗口”。

②单击“任务列表”上的“录制屏幕”会弹出如图 7-22 所示的控制面板，在控制面板的左侧选择“Full Screen”（全屏），单击“rec”按钮开始录制，屏幕开始出现绿色闪烁的虚框同时进入倒计时 3 秒，虚框是录屏的区域（因为前面选择的是“Full Screen”，所以虚框是整个屏幕大小的）。

图 7-22　控制面板

③倒计时结束开始屏幕操作，这里以录制“在 Word 中绘制表格”为例加以说明。此时在计算机上打开 Word 软件，进行插入表格的一系列操作，操作结束意味着录屏结束，单击键盘上的“F10”结束录制，同时弹出预览窗口，如图 7-23 所示。

图 7-23　Camtasia Studio 预览窗口

④单击“Save”，设置存盘位置及文件名，此时保存为“绘制表格 . camrec”（. camrec 不是真正意义的视频文件，还需在软件中经过再处理后生成播放器可播放的文件），软件返回到主界面。

⑤单击“任务列表”中的“添加”区域中的“导入媒体”，在“导入媒体”对话框中找到“绘制表格 . camrec”文件，单击“导入”，在剪辑箱中就能看到这个录屏文件了，如图 7-24 所示。

图 7-24　导入媒体

⑥拖拽剪辑箱中的“绘制表格 . camrec”文件到时间轴上的“视频 1”所在位置，会出现如图 7-25 所示的对话框。

⑦修改预设为“自定义”，点选“更改视频大小”，单击“确定”。 返回到主界面，时间轴上的“视频 1”中出现了“绘制表格 . avi”文件，如图 7-26 所示。 此时，“. camrec”文件变成“. avi”文件。

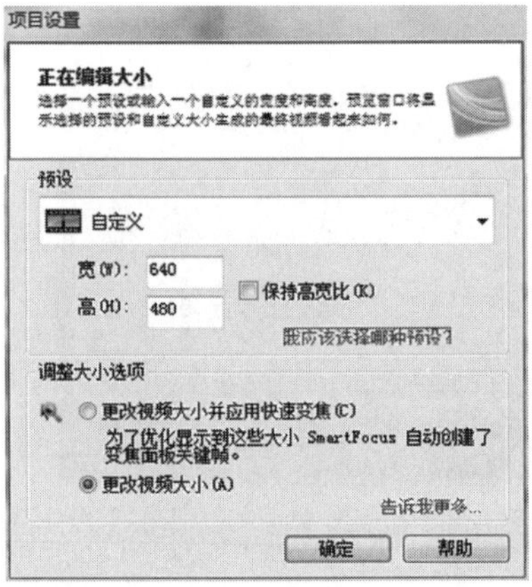

图 7-25　编辑媒体参数

图 7-26　时间轴上的视频

⑧单击“任务列表”中的“生成”区域中的“生成视频为…”，在“生成向导”对话框中依次选择默认设置，点击“下一步”按钮，直至完成。 在完成向导界面修改生成名称、位置以及是否显示生成结果、是否上传等，如图 7-27 所示，单击完成，到此录屏文件就已在指定位置生成。

在步骤⑧生成文件之前，还可以进行很多操作，可以使用导入媒体来导入音频，将音频文件拖拽到时间轴的音频1或音频2上，如图7-28所示。这时可以对导入的音频文件进行灵活的编辑，最终让视频文件影音结合；还可以变焦镜头，如图7-29所示，让录屏的效果更清晰、更生动。Camtasia Studio还有更多更强大的视频处理功能，有兴趣的学生可以更深入地学习。

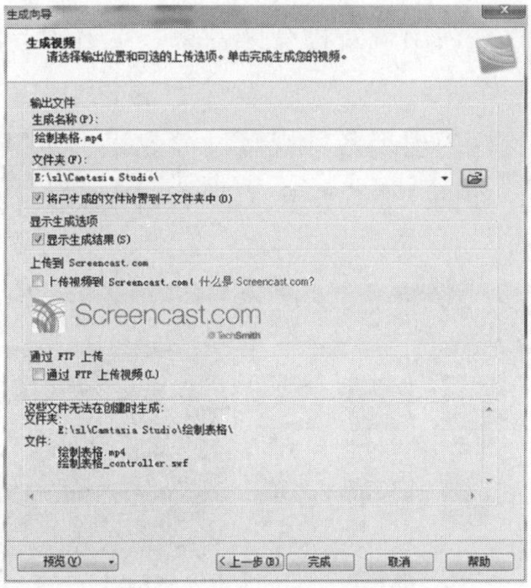


图7-27 “生成向导”对话框

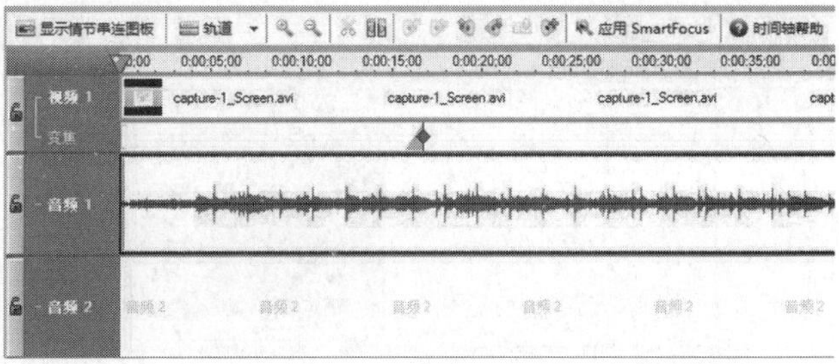


图7-28 时间轴上的音频

4. 综合加工处理：Windows Movie Maker软件的使用

Movie Maker是Windows 7自带的影音制作软件(有些系统没有自带，可自行到网上下载安装)，具备了视频制作的基本功能，可以完成视频的采集、编辑和预定格式的输出，甚至能够直接完成光盘的刻录。用户可以通过简单的拖放操作，精心的画面筛选，然后添加一些特效、音乐和旁白来制作分享自己的家庭电影。

在Windows 7操作系统，推荐使用最新版本的Movie Maker 2.6。下载安装后，在“开始”菜单中找到软件，然后打开使用。

①启动Movie Maker，进入主界面，如图7-30所示。主界面共分为五个区域，上方是菜单和按钮区域，下方是时间轴区域，左侧是任务栏区域，右侧是预览窗口

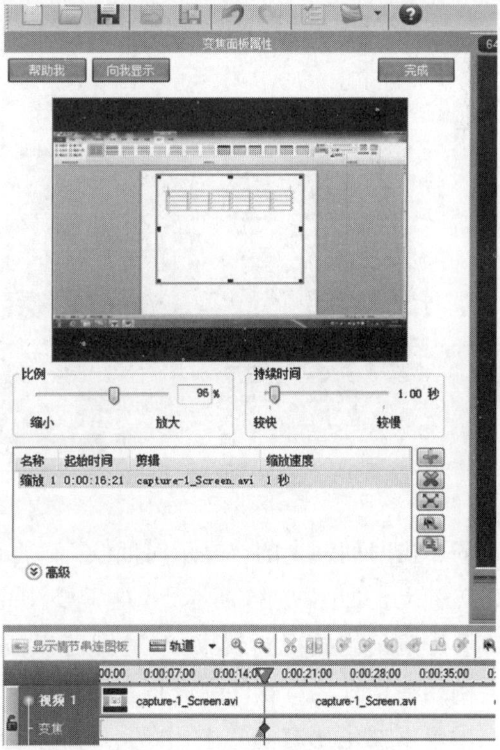


图7-29 变焦面板界面

区域，中间是位置显示区域。

②在左侧任务栏里分别单击捕获视频中的“导入视频”“导入图片”和“导入音频或音乐”，就会在位置显示区中分别显示已添加导入的视频、图片和音频，如图 7-31 所示。

③将已导入的图片、视频、音频文件逐个拖拽到时间轴上的相应位置，如图 7-32 所示。

④单击“工具”菜单｜“视频效果”命令，在位置栏内出现各种视频效果，选择其一拖拽到想要这种显示效果的图片或视频上，如图 7-33 所示。

⑤单击“工具”菜单｜“视频过渡”命令，在位置栏内出现各种视频过渡效果，选择其一拖拽到想要这种过渡效果的两个图片或视频之间，如图 7-34 所示。

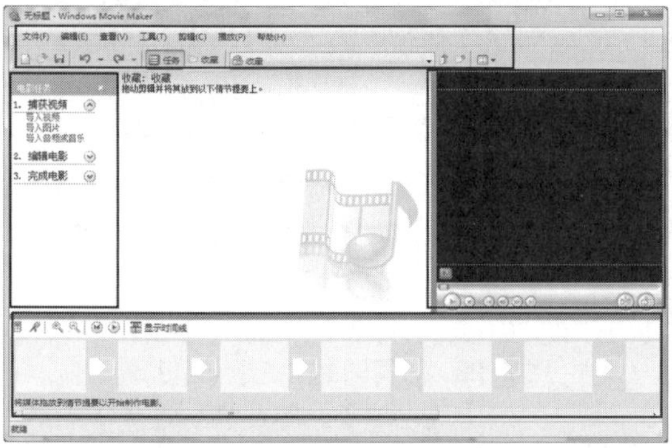

图 7-30　Movie Maker 主界面

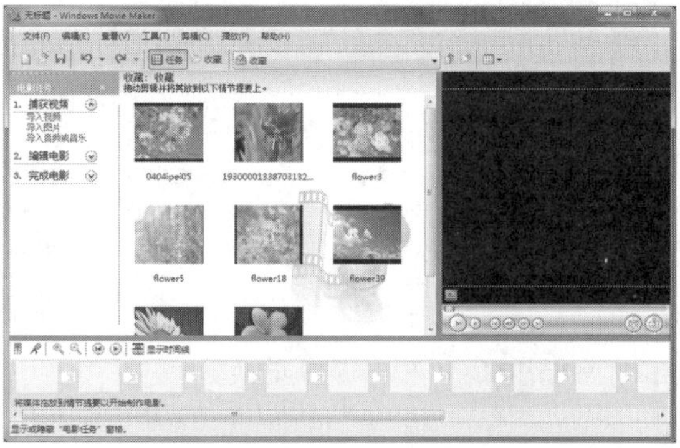

图 7-31　导入文件

图 7-32　拖拽文件到时间轴

图 7-33　视频效果添加

⑥单击时间轴上的“显示时间线”，将已导入位置区域中的“音频 1”拖拽至“音频/音乐”轴上，如图 7-35 所示。这里要注意音频与视频的时长要一致，音频的过长或过短都会影响最终的视频效果。过短可以添加多个音频，过长则要使用软件进行编辑截取，例如在格式工厂软件中进行音频截取。

⑦单击“电影任务”栏中的“编辑电影”里的“查看视频效果”，从头播放查看效果。

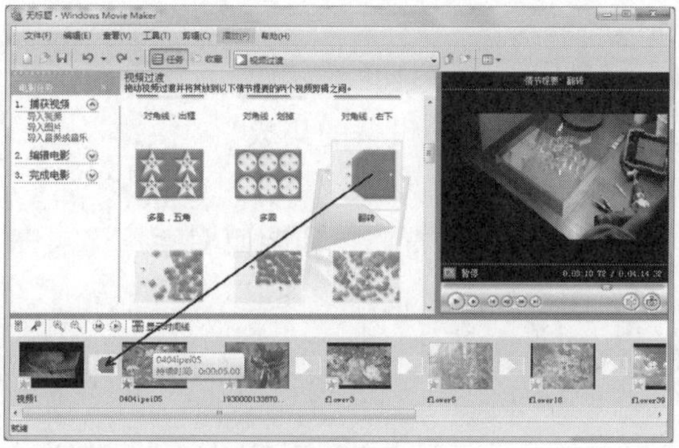

图 7-34 视频过渡效果添加

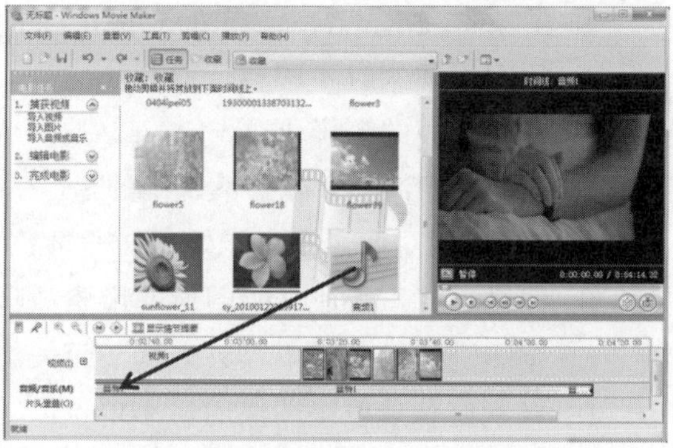

图 7-35 “音频 1”拖拽到“音频/音乐”轴

⑧最后单击“电影任务”栏中“完成电影”里的“保存到我的计算机”按钮，完成全部操作。

## 实训练习

1. 用狸窝视频软件截取漫威系列电影的不少于 3 个精彩片段，剪辑合成为“精彩漫威 . mp4”文件。

2. 用 Camtasia Studio 软件录制一段“手把手教你设置网络共享”的视频，试着添加旁白解说以及背景音乐。

3. 用 Movie Maker 软件制作包含图像、视频、文字、声音于一体的“节约水资源”为主题的电子相册。

**拓展思维**

在网上搜索制作相册的软件还有哪些？ 下载一个，比较它的操作与 Movie Maker 有哪些异同。

## 习 题

1. 媒体信息不包括(　　)。

A. 文字、图片　　B. 音频、图形　　C. 光盘、声卡　　D. 视频、动画

2. 多媒体技术发展最重要的基础是(　　)。

A. 多媒体数据库与计算机网络的结合

B. CPU 的制造工艺发展

C. 通信技术、数字化技术和计算机技术的结合

D. 通信技术的发展

3. 多媒体技术基本特性中的“多样性”是指(　　)。

A. 用户群体来自不同的行业　　B. 信息媒体的多样化

C. 存储介质的多样化　　D. 多种信息处理设备的集成

4. 关于图像，下列说法不正确的是(　　)。

A. GIF 格式图像最多只能处理 256 种色彩，故其不能存储真彩色的图像文件

B. 同样尺寸下组成一幅图像的像素数目越多，图像的质量越好

C. 位图进行缩放时不容易失真，而矢量图缩放时容易失真

D. 像素是构成位图图像的最小单位

5. 以下(　　)不是音频格式。

A. WAV　　B. MP3　　C. JPEG　　D. CD

6. 关于图像分辨率的描述，(　　)是不正确的。

A. 单位是 dpi　　B. 大小和图像所占空间的大小成正比

C. 是单位长度内像素的数量　　D. 大小和图像质量没有关系

7. (　　)格式因为其传输速度快、可将多个图像存在一个文件而形成动画效果等原因成为网络上常用的图片格式。

A. BMP　　B. JPG　　C. GIF　　D. PNG

8. 下列关于几种常用图像文件格式的叙述，不正确的是(　　)。

A. BMP 格式是微软公司 Windows 操作系统中的标准图像文件格式，被广泛应用

B. JPEG 格式是高压缩比的有损压缩格式

C. PSD 是 Adobe Photoshop 软件的专用文件格式，文件占用的存储空间较大

D. GIF 格式是高压缩比的无损压缩格式，适用于保存真彩色图像

9. 对同样尺寸大小的图像而言，以下说法有错误的是(　　)。

A. 图像分辨率越高，则图像的像素数目越多

B. 图像分辨率越高，则每英寸的像素数目(dpi)越大

C. 图像分辨率越高，则图像的色彩越丰富

D. 图像分辨率越高，则图像占用的存储空间越大

10. 李老师在一堂数学课的讲解中，将文字、图像、声音和动画用于课件 PowerPoint 中，它体现了多媒体的(　　)特性。

A. 交互性　　B. 集成性　　C. 兼容性　　D. 实时性

11. 李丽在计算机中创作了两幅图，图一更注重表现图像的色彩、层次，图二放大后仍然很清晰。图一、图二应该分别是(　　)。

A. 位图、位图　　B. 矢量图、位图

C. 矢量图、矢量图　　D. 位图、矢量图

12. 下面哪一个音频文件是音质好但存储字节数最大的(　　)。

A. Try Everything. mp3　　B. Try Everything. wav

C. Try Everything. wma　　D. Try Everything. cd

13. 下列四种文件格式中，属于音频文件格式的是(　　)。

A. WAV　　B. JPG　　C. DAT　　D. MIC

14. 下列选项中，(　　)格式不是图形图像文件格式。

A. JPG　　B. BMP　　C. AVI　　D. GIF

15. 下列不属于多媒体输入设备的是(　　)。

A. 数码相机　　B. 录音笔　　C. 打印机　　D. 扫描仪

16. 下面哪一个是常用的图像处理软件。

A. Format Factory　　B. 美图秀秀　　C. PowerPoint　　D. 金山影霸

17. 下列四种文件格式中，不属于视频文件格式的是(　　)。

A. WMV　　B. MOV　　C. AVI　　D. WAV

18. 下列四种文件格式中，(　　)是支持透明图像的文件类型

A. GIF　　B. JPG　　C. PNG　　D. PDF

19. 波形声音采样频率越高，数据量则(　　)。

A. 越大　　B. 固定不变

C. 越小　　D. 随机变化，不能确定

20. 下列不属于多媒体输出设备的是(　　)。

A. 音箱　　B. 麦克风　　C. 打印机　　D. 投影仪

## 项目一至项目七习题参考答案

# 中等职业学校《计算机应用基础》综合能力测试

## 《计算机应用基础》综合能力测试（一）

**一、单项选择题(每题1分,共计15分)**

1. 世界上第一台电子计算机是(　　)。

A. EDVAC　　B. ENIAC　　C. EDACC　　D. MARK

2. 显示器是微型计算机必须配置的一种(　　)。

A. 输出设备　　B. 输入设备　　C. 控制设备　　D. 存储设备

3. 第一代电子计算机采用(　　)作为主要器件。

A. 电子管　　B. 晶体管

C. 小规模集成电路　　D. 大规模集成电路

4. 如果要更改某一输入法的属性，应在“控制面板”中双击(　　)图标。

A. 字体　　B. 键盘　　C. 鼠标　　D. 区域和语言选项

5. 选取多个文件后，不能进行的操作是(　　)。

A. 重命名　　B. 删除　　C. 移动　　D. 复制

6. QQ 群主要用来(　　)。

A. 备份文件　　B. 多人交流　　C. 下载资源　　D. 建立博客

7. 在 Word 中，“页码”位于功能区(　　)中。

A. “插入”　　B. “开始”　　C. “页面布局”　　D. “视图”

8. 下列哪项不属于 Word 的文本效果(　　)。

A. 轮廓　　B. 阴影　　C. 发光　　D. 三维

9. 在 Word 的编辑状态下，使用“字体”组中的字号按钮可以设定文字的大小。下列四个字号中字符最大的是(　　)。

A. 三号　　B. 小三　　C. 四号　　D. 小四

10. 在 Excel 中，第2行第4列的单元格地址表示为(　　)。

A. 42　　B. 24　　C. D2　　D. B4

11. 在 Excel 中，活动工作表(　　)。

A. 至少有1个　　B. 有255个　　C. 只能有1个　　D. 可以有任意多个

12. 下面的图形图像文件格式中，可实现动画的是(　　)。

A. WMF 格式　　B. GIF 格式　　C. BMP 格式　　D. JPG 格式

13. 下列文件格式中属于视频文件格式的是(　　)。

A. JPG　　B. APE　　C. ZIP　　D. AVI

14. PowerPoint2010 演示文稿默认的文件保存格式是(　　)。

A. ppt　　B. pptx　　C. pps　　D. exe

15. 在演示文稿的放映中要实现幻灯片之间的跳转，下列(　　)操作可以实现。

A. 幻灯片切换　　B. 自定义动画　　C. 添加动作按钮　　D. 以上三种都不正确

**二、判断题(每题 1 分,共计 10 分)**

1. 微型计算机中，打印机是标准的输出设备。(　　)
2. Windows 7 操作系统中，双击应用程序图标，即可运行该应用程序。(　　)
3. 目前的电子邮件只能传送文本。(　　)
4. Word 2010 能同时打开两个以上的文档。(　　)
5. 页眉和页脚在任何视图模式下均可显示。(　　)
6. 在 Excel 2010 中，所有的操作都能撤销。(　　)
7. Excel 2010 允许一个工作簿中包含多个工作表。(　　)
8. 图像的颜色差别就是色调。(　　)
9. 在多媒体计算机图像处理中，扫描仪是一种图像输入设备。(　　)
10. 幻灯片中一个对象只能设置一种动画效果。(　　)

**三、录入题(共计 10 分)**

两个旅行中的天使到一个富有的家庭借宿。 这家人对他们并不友好，并且拒绝让他们在舒适的客人卧室过夜，而是在冰冷的地下室给他们找了一个角落。 当他们铺床时，较老的天使发现墙上有一个洞，就顺手把它修补好了。 年轻的天使问为什么，老天使答到:“有些事并不像它看上去那样。”

第二晚，两人又到了一个非常贫穷的农家借宿。 主人夫妇俩对他们非常热情，把仅有的一点点食物拿出来款待客人，然后又让出自己的床铺给两个天使。 第二天一早，两个天使发现农夫和他的妻子在哭泣，他们唯一的生活来源——一头奶牛死了。 年轻的天使非常愤怒，他质问老天使为什么会这样，第一个家庭什么都有，老天使还帮助他们修补墙洞，第二个家庭尽管如此贫穷还是热情款待客人，而老天使却没有阻止奶牛的死亡。

“有些事并不像它看上去那样。”老天使答道,“当我们在地下室过夜时，我从墙洞看到墙里面堆满了金块。 因为主人被贪欲所迷惑，不愿意分享他的财富，所以我把墙洞填上了。 昨天晚上，死亡之神来召唤农夫的妻子，我让奶牛代替了她。 所以有些事并不像它看上去那样。”有些时候，事情的表面并不是它实际的样子。

如果你有信念，你只需要坚信付出总会得到回报。 你可能不会发现，直到后来……

**四、操作题(共计 65 分)**

(一) Windows 操作部分 (每题 2 分，共计 10 分)

1. 在考生文件夹“win”中，删除“ROOM”文件夹。
2. 在考生文件夹“win”中，把“BOOK”文件夹属性设置为隐藏。
3. 在考生文件夹“win”中，把“AFC”文件夹下的“TOOK”文件拷贝到 D 盘

“HAM”文件下的“CBD”文件夹下。

4. 在考生文件夹“win”中，把“TREE”文件夹下的“ARE”文件移动到D盘“MAIL”文件夹下。

5. 在考生文件夹“win”中，在“HOT”文件夹下建立“teem. txt”文件。

（二）Word 操作部分（共计 20 分）

打开考生文件夹下的“test. docx”文件，完成下列操作，最后以原文件名保存在考生文件夹下。

1. 插入页眉，内容为：“美好的生活”，左对齐；（2 分）

2. 将标题“孤独的树”设置为艺术字，艺术字样式为：填充-白色，轮廓-强调文字颜色 1，阴影效果：左上对角透视；（3 分）

3. 将第二段加上双波浪线边框，填充红色底纹；（3 分）

4. 将第三段设置分栏：三栏，加分隔线；（2 分）

5. 在样文所示位置插入图片“tree. jpg”，自动换行为：四周型环绕。（3 分）

6. 页面设置：纸张大小为 A4，上、下页边距各为 2.5 厘米，左、右各为 3 厘米。（4 分）

7. 在文档末尾，插入一个 3 行 5 列的表格。（3 分）

（三）Excel 操作部分（共计 15 分）

试题要求：在“test. xlsx”工作簿的 Sheet1 表中完成如下操作。

1. 格式设置：将 A1 至 F1 单元格合并且居中对齐，字形加粗，字号 18。

2. 公式计算：计算每名同学的总分。

3. 新建批注：在 C3 单元格（张菲）新建批注：“高数最高分”。

4. 数据筛选：在当前表中，筛选出总分大于 300 的学生。

（四）网络操作部分（共计 10 分）

1. 登录 163 邮箱（邮箱用户名：123，密码：123），给王女士撰写一封主题为“客户答谢会”的电子邮件并发送，内容为“为感谢您及贵公司对我们长期以来的支持与厚爱，我们将在 7 月 8 日上午 9 点，贵宾会场 6 楼空中酒廊举办商务客户答谢会，期待您的光临！”，并将文件“答谢会活动安排 . docx”（D:\EXAM\mail）以附件的形式一并发送，李先生的邮箱地址是：wangfang@163. com。（5 分）

2. 请打开地址为 https://www. sina. com. cn 的网页，根据页面信息，浏览题目为“军事”的网页，并将其另存为“新浪军事 . txt”文件到考生文件夹下。（5 分）

（五）PPT 幻灯片操作部分（共计 10 分）

请打开考生文件夹下的 pp. pptx 幻灯片文件，按下列要求进行操作。

1. 设计幻灯片背景：背景样式 10。（2.5 分）

2. 插入副标题“消防知识普及”，右对齐，字号 28。（2.5 分）

3. 插入考生文件夹中的图片 xiaofang. jpg，并“置于底层”。（2.5 分）

4. 将标题“消防知识”添加动画效果“飞入”，设置幻灯片切换方式为“随机线条”（2.5 分）

# 《计算机应用基础》综合能力测试（二）

**一、单项选择题(每题 1 分,共计 15 分)**

1. 完整的计算机系统由(　　)组成。

A. 运算器、控制器、存储器、输入设备和输出设备

B. 主机和外部设备

C. 硬件系统和软件系统

D. 主机箱、显示器、键盘、鼠标、打印机

2. 第四代计算机采用的电子器件是(　　)。

A. 电子管　　B. 晶体管

C. 大规模、超大规模集成电路　　D. 中小规模集成电路

3. 下列存储器中，存取速度最快的是(　　)。

A. U 盘　　B. 硬盘　　C. 光盘　　D. 内存

4. Windows 7 资源管理器中，文件夹图标前带有“+”，表示(　　)。

A. 含有下级文件夹　　B. 不含下级文件夹

C. 仅含文件　　D. 空文件夹

5. 在 Windows 7 中，如果想一次选定多个连续文件，正确的操作是(　　)。

A. 按住 Ctrl 键，按住鼠标右键逐个选取

B. 单击第一个文件，按住 Ctrl 键，单击最后一个文件

C. 单击第一个文件，按住 Shift 键，单击最后一个文件

D. 按住 Shift 键，按住鼠标右键逐个选取

6. 建立计算机网络的主要目的是(　　)。

A. 共享资源　　B. 提高计算精度

C. 增加内存容量　　D. 提高计算机运行速度

7. 在 Word 2010 中，选择四号字后，按该设置现实的文字是(　　)。

A. 文档中被“选择”的文字　　B. 插入点所在段落中的文字

C. 插入点所在行中的文字　　D. 文档的全部文字

8. Word 2010 的字体对话框中不能设置(　　)。

A. 字体　　B. 字间距　　C. 特殊效果　　D. 行间距

9. 对已建立的页眉和页脚，要打开它，可以双击(　　)。

A. 文本区　　B. 页眉和页脚区　　C. 功能区　　D. 工具栏区

10. Excel 中，若在单元格中出现“####”符号，则需(　　)。

A. 重新输入数据　　B. 重新调整单元格的宽度

C. 删除该单元格　　D. 删除这些符号

11. 在 Excel 2010 工作表中，第 2 行第 4 列的单元格相对地址表示为(　　)。

A. 2D　　B. 4B　　C. D2　　D. B4

12. 以下文件类型中不属于声音文件格式的是(　　)。

A. WAV　　B. jpg　　C. MP3　　D. wma

13. 能实现图像输入的是(　　)。

A. 数码相机　　B. 条码阅读器　　C. 音箱　　D. 网卡

14. PowerPoint 2010 演示文稿默认的文件名是(　　)。

A. 演示文稿 1. pptx　　B. 演示文稿 1. potx

C. 文档 1. pptx　　D. 文档 1. ppz

15. PowerPoint 2010 中，“幻灯片放映”的快捷键是(　　)。

A. F1　　B. F5　　C. Ctrl+C　　D. Alt+C

**二、判断题(每题 1 分,共计 10 分)**

1. 计算机的运行速度由 CPU 的主频决定，与其他因素无关。(　　)
2. “任务栏”的大小和位置可以改变。(　　)
3. 连入 Internet 必须使用的网络协议是 TCP/IP。(　　)
4. Word 2010 的剪贴板只能保存最后一次“复制”或“剪切”的内容。(　　)
5. 在 Word 2010 文档中可以插入“人工分页符”。(　　)
6. 在 Excel 2010 中，向单元格输入公式后，在单元格中可以显示公式计算结果。(　　)
7. 在 Excel 2010 中，若对工作表中的数据进行筛选操作，就不能恢复显示原来的数据。(　　)
8. 图像的亮度越高则图像层次越鲜明。(　　)
9. 一段完整的视频是不能够分割的。(　　)
10. 在 PowerPoint 2010 中，声音的播放仅限当前幻灯片。(　　)

**三、录入题(共计 10 分)**

和往年一样，冬至之前总要回故乡看看年迈的双亲，而本次老家之行却有着特别的意义，承蒙《老年之家》《开心群》部分好友对老父老母的孝敬，念念不忘要与我一同回家乡探望年事已高的岳母和双亲。 盛情之下，我们终于在冬至前四天成行。 来自上海、武汉、长沙、深圳等地的姐妹们，在暖阳如春的冬日里，我们一行八人顺利地踏上了故乡的土地，置于故乡的田园山野，感受我们故乡的风土人情。

依行程安排，首站是看望曾经在张家界与姐妹们短暂相聚过的岳母，老人家听说我们一行将于近日抵安，乐不可支地提前几天在忙里忙外，等待着这些“孝男顺女”的到来。 当我们的观光队伍云集在老人身边时，那场面就像久别重逢的亲人，相抱相拥，久久不愿离分！ 场面热烈，情景感人！ 姐妹们夺眶而出的泪水就像断了线的珍珠，在眉宇间游离涌动，浸湿了脸颊里淡淡的脂粉，涤去了这一路的辛苦和劳顿。

在故乡只有一天的行程，但真情所向，情愫绵长。 正如姐妹们所说的那样，她们此行不单是为了领略我们故乡的田园山水，更是体验乡下人的好客与热忱。 可不是嘛，年事已高的岳母总是如影随形的一路陪同，无论在私家果园，客家围屋，还是三百山的山巅都留下了她豁达、热情、爽朗以及那和蔼可亲的笑容。 更令人难忘的还是公务在身的唐校长、唐乡长和他们的夫人，均以高规格，全身心的给予我们以贵宾般的接待，从生活起居到寻访出游总是热情有加，无微不至。 在这充满热忱的氛围里，客人们感受了客家人的纯朴与好客，大方与热情。 尽管已经依依惜别回到了各自所在的城市，但故乡的山山水水，纯情风貌却历历在目，眷眷在心，真的想起你们格外亲!

**四、操作题(共计 65 分)**

（一）Windows 操作部分（每题 2 分，共计 10 分）

1. 在考生文件夹“win”中，将“AOB”文件夹复制到“TAB”文件夹下。

2. 在考生文件夹“win”中，将“BABO”文件夹设置为隐藏属性。

3. 在考生文件夹“win”中，将系统设置成“不显示隐藏文件或文件夹”属性。

4. 在考生文件夹“win”中，将“BOOK. docx”文件更名为“TREE. txt”。

5. 在考生文件夹“win”中，新建一个文本文档，名称为“XIN. txt”。

（二）Word 操作部分（共计 20 分）

打开考生文件夹下的“test. docx”文件，完成下列操作。

1. 设定纸张大小为 A4，页边距适中。(1 分)

2. 在页眉插入“珍惜一切”，页脚插入页码，对齐方式均为居中。(2 分)

3. 标题设置：隶书，二号字，标准色紫色。 文本效果：发光（紫色，8pt 发光，强调文字颜色 4），添加拼音指南。(4 分)

4. 首行缩进 2 个字符，将正文第一段设置成宋体，小四号字，倾斜，1. 5 倍行距，段后一行。(3 分)

5. 将正文第二段分栏：两栏偏右，有分隔线。(3 分)

6. 正文第四段设置首字下沉：下沉行数 2 行、黑体。(3 分)

7. 在正文末尾插入考生文件夹中的图片“zhenxi. jpg”，并设置：自动换行（四周型环绕），图片效果（预设 2）。(4 分)

（三）Excel 操作部分（共计 15 分）

试题要求：在“test. xlsx”工作簿的 Sheet1 表中完成如下操作。

1. 格式设置：将 A1 至 J1 单元格合并、水平居中对齐、楷体、加粗、字号 18。 表中文本及数字居中对齐。 A2 至 J2 单元格填充黄色。(5 分)

2. 数据处理：分别计算每位学生的总分以及每科的平均分，按照总分降序排列。(4 分)

3. 表格线：按样文绘制表格线，外框为紫色双线，内部为黑色细实线。(3 分)

4. 图表制作：在当前表中，绘制每位同学总分的簇状柱形图，输入图表标题：2017 级二班学生期末成绩（3 分）

（四）网络操作部分（共计 10 分）

1. 登录 163 邮箱（邮箱用户名：123，密码：123），给李先生发送一封主题为“读者见面会”的邮件，内容为“辽宁见面会日期为 2019 年 4 月 20 日上午 9 点，悦来酒店。距离去年的相约，已一年之久，一束桃花，殷殷之情，请您光临。”，李先生的邮箱地址

是：lijian@ 163. com。（5 分）

2. 请打开地址为 https://www. suning. com/的网页，根据页面信息，浏览题目为“时尚服饰”的网页，并将其另存为“时尚服饰 . txt”文件到考生文件夹下。（5 分）

（五）PPT 幻灯片操作部分（共计 10 分）

请打开考生文件夹下的“pp. pptx”幻灯片文件，按下列要求进行操作。

1. 插入文本框作为标题，内容为“安全伴我行”，黑体，54 号字。（1 分）

2. 将幻灯片背景填充效果设置为图片“beijing. jpg”。（2 分）

3. 插入自选图形“云形”，填充为黄色。 设置此自选图形的进入动画为：缩放；开始方式为：上一动画之后。（3 分）

4. 将幻灯片切换效果设置为“推进”。（2 分）

5. 将“消防安全”，超链接到网址：http://net. zol. com. cn/router. html。（2 分）

## 《计算机应用基础》综合能力测试（三）

**一、单项选择题：(每题 1 分，共计 15 分)**

1. 计算机的内存储器比外存储器(　　)。

A. 更便宜　　B. 存储容量更大

C. 存取速度快　　D. 虽贵但能存储更多的信息

2. 利用计算机实现的现代化教学是计算机在(　　)方面的应用。

A. 人工智能　　B. 计算机辅助系统

C. 科学计算　　D. 电子商务

3. 发现计算机病毒后，比较彻底的清除方式是(　　)。

A 用查毒软件处理　B. 删除磁盘文件　C. 重新启动计算机　D. 格式化磁盘

4. Windows 7 系统中的“桌面”是指(　　)。

A. 整个屏幕　B. 某个窗口　C. 当前窗口　D. 全部窗口

5. 在 Windows 7 中将文件直接删除而不放到“回收站”中的操作是按(　　)快捷键。

A. Ctrl+Del　B. Alt+Del　C. Shift+Del　D. Tab+Del

6. Internet 中各个网络之间能进行信息交流的依据是(　　)。

A. 汉语　B. 英语　C. 世界语　D. TCP/IP 协议

7. Word 的编辑状态使插入点快速移动到文档开头的快捷键是(　　)。

A. Caps Lock　B. Shift+Home　C. Ctrl+End　D. Ctrl+Home

8. 在 Word 的编辑状态下，按 Ctrl+A 快捷键后(　　)。

A. 整个文档被选择　　B. 插入点所在的段落被选择

C. 插入点所在的行被选择　　D. 插入点至文档末被选择

9. 关于分栏命令说法正确的是(　　)。

A. 分栏命令在“插入”选项卡中

B. 分栏命令在“页面布局”选项卡中

C. 分栏命令不能设置栏宽度

D. 分栏命令最多可以将文本分成相等的三栏

10. 在 Excel 函数中，SUM（B1:B4)等价于(　　)。

A. SUM(A1:B4　B1:C4)　　B. SUM（B1+B4)

C. SUM（B1,B2,b3,B4)　　D. SUM（B1+B2,B3+B4)

11. 在 Excel 中，在单元格内不能输入的内容是(　　)。

A. 文本　　B. 图表　　C. 数值　　D. 日期

12. 下面设备中，不属于计算机图像输入设备的是(　　)。

A. 数码相机　　B. 彩色扫描仪　　C. 显示器　　D. 数码摄像机

13. 下列设备中可以作为输入设备的是(　　)。

A. 绘图仪　　B. 显示器　　C. 数码相机　　D. 打印机

14. 如果要将文本格式复制到另一文本块中，可通过剪贴板命令组的(　　)按钮操作。

A. 格式刷　　B. 复制　　C. 剪切　　D. 粘贴

15. 在 PowerPoint 演示文稿放映中要实现幻灯片间的跳转，应采用的操作是(　　)。

A. 幻灯片切换　　B. 自定义动画　　C. 添加动作按钮　　D. 以上都不是

**二、判断题(每题 1 分,共计 10 分)**

1. 同一间办公室中的计算机互连不能称为计算机网络。(　　)

2. 要复制文件夹，可以按住 Ctrl 键，拖动文件夹至目的地。(　　)

3. 电子邮件一次可以发送给多个人。(　　)

4. Word 2010 在剪贴板上最多可以保存 24 次复制过的内容。(　　)

5. 要删除 Word 表格，只需要先选中表格，然后按 Delete 键即可。(　　)

6. 在 Excel 2010 中，第 2 行第 4 列的单元格位置可表示为 B4。(　　)

7. 插入单元格一定是插入一行或插入一列。(　　)

8. 多媒体计算机对图像的处理包括图像获取、编辑和变换。(　　)

9. 通常情况下，图像的分辨率越高，所包含的像素就越多，图像就越清晰。(　　)

10. 在幻灯片浏览视图中，可以一次选中多张幻灯片进行删除、复制、移动等操作。(　　)

**三、录入题(共计 10 分)**

要爱国，忠于祖国，忠于人民。 爱国，是人世间最深层、最持久的情感，是一个人立德之源、立功之本。 孙中山先生说，做人最大的事情“就是要知道怎么样爱国”。 我们常讲，做人要有气节、要有人格。 气节也好，人格也好，爱国是第一位的。 我们是中华儿女，要了解中华民族历史，秉承中华文化基因，有民族自豪感和文化自信心。 要时时想到国家，处处想到人民，做到“利于国者爱之，害于国者恶之”。 爱国，不能停留在口号上，而是要把自己的理想同祖国的前途、把自己的人生同民族的命运紧密联系在一起，扎根人民，奉献国家。

要励志，立鸿鹄志，做奋斗者。苏轼说："古之立大事者，不惟有超世之才，亦必有坚忍不拔之志。"王守仁说："志不立，天下无可成之事。"可见，立志对一个人的一生具有多么重要的意义。广大青年要培养奋斗精神，做到理想坚定，信念执着，不怕困难，勇于开拓，顽强拼搏，永不气馁。幸福都是奋斗出来的，奋斗本身就是一种幸福。1939年5月，毛泽东同志在延安庆贺模范青年大会上说："中国的青年运动有很好的革命传统，这个传统就是'永久奋斗'。我们共产党是继承这个传统的，现在传下来了，以后更要继续传下去。"为实现中华民族伟大复兴的中国梦而奋斗，是我们人生难得的际遇。每个青年都应该珍惜这个伟大时代，做新时代的奋斗者。

**四、操作题：(共计65分)**

（一）Windows 操作部分（每题2分，共计10分）

1. 在考生文件夹下建立文件夹"TEST"。（2分）

2. 把考生文件夹下的"LOAD"文件夹中的所有文件移动到"TEST"中。（2分）

3. 把考生文件夹下的"DOS"文件夹中的"xuexi. txt"文件改名为"study. txt"。（2分）

4. 把考生文件夹下的"DOS"文件夹中的"study. txt"的文件属性设置为只读和隐藏。（2分）

5. 在考生文件夹下的"NEW"文件夹下建立文件"AA. docx"。（2分）

（二）Word 操作部分（共计20分）

打开考生文件夹下"ks. docx"文件，完成下列操作。

1. 将第一行设置为标题：楷体，小三号字，加粗，居中，红色。（2分）

2. 将正文设置为宋体小四号字，首行缩进两字符。(2分)

3. 第一段文字设置标准蓝色底纹，应用于段落，行间距为1.5倍行距。(2分)

4. 第二段文字设置黄色边框，应用于文字，边框宽为1.5磅。(2分)

5. 第四段第一句话后插入剪贴画，动物：老虎，大小为4cm，版式为四周型环绕。(2分)

6. 第三段文字设置分栏2栏，偏右，第一栏栏宽30个字符，间距2.2字符，有分隔线。(2分)

7. 第二段第一个文字设置首字下沉，下沉3行，下沉字字体为黑体，红色。(2分)

8. 在文档末尾插入5行4列的表格。(2分)

9. 将表格外框设置为1.5磅，标准蓝色单实线，内框设置为0.75磅，标准绿色双实线。(2分)

10. 表格第一列设置黄色底纹，样式为5%。(2分)

（三）Excel 操作部分（共计15分）

打开考生文件夹下的"ks. xlsx"文件，完成以下操作。

1. 将A1:E1合并单元格并水平居中，字体为黑体，字号为14，加粗，将表格外框设置为标准红色、粗实线，第一行填充为标准黄色。（3分）

2. 用公式计算利润值，利润=销售额-成本，计算结果保留一位小数。（3 分）

3. 复制“2017 年电器销售情况表”到 Sheet2 工作表中，按利润降序排序。（3 分）

4. 复制“2017 年电器销售情况表”到 Sheet3 工作表中，筛选出利润大于 100 元的电器。（3 分）

5. 新建 Sheet4 工作表并将“2017 年电器销售情况表”复制到表中，按部门分类汇总求利润总和。（3 分）

（四）网络操作部分（共计 10 分）

1. 登录 163 邮箱（邮箱用户名：text，密码：111），将“运动会报名表”发送给李华老师，邮件主题为“运动会报名表”，内容为“李老师您好，现把我班运动会报名表发给您。”，并将文件“运动会报名表 . xlsx”（考生文件夹下）以附件的形式一并发送，李华老师的邮箱地址是：lihua@ 163. com。

2. 请打开地址为 https://www. pku. edu. cn 的网页，根据页面信息，浏览题目为“北大概况”的网页，并将其另存为“北大概况 . txt”文件到考生文件夹下。（5 分）

（五）PPT 幻灯片操作部分（共计 10 分）

请打开考生文件夹下的“pp. pptx”幻灯片文件，按下列要求进行操作。

1. 在第 1 张幻灯片中添加标题和副标题。标题为：青少年健康知识讲座，副标题为：快乐成长，健康成长。（4 分）

2. 将两张幻灯片背景效果设置为图片“beijing. jpg”。（2 分）

3. 将图片“xuexi. jpg”插入到第 1 张幻灯片的右下角。（2 分）

4. 为第 2 张幻灯片设置自定义动画。（至少 2 种方法）（2 分）

## 《计算机应用基础》综合能力测试（四）

**一、单项选择题（每题 1 分，共计 15 分）**

1. 世界上第一台电子数字计算机研制成功的时间是（　　）年。

A. 1936　　B. 1946　　C. 1956　　D. 1975

2. PC 机在工作中，电源突然中断，则（　　）全部不丢失。

A. ROM 和 RAM 中的信息　　B. RAM 中的信息

C. ROM 中的信息　　D. RAM 中的部分信息

3. 第二代电子计算机采用（　　）作为主要器件。

A. 电子管　　B. 晶体管　　C. 小规模集成电路　　D. 大规模集成电路

4. 在 Windows 7 操作系统中，显示桌面的按钮在桌面的（　　）。

A. 左下方　　B. 右下方　　C. 左上方　　D. 右上方

5. 在 Windows 7 操作系统中，将打开窗口拖动到屏幕顶端，窗口会（　　）。

A. 关闭　　B. 消失　　C. 最小化　　D. 最大化

6. WWW 的全称是(　　)。

A. World Wide Wait　　B. World Wais Web

C. World Wide Web　　D. Websie of World Wide

7. 在 Word 2010 编辑状态下，格式刷可以复制(　　)。

A. 段落的格式和内容　　B. 段落和文字的格式和内容

C. 文字的格式和内容　　D. 段落和文字的格式

8. Word 的查找、替换功能非常强大，下面的叙述中正确的是(　　)。

A. 不可以指定查找文字的格式，只可以指定替换文字的格式

B. 可以指定查找文字的格式，但不可以指定替换文字的格式

C. 不可以按指定文字的格式进行查找及替换

D. 可以按指定文字的格式进行查找及替换

9. 以下哪一个不是 Word 2010 的菜单项(　　)。

A. 审阅　　B. 页面布局　　C. 图表工具　　D. 视图

10. Excel 是一个电子表格软件，其主要作用是(　　)。

A. 处理文字　　B. 处理数据　　C. 管理资源　　D. 演示文稿

11. 在 Excel 中，如果在工作表中某个位置插入了一个单元格，则(　　)。

A. 原有单元格必定右移

B. 原有单元格必定下移

C. 原有单元格被删除

D. 原有单元格根据选择或者右移，或者下移

12. 下列属于图像文件格式的是(　　)。

A. DOC　　B. RM　　C. WAV　　D. JPEG

13. 下列图像文件格式中，不属于无损压缩格式的是(　　)。

A. JPEG　　B. GIF　　C. PNG　　D. TIFF

14. PowerPoint 2010 演示文稿默认的文件扩展名是(　　)。

A. pptx　　B. pot　　C. dot　　D. ppz

15. PowerPoint 中，下列说法中错误的是(　　)。

A. 可以动态显示文本和对象　　B. 可以更改动画对象的出现顺序

C. 可以设置幻灯片切换效果　　D. 图表中的元素不可以设置动画效果

**二、判断题(每题 1 分，共计 10 分)**

1. 计算机软件可分为操作系统和应用软件。(　　)

2. 按下 Shift 键的同时按下字母键，将会输入大写字母。(　　)

3. 在 Windows 7 系统中默认库被删除后可以通过恢复默认库进行恢复。(　　)

4. 一旦关闭计算机，别人就不能给你发电子邮件了。(　　)

5. 在 Word 2010 中，文档可以保存为纯文本类型。(　　)

6. 在 Word 2010 中不能同时打开两份以上的文档。(　　)

7. 在 Excel 2010 中，当工作簿建立完毕后，还需要进一步建立工作表。(　　)

8. 在 Excel 2010 中，如果通过拖动鼠标或单击“复制”按钮，再单击“粘贴”按钮来复制单元格，将只复制单元格中的内容，而不复制单元格的格式。（　　）

9. 图像的对比度越高则图像越清晰。（　　）

10. 在 PowerPoint 2010 中，可以选择演示文稿中的任何一张幻灯片开始放映。（　　）

**三、录入题（共计 10 分）**

要求真，求真学问，练真本领。“玉不琢，不成器；人不学，不知道。”知识是每个人成才的基石，在学习阶段一定要把基石打深、打牢。 学习就必须求真学问，求真理、悟道理、明事理，不能满足于碎片化的信息、快餐化的知识。 要通过学习知识，掌握事物发展规律，通晓天下道理，丰富学识，增长见识。 人的潜力是无限的，只有在不断学习、不断实践中才能充分发掘出来。 建设社会主义现代化强国，发展是第一要务，创新是第一动力，人才是第一资源。 希望广大青年珍惜大好学习时光，求真学问，练真本领，更好地为国争光、为民造福。

要力行，知行合一，做实干家。“纸上得来终觉浅，绝知此事要躬行。”学到的东西，不能停留在书本上，不能只装在脑袋里，而应该落实到行动上，做到知行合一、以知促行、以行求知，正所谓“知者行之始，行者知之成”。 每一项事业，不论大小，都是靠脚踏实地、一点一滴干出来的。“道虽迩，不行不至；事虽小，不为不成。”这是永恒的道理。 做人做事，最怕的就是只说不做，眼高手低。 不论学习还是工作，都要面向实际、深入实践，实践出真知；都要严谨务实，一分耕耘一分收获，苦干实干。 广大青年要努力成为有理想、有学问、有才干的实干家，在新时代干出一番事业。 我在长期工作中最深切的体会就是：社会主义是干出来的。

**四、操作题（共计 65 分）**

（一）Windows 操作部分（每题 2 分，共计 10 分）

1. 在考生文件夹下删除文件夹“CAT”。

2. 在考生文件夹下的“COUNT”文件夹中创建“计算器”的快捷方式。

3. 把考生文件夹下的“MOON”文件夹下的“STR. docx”文件拷贝到 D 盘“TWO”文件夹下的“NEW”文件夹中。

4. 把考生文件夹下的“HI”文件夹下的“THR. txt”文件移动到 D 盘“TXT”文件夹中。

5. 在考生文件夹下的“GOOD”文件夹下建立“KS. txt”文件。

（二）Word 操作部分（共计 20 分）

1. 打开考生文件夹下的“love. docx”文件，完成下列操作。（总计 10 分）

（1）将标题设置为艺术字，样式为填充-白色，渐变轮廓-强调文字颜色 1，上下型文字环绕，对齐方式为横向分布，阴影样式为外部向右偏移。（2 分）

（2）正文文字设置为楷体、三号字、标准深蓝色，首行缩进 2 字符。（2 分）

（3）设置页眉，内容为：爱的味道，加粗、右对齐。（1 分）

（4）将第二段分为两栏，第二栏 15 个字符，加分隔线。（1 分）

（5）将正文第二句加上标准黄色方框，底纹为茶色背景 2，应用于文字。（2 分）

（6）在第三段插入考生文件夹下的图片“tea. jpg”，设置图片位置为中间居右，四周型文字环绕。 大小为 4cm × 4cm。（2 分）

2. 在文档末尾，按要求完成如下表格操作。（总计 10 分）

（1）插入 3 行 5 列表格，设置行高为 1 厘米，列宽为 2. 8 厘米。（2 分）

（2）按样表输入如下内容，并将表中内容水平居中。（4 分）

| 序号 | 姓名 | 性别 | 户口所在地 | 邮政编码 |
|---|---|---|---|---|
| 1 | 张强 | 男 | 辽宁省沈阳市 | 110026 |
| 2 | 赵宇 | 男 | 辽宁省本溪市 | 117000 |

（3）将表格外框设置为 1. 5 磅双线，第一行填充底纹为标准色蓝色。（2 分）

（4）在表格下方（空一行）将表格复制一份，然后将复制的表格转换为文本，文字分隔符为制表符。（2 分）

（三）Excel 操作部分（共计 15 分）

试题要求：在“TEST. xlsx”工作簿的 Sheet1 表中完成如下操作。

1. 格式设置：将 A1 至 H1 单元格合并、水平居中对齐、字形加粗、字号 18。（3 分）

2. 公式计算：计算每名同学的总分和平均分，并将平均分设置为一位小数。（3 分）

3. 表格线：将表格外框线设置为标准红色双线，内部设置为黑色细实线。（3 分）

4. 图表制作：在表格下方绘制簇状柱形图，以姓名为横坐标，总分为纵坐标，图表标题为：总分统计图。（3 分）

5. 数据筛选：将表格复制到 Sheet2 工作表中，然后筛选出平均分大于 80 的同学的信息。（3 分）

（四）网络操作部分（共计 10 分）

1. 在 Outlook Express 中设置一个新的账户，显示名为“test”，电子邮件地址为 AAB123@ localhost（注：localhost 各字符均为英文小写字母，下同），接收服务器类型为 pop3，接收和发送服务器全为 localhost，账户名为 AAB123，密码为 111111，并将该账户设置为默认账户，然后收取这个邮箱中的邮件。 利用上一道题的账号，向邮件地址为：T_999@ localhost 发送电子邮件，邮件主题为：培训通知，邮件内容为：请您准时参加本月 23 日 10 点报告厅举办的志愿者培训会议。（5 分）

2. 请打开地址为 http://www. whu. edu. cn 的网页，根据页面信息，浏览学校概况中的学校简介的网页，并将其另存为“武汉大学学校简介 . txt”文件到考生文件夹下。（5 分）

（五）PPT 幻灯片操作部分（共计 10 分）

请打开考生文件夹下的“health. pptx”幻灯片文件，按下列要求进行操作。

1. 删除第 1 张幻灯片的“副标题占位符”。（2. 5 分）

2. 将幻灯片背景填充效果设置为图片“bj. jpg”。（2. 5 分）

3. 插入剪切画。（2. 5 分）

4. 将第 2 张幻灯片切换效果设置为“自左侧棋盘”。（2. 5 分）

# 《计算机应用基础》综合能力测试（五）

**一、单项选择题(每题1分,共计15分)**

1. 下列设备中，属于输出设备的是(　　)。

A. 扫描仪　　B. 显示器　　C. 鼠标　　D. 光笔

2. 操作系统是一种系统软件，它是(　　)的接口。

A. 软件和硬件　　B. 计算机和外设

C. 用户和计算机　　D. 高级语言和机器语言

3. 在计算机术语中，常用ROM表示(　　)。

A. 只读存储器　　B. 外存储器　　C. 随机存储器　　D. 显示器

4. 用鼠标拖动窗口的(　　)，可以移动整个窗口。

A. 工具栏　　B. 标题栏　　C. 菜单栏　　D. 工作区

5. 在Windows 7中，回收站是(　　)。

A. 内存中的一块区域　　B. 硬盘上的一块区域

C. 软盘上的一块区域　　D. 高速缓存中的一块区域

6. 最早出现的计算机网是(　　)。

A. ARPANET　　B. Bitnet　　C. Internet　　D. Ethernet

7. 段落的标记是在输入(　　)产生的。

A. 句号　　B. Enter键　　C. Shift+Enter　　D. 分页符

8. 使用(　　)菜单中的标尺命令可以显示与隐藏标尺。

A. 视图　　B. 格式　　C. 工具　　D. 窗口

9. 在(　　)视图下是以网页的形式显示Word 2010文档的。

A. 页面　　B. 大纲　　C. Web版式　　D. 阅读

10. Excel单元格中(　　)。

A. 只能包含数字　　B. 可以是数字、字符、公式等

C. 只能包含文字　　D. 以上都不对

11. Excel是一种(　　)软件。

A. 文字处理　　B. 数据库　　C. 演示文档　　D. 电子表格

12. 数据(　　)是多媒体的关键技术。

A. 交互性　　B. 压缩　　C. 格式　　D. 可靠性

13. 下列属于多媒体硬件系统必须有的是(　　)。

A. CD-ROM　　B. 音频适配器　　C. 视频采集卡　　D. 数码相机.

14. 在Office 2010办公自动化套件中，(　　)可以制作演示报告和电子幻灯片。

A. Word 2010　　B. Access 2010　　C. PowerPoint 2010　　D. Excel 2010

15. PowerPoint 最适合用于以下(　　)的设计。

A. 某单位的网页　　B. 公司产品介绍

C. 图像处理工具　　D. 管理信息系统

**二、判断题(每题 1 分,共计 10 分)**

1. 任何存储器都有记忆能力，其中的信息不会丢失。(　　)
2. 对话框外形与窗口一样，均可调整其大小。(　　)
3. 在计算机局域网中，只能共享软件资源，而不能共享硬件资源。(　　)
4. 字符间距扩大的方法是在字符之间添加空格。(　　)
5. 移动、复制文档中的图片与移动、复制文本的操作是一样的。(　　)
6. 在 Excel 2010 规定可以使用的运算符中，没有算术运算。(　　)
7. 在 Excel 2010 中，输入公式必须以“=”开头，输入函数时直接输入函数名，而不需要以“=”开头。(　　)
8. 数码相机的关键部件是 CCD。(　　)
9. 音频卡的分类主要是根据采样的频率来分，频率越高，音质越好。(　　)
10. 演示文稿是由幻灯片、备注页、讲义页和大纲页等组成的文件，其核心是幻灯片。(　　)

**三、录入题(共计 10 分)**

进入新世纪以来是互联网高速发展的 20 年，互联网技术在消费领域迅速扩张，以市场迭代、用户试错而不断提高创新发展速度，目前已经初定格局，市场竞争进入白热化。与消费领域不同，互联网等信息技术与工业领域融合的应用场景更多，技术要求更高，价值链更长，发展空间巨大，被视为互联网发展的下半场。 一方面，大数据、人工智能等技术不断应用于制造领域，帮助制造业构筑出一个虚拟的数字空间，不仅能够大幅降低产品试验成本，还能探索基于数据的工业机理知识模型。 另一方面，数字技术改变了企业与企业之间的关系，企业互相联系更加紧密，跨组织、跨领域的合作不断增多，未来企业将在竞争中合作、在合作中竞争。 同时工业数据的体量远高于消费数据，工业企业在数字化转型的过程中，产生的海量工业数据基于平台汇聚在一起，能够帮助企业优化研发设计、生产制造、业务运营、资产管理等各环节。 而在当前，企业都已经认识到了数据的价值，但是如何才能更快更好地挖掘这些数据的价值，各企业仍在探索。

**四、操作题(共计 65 分)**

(一) Windows 7 操作部分 (每题 2 分，共计 10 分)

以下内容在考生文件夹下“win”文件夹中完成:

1. 将“win”文件夹下“TEST”文件夹中的“GRASS. txt”文件移动到考生文件夹下的“CAT”文件夹中，并改名为“CHANGE. docx”。
2. 在“win”文件夹下创建文件夹“WOOD”，并设置其属性为只读。
3. 将“win”文件夹下“TEST”文件夹中的“MOTO. bas”文件复制到考生文件夹下的“CAT”文件夹中。
4. 将“win”文件夹下“TEST”文件夹中的“FLOW. txt”文件删除。

5. 为“win”文件夹下“CAT”文件夹中的“LARGE. exe”文件建立名为“LARGE”的快捷方式。

（二）Word 操作部分（共计 20 分）

1. 打开考生文件夹下的“wtest. docx”文件，完成下列操作。（总计 10 分）

（1）将文档的标题设置为黑色、小二号黑体字、居中、加粗且加双下划线。

（2）将第三段文字设置为楷体四号字，深蓝色，左右边界相等，首行缩进 2 字符。

（3）在本篇文档中插入页眉和页脚，其中页眉的内容为“做时间的主人”，楷体，小四号，倾斜，右对齐；页脚内容为当前的页码，小四号楷体字，居中。

（4）在第二个段落中插入考生文件夹下的“wtest. jpg”图片，图片在段落右侧，与段落等高，文字四周环绕。将第三个段落文字分为两栏。

（5）将本篇文档的页面设置为上、下、左、右边界均为 2cm，方向为纵向，页眉距边界 1. 6cm，页脚距边界 1. 8cm。

2. 在以上“wtest. docx”的文档末尾，按要求完成如下表格操作，最后以原文件名保存在考生文件夹下。（共计 10 分）

（1）插入 3 行 5 列的表格，设置行高为 1 厘米，列宽为 2 厘米。（2 分）

（2）在上表中输入如下内容，并将其水平及垂直居中。（4 分）

| 姓名 | 语文 | 数学 | 英语 | 总分 |
|---|---|---|---|---|
| 李军 | 67 | 78 | 78 | |
| 丁一 | 87 | 69 | 78 | |

（3）将表格外框设置为 1. 5 磅双实线，内框为 1 磅单实线，第一行填充底纹为 15%灰度。（4 分）

（三）Excel 操作部分（共计 15 分）

试题要求：在“etest. xlsx”工作簿的 Sheet1 表中完成如下操作。

1. 格式设置：将 A1 至 F1 单元格合并，设置水平居中对齐，字形加粗，字号 18。（3 分）

2. 公式计算：计算每个同学的总分。（注意：计算必须使用 SUM 函数）（3 分）

3. 表格线：绘制表格线，外边框为黑色双实线，内部为黑色细实线。（3 分）

4. 图表制作：选取“姓名”列和“总分”列的内容，建立一个三维簇状柱形图，图表标题为“学生成绩表”。（3 分）

5. 工作表重命名：将 Sheet1 工作表命名为“成绩表”。（3 分）

（四）网络操作部分（共计 10 分）

1. 登录 163 邮箱（邮箱用户名：123，密码：123），将“学校五四青年节的活动项目”文件发送给孙老师，邮件主题为“五四青年节活动”，内容为“孙老师您好，现把五四青年节的活动项目发给您。”，并将文件“青年节活动项目 . xlsx”（考生文件夹中）以附件的形式一并发送，孙老师的邮箱地址是：sunxiAo@ 163. com。（5 分）

2. 请打开地址为 http://ymq. ctsports. com. cn 的网页，根据页面信息，浏览“羽坛快讯”的网页，并将其另存为“羽坛 . txt”文件到考生文件夹下。(5 分)

(五) PPT 幻灯片操作部分 (共计 10 分)

请打开考生文件夹下的“ptest. pptx”幻灯片文件，按下列要求进行操作。

1. 删除“副标题占位符”，并将主题设置为“流畅”。(2. 5 分)

2. 将“我的学校”文本框设置为从右侧飞入动画效果。(2. 5 分)

3. 设置全部幻灯片的切换效果均为“随机线条”，持续时间为 3 秒，换片方式为“单击鼠标时”。(5 分)

## 《计算机应用基础》综合能力测试（六）

**一、单项选择题(每题 1 分,共计 15 分)**

1. (　　)年，在美国诞生了世界上第一台电计算机 ENIAC。

A. 1940　　B. 1946　　C. 1949　　D. 1964

2. 第三代电子计算机采用(　　)作为主要器件。

A. 电子管　　B. 晶体管

C. 中、小规模集成电路　　D. 大规模集成电路

3. 打印机是微型计算机必须配置的一种(　　)。

A. 输出设备　　B. 输入设备　　C. 控制设备　　D. 存储设备

4. 如果要更改某一输入法的属性，应在“控制面板”中双击(　　)图标。

A. 字体　　B. 键盘　　C. 鼠标　　D. 区域和语言选项

5. 将鼠标指针移至(　　)上拖拽，即可移动窗口位置。

A. 标题栏　　B. 格式栏　　C. 状态栏　　D. 菜单栏

6. 使用迅雷软件可以进行以下工作(　　)。

A. 收发邮件　　B. 下载资源　　C. 即时聊天　　D. 建立博客

7. 在 Word 的编辑状态，使插入点快速移到文档尾部的快捷键是(　　)。

A. Caps Lock　　B. Shift+Home　　C. Ctrl+End　　D. Home

8. 下列哪项不属于 Word 的文本效果(　　)。

A. 轮廓样式　　B. 阴影　　C. 发光和柔化边缘　　D. 缩进

9. 下列(　　)属于字符的字体格式。

A. 加粗　　B. 倾斜　　C. 字符缩放　　D. 以上都是

10. 在 Excel 中，第 3 行第 4 列的单元格地址表示为(　　)。

A. 43　　B. 34　　C. D3　　D. C4

11. 下面是 Excel 工作表默认名的是(　　)。

A. Xlstar　　B. Excel　　C. Sheet4　　D. Table1

12. 扩展名为 .AVI 的文件是(　　)。

A. 动画文件　　B. 图像文件　　C. 声音文件　　D. 视频文件

13. 下列不属于声音文件格式的是(　　)。

A. JPG　　B. MID　　C. MP3　　D. WAV

14. PowerPoint 中自带了很多图片文件，要将它们加入演示文稿中，应使用插入(　　)操作。

A. 图片　　B. 剪贴画　　C. 形状　　D. 相册

15. 在幻灯片放映时，从一张幻灯片过渡到下一张幻灯片，称为(　　)。

A. 动作设置　　B. 过渡　　C. 幻灯片切换　　D. 过卷

**二、判断题(每题 1 分,共计 10 分)**

1. 微型计算机中，显示器是标准的输出设备。　(　　)
2. Windows 7 不支持网络。　(　　)
3. 连入 Internet 必须使用的网络协议是 TCP/IP。　(　　)
4. 在 Word 中文档可以保存为纯文本类型。　(　　)
5. 要删除 Word 表格，只需先选中表格，然后再按 Delete 键即可。　(　　)
6. Excel 将工作簿的每一张工作表分别作为一个文件来保存。　(　　)
7. 在 Excel 中，可以在活动单元格和编辑栏的编辑框中输入或编辑数据。　(　　)
8. 数码录音笔是通过数字音频存储的方式来记录声音的便携式录音设备。　(　　)
9. 在多媒体计算机图像处理中，扫描仪是一种图像输出设备。　(　　)
10. 放映幻灯片时，必须从第一页开始播放。　(　　)

**三、录入题(共计 10 分)**

2018 世界杯足球赛事临近时，不法分子也蠢蠢欲动。 他们利用这一契机，曾大量分发以足球为标题的垃圾邮件，世界杯赛事门票发售时段表现尤为明显。 世界杯主题的垃圾邮件一般有两种形式，一种是谎称收件人在官方合作伙伴、大赛赞助商或者 FIFA 举办的彩票中获得了现金奖金，要求支付一部分邮费或银行转账费用，借此收集用户财务等敏感信息并卷走小额汇款。 此类邮件往往还带有暗藏恶意软件的附件，一旦点开便会造成个人的利益损失。 另一种则是以提供参与门票、赠品或赢得比赛之旅为幌子，要求收件人在其提供的网页上注册和提供电子邮件地址等敏感信息。 实际上不法黑客会通过收集到的信息更新电子邮件数据库，向收件人分发更多的垃圾邮件。 此类垃圾邮件携带大量支付和隐私窃取类木马病毒，配合极具诱惑力的标题的内容，诱导用户进行点击。 对此，腾讯电脑管家安全专家曾特别提醒广大网友，切勿点开来历不明的邮件及其附件，对于邮件中内嵌的网址链接，更应保持高度警惕。

**四、操作题(共计 65 分)**

(一) Windows 操作部分 (每题 2 分，共计 10 分)

以下题目在考生文件夹下的“win”文件夹中完成。

1. 在“win”文件夹下删除文件夹“DIE”。
2. 把“win”文件夹下的“MOON”文件夹属性设置为隐藏。

3. 把“win”文件夹下的“KAO”文件夹下的“TES. txt”文件拷贝到“LUX”文件夹下的“BOT”文件夹下。

4. 把“win”文件夹下的“DOU”文件夹下的“sir. jnt”文件移动到“TRLL”文件下。

5. 在“win”文件夹下的“CBD”文件夹下建立“test. txt”文件。

（二）Word 操作部分（共计 20 分）

打开考生文件夹下的“wtest. docx”文件，完成下列操作，最后以原文件名保存在考生文件夹下。（总计 20 分）

1. 页面设置：纸张大小为 A4，上、下页边距各为 2 厘米，左、右各为 3 厘米。（4 分）

2. 将标题“友谊万岁”设置为艺术字，艺术字样式为：填充-白色，轮廓-强调文字颜色 1，阴影效果：右上对角透视，上下型环绕。（3 分）

3. 将第二段添加双波浪线边框，填充黄色底纹。（3 分）

4. 将第三段设置分栏：两栏，预设偏左，加分隔线。（2 分）

5. 在文章左侧插入图片“friendship. jpg”，缩放高度为 50%，宽度为 50%，自动换行为四周型环绕。（3 分）

6. 插入页眉，内容为“友谊”，右对齐。（2 分）

7. 在文档末尾，插入一个 2 行 4 列的表格，修改表格样式为“浅色网格”。（3 分）

（三）Excel 操作部分（共计 15 分）

打开“etest. xlsx”文件，完成下列操作题目。

1. 在 Sheet1 表中完成如下操作：

（1）格式设置：将 A1:E1 单元格合并水平居中、字形加粗、字号 16，A2:E2 各单元格文字水平居中。

（2）建立图表：利用“姓名”和“成绩”两列数据，建立一个三维簇状柱形图，图表标题为“竞赛成绩表”。

（3）插入批注：在 B3（李卫东）单元格插入批注“成绩最高”。

2. 在 Sheet2 表中完成如下操作：

数据筛选：在当前表中，利用自动筛选命令筛选出成绩大于 95 分的同学。

（四）网络操作部分（共计 10 分）

1. 登录 163 邮箱（邮箱用户名：test，密码：test），给赵老师撰写一封主题为“校园新风尚演讲比赛”的邮件，邮件内容为“赵老师，校园新风尚演讲大赛即将举行，现将比赛时间安排及相关细节发给您，请你安排指导”，并将文件“比赛时间安排及细节 . docx”（考生文件夹中）以附件的形式一并发送，赵老师的邮箱地址是：zhaohai@163. com。（5 分）

2. 请打开地址为 http://agzy. youth. cn/的网页，根据页面信息，浏览题目为“以爱国之心、报国之志谱写青春之歌”的网页，并将其另存为“爱国 . txt”文件到考生文件夹下。（5 分）

（五）PPT幻灯片操作部分（共计10分）

请打开考生文件夹下的“ptest. pptx”幻灯片文件，按下列要求进行操作。

1. 设置幻灯片背景：背景样式2。（2.5分）

2. 在第1张幻灯片中，插入副标题“计算机的组成”。（2.5分）

3. 在第2张幻灯片中，插入考生文件夹中的图片“software. jpg”，并添加动画效果为“缩放”。（2.5分）

4. 在第2张幻灯片中，设置幻灯片切换方式为“擦除”。（2.5分）

## 《计算机应用基础》综合能力测试（七）

**一、单项选择题（每题1分，共计15分）**

1. 中央处理器（CPU）的主频，用来表示(　　)。

A. 主板的运行速度

B. CPU的运算速度

C. CPU在单位时间内能一次处理的二进制数的位数

D. CPU的存储容量

2. 打印机按打印原理可分为击打式和非击打式，以下种类的打印机，属于击打式的是(　　)。

A. 激光打印机　　B. 喷墨打印机　　C. 针式打印机　　D. 以上都不是

3. 以下软件中属于系统软件的是(　　)。

A. Windows 7　　B. QQ

C. Microsoft Word 2010　　D. Photoshop 8.0

4. 在Windows 7系统中，下列对窗口和对话框的描述中，错误的是(　　)。

A. 窗口和对话框都可以移动和改变大小

B. 窗口和对话框都有标题栏

C. 窗口和对话框都可以最大化和还原

D. 可以对多个已打开窗口设置“层叠窗口”显示

5. 在Windows 7系统中，如果想一次选定多个不连续文件，正确的操作是(　　)。

A. 单击第一个文件，按住Ctrl键，单击最后一个文件

B. 单击第一个文件，按住Shift键，单击最后一个文件

C. 单击第一个文件，按住Shift键，鼠标左键逐个点击其余文件

D. 单击第一个文件，按住Ctrl键，鼠标左键逐个点击其余文件

6. 电子邮件是一种通过Internet进行信息交换的通信方式，以下说法错误的是(　　)。

A. 电子邮件发送的信息可以是文字、图像、声音等

B. 电子邮件一般可即时到达

C. 电子邮件根据距离进行收费
D. 同一封邮件可以一次发送给许多人

7. Word 2010 的视图方式中，能够显示页眉页脚的是(　　)。

A. 页面视图　　　　B. 阅读版式视图
C. 大纲视图　　　　D. Web 版式视图

8. 图片中的段落格式为(　　)。

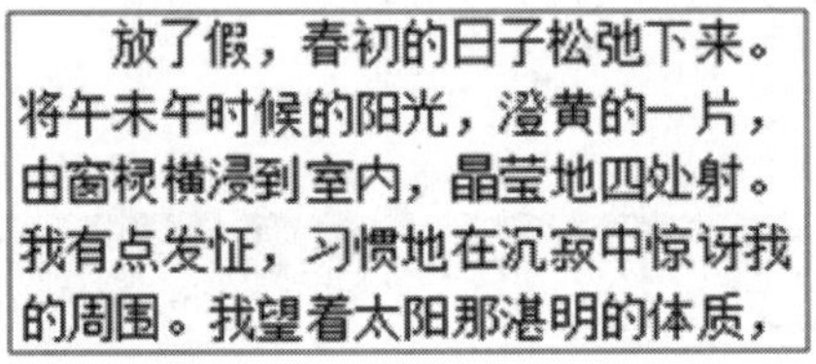


A. 悬挂缩进　　B. 首行缩进　　C. 左缩进　　D. 右缩进

9. 想将图片按比例缩放应选用(　　)。

A. 拖动图片边框线中间的控制点　　B. 拖动图片四角的控制点
C. 拖动图片边框线　　D. 双击图片

10. 图中的选中区域表示为(　　)。

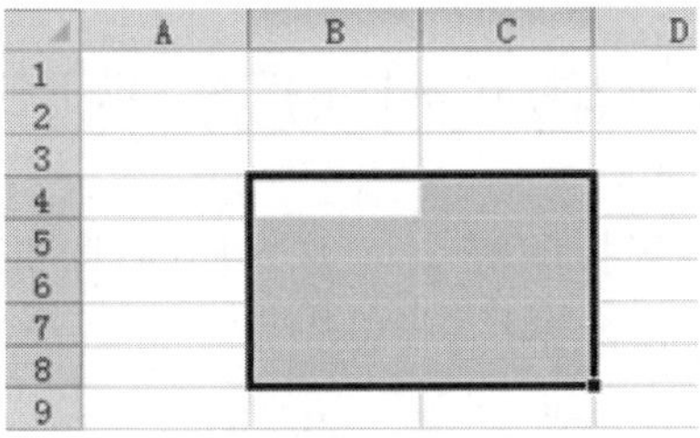


A. B4　　B. B:C　　C. B4,C8　　D. B4:C8

11. 下列公式或函数中表达错误的是(　　)。

A. =3+4　　B. = “H” & “i”
C. =SUM（D:H）　　D. AVERAGE（A2:D5）

12. 以下文件类型中不属于图片文件格式的是(　　)。

A. jpg　　B. bmp　　C. wav　　D. gif

13. 图像的对比度是指(　　)。

A. 图像画面的明暗程度　　B. 白色与黑色亮度的比值
C. 用于表示颜色深浅程度　　D. 即颜色纯度，纯度越高，图像表现越鲜明

14. 在 PowerPoint 2010 中，自定义动画有多种开始方式，除了(　　)。

A. 自动换片　　B. 单击时
C. 与上一动画同时　　D. 上一动画之后

15. 幻灯片的切换方式是指(　　)。

A. 在编辑新幻灯片时的过渡形式

B. 在编辑幻灯片时切换不同视图

C. 在编辑幻灯片时切换不用的设计主题

D. 在幻灯片放映时两张幻灯片之间的过渡形式

**二、判断题(每题1分,共计10分)**

1. 一个完整的计算机系统由硬件系统和软件系统组成。 ( )
2. 在 Windows 7 中，无法通过系统自带程序完成屏幕截图。 ( )
3. HTTP 是超文本传输协议。 ( )
4. 段落标记是 Word 识别段落的一个标记，在打印文档时，并不会打印出来。 ( )
5. 在 Word 中，页面分栏功能最多只能将文本分为 4 栏。 ( )
6. 在 Excel 中，活动单元格中显示的内容与编辑栏显示的内容相同。 ( )
7. 在 Excel 中，允许一个工作簿中包含多个工作表。 ( )
8. 各种图片格式间不能相互转换。 ( )
9. 已有的视频文件和音频文件不能合成一个文件。 ( )
10. 幻灯片放映时，必须从第一张开始播放。 ( )

**三、录入题(共计10分)**

2019年中国北京世界园艺博览会的办会主题是“绿色生活美丽家园”。“绿色生活”就是以园艺为媒介，人们尊重自然、保护自然、融入自然，牢固树立绿色、低碳、环保的生产生活理念。“美丽家园”就是要全面践行科学发展观，加快资源节约型和环境友好型社会建设，促进世界园艺事业大发展、大繁荣，共同建设多姿多彩的美好家园。 2019北京世园会，让汇集世界各国的精品园艺融入天然的山水大花园中，将全面展示园艺、城市、自然与人类和谐相融。 园区与周边的自然美景融为一体，成为山水大花园中的园中之园，这将是对“让园艺融入自然，让自然感动心灵”这一办会理念的最佳阐释。 让园艺融入自然的怀抱，让自然感动人类的心灵，让人类与自然和谐共生。“不到园林，怎知春色如许”，中国古典园林的造园特点在于幽雅清静，以自然为师，借助亭台楼阁、泉石花木，移景于庭，聚景于园，于繁华闹市之中建构出“仙境别红尘”的意境，达到宛若天成的景观效果。 中国的园林艺术历史悠久，源远流长，承载着丰富的中国传统精神文化，可谓是“独领风骚数千年”。 1997年，中国苏州古典园林被联合国教科文组织列入世界文化遗产名录。 随着中国园林走向世界，中式园林之美也已成为中国的一张世界名片。

**四、操作题(共计70分)**

(一) Windows 操作部分（每题2分，共计10分）

1. 在考生文件夹下新建文件夹“世园会”。
2. 将文档“2019北京世园会 . docx”移至“世园会”文件夹内。
3. 将“2019北京世园会 . docx”设置为只读属性。
4. 将文档“国家相册 . docx”重命名为“国家相册 . txt”。
5. 将“世园会”“图片展示”两个文件夹移至“我的收藏”文件夹下。

（二）Word 操作部分（共计 20 分）

打开考生文件夹下的“word. docx”文件，完成下列操作。

1. 设定纸张方向为横向，页边距：适中。（1 分）

2. 添加页面边框为艺术型中的五角星。（2 分）

3. 标题设置：隶书二号字，标准色红色（1 分），红色 18pt 发光，强调文字颜色 2（1 分），轮廓标准色蓝色（1 分），居中对齐（1 分）。

4. 正文字体设置：宋体、小四号字。（1 分）

5. 正文段落设置：首行缩进 2 字符（2 分），段前、段后各 1 行（1 分）。

6. 正文“中国风格……”一段设置首字下沉 3 行（2 分），字体黑体（1 分）。

7. 正文第一段设置为预设偏左的两栏，有分隔线。（2 分）

8. 正文第二段插入图片“世园会图片 . jpg”（1 分），中间居中，四周型文字环绕（1 分），图片效果：棱台透视（2 分）。

（三）Excel 操作部分（共计 15 分）

试题要求：在 TEST. xlsx 工作簿的各个表中完成如下操作。

Sheet1：

1. 格式设置：合并居中单元格“A1:E1”（1 分），16 号、字型加粗（1 分），表中文本及数字居中对齐（1 分）。

2. 绘制表格线：给区域“A1:E8”加边框线，外框为粗线，内框为细实线。（2 分）

3. 图表制作：利用工作表 Sheet1 中的“年份”和“中级班”两列数据，建立一个三维折线图表，设置图表标题为“人数统计”。（2 分）

4. 利用公式分别计算班级合计和年度合计。（2 分）

Sheet2：

1. 将工作表 Sheet2 重命名为“成绩表”，标签颜色为红色（2 分）；计算总分、平均分，小数点后保留 1 位小数（2 分）。

2. 数据筛选：筛选出总分大于 260 分的记录。（2 分）

（四）网络操作部分（共计 10 分）

1. 请打开地址 http://www. lnzsks. com/的网页，进入“辽宁招生考试之窗”网站，查找非学历考试的招生电话，并将该页面保存为图片文件“招生电话 . jpg”，保存到考生文件夹下。（5 分）

2. 登录 163 邮箱（邮箱用户名：123，密码：123），将上题中保存的图片文件“招生电话 . jpg”通过附件发送到 slnzz@ 126. com，主题为“欢迎参加考试！”（5 分）

（五）PPT 幻灯片操作部分（共计 10 分）

请打开考生文件夹下的“ppt. pptx”幻灯片文件，按下列要求进行操作。

1. 插入任意样式的艺术字，内容为“世园会”（1 分）；形状效果：预设 5（1 分）；为该艺术字设置自定义动画效果：淡出（2 分），开始方式：上一动画之后（2 分）。

2. 插入图片“世园会图片 2. jpg”（1 分）；图片样式：金属椭圆（1 分）；

3. 设置幻灯片设计主题为“夏至”。（2 分）

# 《计算机应用基础》综合能力测试（八）

## 一、单项选择题（每题1分，共计15分）

1. 现代计算机采用（　　）作为主要器件。

A. 集成电路　B. 电子管　C. 晶体管　D. 超大规模集成电路

2. 在计算机应用中“计算机辅助教学”的英文缩写是（　　）。

A. CAD　B. CAM　C. CAI　D. CAE

3. 计算机病毒是（　　）。

A. 人为造成的　B. 自动产生的　C. 细菌感染的　D. 系统产生的

4. 计算机的内存储器比外存储器（　　）。

A. 更便宜　B. 存储容量最大

C. 存取速度快　D. 虽贵但能存储更多的信息

5. 下列属于网络购物网站的是（　　）。

A. 京东商城　B. 亚马逊　C. 淘宝网　D. 以上都是

6. Internet 域名采用分层次方法命名，常见的最高域名 cn 表示（　　）。

A. 中国　B. 商业网　C. 教育网　D. 网络机构

7. 选定一行文字，单击“剪切”按钮后（　　）。

A. 文字还在原位　B. 文字被放到剪贴板上

C. 文字被移动到其他位置　D. 文字被复制

8. PowerPoint 2010 演示文稿默认的文件保存格式是（　　）。

A. pps　B. exe　C. ppt　D. pptx

9. Word 的字体对话框不能设置（　　）。

A. 字体　B. 字形　C. 特殊效果　D. 行间距

10. 在 Windows 操作系统中，关于窗口和对话框，下列说法正确的是（　　）。

A. 窗口、对话框都可以改变大小

B. 窗口可以改变大小，而对话框不可以改变大小

C. 窗口不可以改变大小，而对话框可以改变大小

D. 窗口、对话框都不可以改变大小

11. 在 Excel 中，在单元格内不能输入的内容是（　　）。

A. 文本　B. 日期　C. 图表　D. 数值

12. 下列声音文件中，哪个不是声音文件的扩展名（　　）。

A. WAV　B. CMF　C. VOC　D. MID

13. 利用多媒体集成工具软件可以将文字、图像、声音、视频、动画等素材制作成作品，这种形式主要体现了多媒体的（　　）。

A. 集成性　B. 娱乐化　C. 观赏性　D. 复杂化

14. 在 Windows 7 中，选择不连续的文件，应按住(　　)键单击文件名。

A. Alt　　B. Shift　　C. Ctrl　　D. Tab

15. Word 具有分栏的功能，下列关于分栏的说法中正确的是(　　)。

A. 最多可以设 4 栏　　B. 各栏的栏宽必须相等

C. 各栏的栏宽可以不同　　D. 各栏之间的距离是固定的

**二、判断题(每题 1 分,共计 10 分)**

1. “撤消”或”恢复”键操作可避免误操作而造成的损失。(　　)
2. 安装了操作系统后才能安装和使用各种应用程序。(　　)
3. 要复制文件夹，可以按住 Shift 键，拖动文件夹至目的地。(　　)
4. Word 文档建立后，文件只能保存为 Word 文档类型。(　　)
5. 在 Excel 中，第 4 行第 2 列的单元格位置可表示为 4B。(　　)
6. 一个 Excel 文件就是一个工作簿，工作簿是由一张或多张工作表组成，工作表又包含单元格。(　　)
7. 矢量图形适合表现色彩丰富、有明暗变化和大量细节的人物风景画。(　　)
8. 浏览网页时的超链接既可以是文本超链接，也可以是图片超链接。(　　)
9. 视频转换大师软件只能转换视频格式，不能转换音频格式。(　　)
10. 在 PowerPoint 2010 中，可以将演示文稿保存为 Windows Media 视频格式。(　　)

**三、录入题(共计 10 分)**

世园会的主要场馆之一——中国馆，按照“生生不息，锦绣中华”的展陈理念，静态展示与动态演绎相结合，实物花艺与虚拟意境相呼应，追华夏园艺历史长河，观九州园艺辉煌杰作，赏山水林田湖草律动生机。 以园艺为载体聚焦中国生态文化，汇聚中国 31 个省区市园艺产业、生态文明建设成果以及科研院校探索的前沿成果，展示中国非物质文化遗产插花艺术，创建中国园艺产业的发展成就和高新科技成果的展示平台，打造新时代美丽中国建设成果的示范窗口，搭建中国园艺生态文化传承创新的交流空间。

中国非物质文化遗产插花艺术展区展览面积有 1780$m^2$，分为“识花”“赏花”“品花”三部分。 通过花材花器、古籍书画，配合品花观花的定制装置，向公众展现中国非物质文化遗产传统插花艺术的魅力，展示中国传统插花经典作品、传承与创新中国传统文化，弘扬中国插花花艺的博大精深和非物质文化遗产的民族精神。

中国园艺高新科技成果展区展览面积有 1130$m^2$，主要面向与园艺相关的国内高校、科研院所，汇集代表国际领先水平的、中国原创的园艺产业科技成果，展示与百姓生活紧密相关的绿色发展技术成果，为促进科技成果转化创造机会与条件，促进园艺产业自主创新能力，以研发创新为动力，倡导绿色发展方式和生活方式。

**四、操作题(共计 65 分)**

(一) Windows 操作部分 (每题 2 分，共计 10 分)

1. 在考生文件夹下建立文件夹“计算机应用”。(2 分)
2. 把考生文件夹下“KS”文件夹中的所有文件移动到“计算机应用”文件夹中。(2 分)
3. 把考生文件夹下“BB”文件夹中的“KS. xlsx”文件重命名为“JSJKS. xlsx”。(2 分)

4. 在考生文件夹下的“AA”文件夹下建立文件“AA. txt”。（2 分）

5. 把考生文件夹下的“AA”文件夹中的“KS. docx”的属性设置为只读。（2 分）

（二）Word 操作部分（共计 20 分）

打开考生文件夹下的“test. docx”文件，完成下列操作。

1. 标题：插入艺术字(2 分)，红色填充，强调文字颜色 2，粗糙棱台(2 分)；顶端居左，四周型文字环绕(2 分)。

2. 正文：楷体，四号字，首行缩进 2 字符。（2 分）

3. 插入页眉：页眉的内容为 2019 北京世界园艺博览会，楷体，五号字。（2 分）

4. 第二段插入考生文件夹中的“中国馆”图片，大小设置为高度 8cm、宽度 10cm，版式为紧密型。(2 分）

5. 整篇文章加页面边框，艺术型任选一种，宽度 28 磅。(2 分）

6. 在文档末尾插入 4 行 6 列的表格。(2 分）

7. 将表格外框设置为双实线、2.25 磅、红色，内框设置为单实线、1.5 磅、蓝色。(2 分）

8. 表格第 1 行及第 3 行设置黄色底纹。(2 分）

（三）Excel 操作部分（共计 15 分）

打开考生文件夹下的“test. xlsx”文件，完成以下操作。

1. 将 A1:F1 合并单元格并水平居中；A2: F10 设黑色双线边框，内框蓝色细实线。(3 分）

2. 用公式计算总评成绩，总评=平时 × 30%+期末 × 70%（结果保留 1 位小数）。(3 分）

3. 复制“学生成绩表”中的 A2:F10,生成“排序表”，按总评降序排序。(3 分）

4. 复制“学生成绩表”中的 A2:F10,生成“筛选表”，筛选出总评成绩在 95 分以上的男生。(3 分）

5. 复制“学生成绩表”中的 A2:F10,生成“分类汇总表”，按性别分类汇总求“总评”的平均值。(3 分）

（四）网络操作部分（共计 10 分）

1. 用百度搜索“沈阳故宫”，打开“沈阳故宫_百度百科”页面，将“沈阳故宫_百度百科”页面保存为“我爱沈阳 . txt”文本文件，另存到考生文件夹下。(5 分）

2. 登录 163 邮箱（邮箱用户名：123，密码：123），将考生文件夹下的“中国馆 . docx”和“我爱沈阳 . txt”文件，通过附件发送给 lili@ 163. com，邮件主题为“我们都是追梦人”；邮件内容为“青春为祖国歌唱，志愿者青春快闪燃爆世园会！”(5 分）

（五）PPT 幻灯片操作部分（共计 10 分）

请打开考生文件夹下的“pp. pptx”幻灯片文件，按下列要求进行操作。

1. 为第一张幻灯片加上副标题：世园会景点——永宁瞻胜，隶书，标准色：红色，40 号字。(3 分）

2. 将第一张幻灯片的切换方式设置为“时钟”，持续时间设置为 02:00，换片方式：单击鼠标时。(3 分）

3. 将第二张幻灯片背景设置为考生文件夹下的图片“中国馆 . jpg”。(2 分）

4. 为第二张幻灯片的 2 个文本框分别设置自定义动画“轮子”“浮入”。(2 分）

## 《计算机应用基础》综合能力测试（九）

**一、单项选择题(共计 15 分,每题 1 分)**

1. 第一台电子计算机是 1946 年在美国研制成功的，该机的英文缩写名是(　　)。

A. EDVAC　　B. ENIAC　　C. EDSAC　　D. MARK

2. 绘图仪是计算机输出图形的输出设备，同属于输出设备的还有(　　)。

A. 鼠标和显示器　　B. 键盘和显示器　　C. 打印机和显示器　　D. 扫描仪和打印机

3. 通常 1B 是指(　　)。

A. 8 个二进制位　　B. 16 个二进制位　　C. 1024 个字节　　D. 4 个二进制位

4. Windows 7 是一个(　　)操作系统。

A. 单用户单任务　　B. 单用户多任务　　C. 多用户单任务　　D. 多用户多任务

5. 在 Windows 7 中，不能从(　　)启动应用程序。

A. 资源管理器　　B. 我的电脑　　C. “开始”菜单　　D. 回收站

6. 要向对方发送电子邮件，应先知道对方的(　　)。

A. 域名　　B. IP 地址　　C. 用户名　　D. E-mail 地址

7. 在 Word 2010 编辑过程中，如果要将文档中的所有“电脑”变为“计算机”，可用(　　)。

A. “视图”菜单下的“替换”命令　　B. “文件”菜单下的“替换”命令

C. “格式”菜单下的“替换”命令　　D. “编辑”菜单下的“替换”命令

8. 在 Word 2010 编辑过程中，如果要选定一个矩形区域，应按住键盘上的(　　)键拖动鼠标。

A. Shift　　B. Alt　　C. Ctrl　　D. Ctrl+Shift

9. 在 Word 2010 中，切换英文/汉字输入方式的操作为(　　)。

A. Ctrl+Alt　　B. Ctrl+Shift　　C. Shift+空格　　D. Ctrl+空格

10. 在 Excel 2010 工作表单元格中文字自动(　　)对齐。

A. 右　　B. 中间　　C. 左　　D. 两边

11. Excel 2010 中输入公式时，应先在单元格中输入(　　)。

A. :　　B. =　　C. ?　　D. /

12. 下列属于图像文件格式的是(　　)。

A. PPT　　B. RM　　C. WAV　　D. BMP

13. 以下(　　)软件不能播放 mp3 格式的文件。

A. Winamp　　B. Windows Media Player

C. RealPlayer　　D. Word

14. 在幻灯片切换中，不可以设置幻灯片切换的(　　)。

A. 换页方式　　B. 颜色　　C. 效果　　D. 声音

15. 在 PowerPoint 2010 环境中，插入新幻灯片的快捷键是(　　)。

A. Ctrl+n　　B. Ctrl+m　　C. Alt+n　　D. Alt+m

**二、判断题(共计 10 分,每题 1 分)**

1. 只能从字符键区输入符号“+”，并且要借助 Shift 键才能输入。(　　)
2. Windows 7 的 Aero 界面采用一种透明的玻璃式设计的视觉外观。(　　)
3. 设置文档自动保存功能后，就再也不用手动保存文档了。(　　)
4. 撤销与恢复操作可避免误操作造成的损失。(　　)
5. Excel 2010 允许一个工作簿中包含多个工作表。(　　)
6. 在 Excel 2010 中，关系运算符的结果是 TRUE 或 FALSE。(　　)
7. 使用红蜻蜓抓图精灵软件可以获取的屏幕图像有三角形。(　　)
8. 视频文件格式包括 AVI、MPEG、ASF、FLV、WMA、WAV 等。(　　)
9. 在幻灯片中不仅可插入剪贴画，还可以插入外部图片文件。(　　)
10. RAM 存储器有记忆能力，关机或重启后信息不会丢失。(　　)

**三、录入题(共计 10 分)**

所谓书法的“韵”，是表现在作品中的一种风度、气质和精神境界，是一个书法家情感和个性真切的自然流露。“韵”源于心灵，本于气骨，托之性情，趋之自然，以一种抒情写意的方式流露于笔墨之间，它具有浓厚的抒情色彩，又别有意味。

世界上一切艺术都是趋向于音乐状态的，特别是书法，不同的节奏，可以产生不同的艺术效果；不同形式的线条，可以给观赏者不同的艺术感受。譬如挺拔的直线富有一种阳刚之美；活泼流利的线条如珠之走盘，能给人以一种轻松愉快的感受；激越顿挫的线条似泉之激石，能给人以一种激昂兴奋的感受；纡徐凝练的线条，如大江之东逝，能给人以一种沉着从容的感受；盘郁飞动的线条，似飞瀑之泻崖，能给人以一种痛快淋漓的感受。

**四、操作题(共计 65 分)**

(一)Windows 操作部分(共计 10 分，每题 2 分)

1. 在考生文件夹下删除文件夹“TILL”。
2. 在考生文件夹下的“SUN 文件夹”中创建“画图”的快捷方式。
3. 把考生文件夹下的“SUN”文件夹下的“MIN”文件拷贝到 D 盘“WIN”文件下的“TUE”文件夹下。
4. 把考生文件夹下的“HELLO”文件夹下的“KILL”文件移动到 D 盘“FILE”文件夹下。
5. 在考生文件夹下的“GOGO”文件夹下建立文件“exam. txt”文件。

(二)Word 操作部分(共计 20 分)

打开考生文件夹的“TEST. docx”，完成下列操作。

1. 页面设置为上下页边距 3cm，左右页边距 2cm；纸型自定义：宽 21cm，高 30cm。(2 分)

2. 将标题设置为黑体、三号、居中；正文设置为楷体、四号，首行缩进 2 个字符。(2 分)

3. 将第一段设置首字下沉，下沉行数为 2 行，距离正文 5 磅。（2 分）

4. 将文中所有的“科技”加粗、标准色红色，并加上双下划线、标准色蓝色。（2 分）

5. 将文中第二段设置段后 0.5 行；分为两栏，第一栏 10 个字符，加分隔线。（3 分）

6. 将第三段加上方框，2.25 磅，标准色绿色；底纹设置填充，茶色，背景 2。（2 分）

7. 在第二段右侧插入如样图所示的剪贴画，搜索文字：思考，并设置文字环绕方式为紧密型，大小设置为高 3cm，宽 5cm。（2 分）

8. 在“ww.doc”文档末尾插入 3 行 5 列的表格，并输入下面表格中所示内容。（2 分）

9. 将表格的行高设置为 1cm，列宽设置为 3cm，表格中内容全部居中对齐。（2 分）

10. 完成以上操作后原名保存该文档。（1 分）

| 姓名 | 性别 | 年龄 | 民族 | 联系电话 |
| --- | --- | --- | --- | --- |
| | | | | |
| | | | | |

（三）Excel 操作部分（共计 15 分，每题 3 分）

试题要求：在“TEST.xlsx”工作簿的 Sheet1 中录入工作表并分别复制到 Sheet2 和 Sheet3 工作表中。 在 Sheet1 工作表中完成前 3 道题。

1. 格式设置：将 A1 至 F1 单元格合并、水平居中对齐、字体隶书、字号 14。

2. 表格线：将表格外框线设置为蓝色双线，内部设置为黑色细实线。

3. 图表制作：在上表下方绘制三维簇状柱形图，以姓名为横坐标，总分为纵坐标，图表标题为：分数统计图。

4. 数据筛选：在 Sheet2 工作表中筛选出总分大于 80 的女秘书。

5. 分类汇总：在 Sheet3 工作表中先按“职业”升序排序，再以“职业”为分类字段，分别统计总分项的平均值。

（四）网络操作部分（共计 10 分，每题 5 分）

1. 用百度搜索“沈阳”，打开“沈阳_百度百科”页面，保存该网页至考生文件夹。

2. 登录 163 邮箱（邮箱用户名：123，密码：123），将上题中保存的网页文件，通过附件发送给 lili@163.com，邮件主题为“2018 年沈阳市《计算机应用基础》综合能力水平测试”，邮件内容为“祝大家考试顺利，取得好成绩”。

（五）PPT 幻灯片操作部分（共计 10 分，每题 2.5 分）

请打开考生文件夹下的“pp.pptx”幻灯片文件，按下列要求进行操作并保存。

1. 将第 1 张幻灯片背景设置为渐变填充：彩虹出岫。

2. 将第 3 张幻灯片标题动画效果设置为：擦除，方向为：自左侧。

3. 将第 4 张幻灯片设置为任一艺术字，并将原标题删除。

4. 在第 5 张幻灯片中插入剪贴画：思考，效果如样文。

将以上操作结果原名保存到考生文件夹中。

# 《计算机应用基础》综合能力测试（十）

**一、单项选择题(共计 15 分,每题 1 分)**

1. 下列不属于计算机特点的是(　　)。

A. 存储程序控制、工作自动化　　B. 具有逻辑推理和判断能力

C. 处理速度快　　D. 不可靠、故障率高

2. 下列 4 个选项中，属于 RAM 特点的是(　　)。

A. 可随机读写数据，断电后数据不会丢失

B. 可随机读写数据，断电后数据将全部丢失

C. 只能顺序读写数据，断电后数据将部分丢失

D. 只能顺序读写数据，断电后数据将全部丢失

3. 计算机的使用者向计算机传递计算数据的设备称为(　　)。

A. 输入设备　　B. 输出设备　　C. 存储器　　D. 微处理器

4. 下列属于计算机操作系统的是(　　)。

A. Windows 7　　B. Linux　　C. UNIX　　D. 以上全部

5. 下面“不合法”的文件名是(　　)。

A. 12345678?　. TXT　　B. WIN_PROG. EXE

C. FILE. DAT　　D. 35768. TXT

6. 网页文件实际上是一种(　　)。

A. 声音文件　　B. 图形文件　　C. 图像文件　　D. 文本文件

7. 在 Word 中保存文档的快捷键是(　　)。

A. Ctrl+O　　B. Ctrl+N　　C. Ctrl+S　　D. Ctrl+A

8. 下列关于格式刷说法正确的是(　　)。

A. 单击格式刷图标，格式刷可以使用一次

B. 双击格式刷图标，格式刷可以使用任意多次

C. 格式刷可以复制字体和段落格式

D. 以上全部正确

9. 下列可以设定打印纸张大小的命令是(　　)。

A. “文件”中的“选项”　　B. “页面布局”中的“页边距”

C. “页面布局”中的“纸张大小”　　D. “视图”中的“页宽”

10. 工作表的标签在工作表的(　　)。

A. 上方　　B. 下方　　C. 左方　　D. 右方

11. 在 Excel 中，公式定义的开头符号是(　　)。

A. =　　B. ”　　C. ’　　D. *

12. 下列设备是计算机多媒体输入设备的是(　　)。

A. 刻录机和打印机　　　　　　　　B. 录音笔和数码相机
C. 扫描仪和投影仪　　　　　　　　D. 显示器和手写板

13. 下列不属于多媒体技术中的媒体范围的是(　　)。

A. 存储信息的实体　B. 信息的载体　　C. 文本　　　　D. 图像

14. PowerPoint 2010 中自带了很多图片文件，要将它们加入演示文稿中，应使用插入(　　)操作。

A. 图片　　　　B. 形状　　　　C. 相册　　　　D. 剪贴画

15. 在演示文稿当中要实现幻灯片之间的跳转，下列操作(　　)可以实现。

A. 幻灯片切换　　B. 自定义动画　　C. 添加动作按钮　　D. 以上三种都不正确

**二、判断题(共计 10 分,每题 1 分)**

1. 内存属于外部设备，不能与 CPU 直接交换信息。(　　)
2. Windows 7 属于多用户、桌面操作系统。(　　)
3. 目前的电子邮件只能传送文本。(　　)
4. 页眉与页脚在任何视力模式下均可显示。(　　)
5. 有 Word 中，文本与表格不可相互转换。(　　)
6. 在 Excel 中，活动单元格中显示的内容和编辑栏显示的内容相同。(　　)
7. 在 Excel 中，插入单元格一定是插入一行或插入一列。(　　)
8. 在计算机应用中，纯文本 TXT 格式和超文本 HTML 格式没有什么区别。(　　)
9. 硬盘容量的单位是 MB。(　　)
10. 幻灯片中的声音，总是在播放到这张幻灯片时自动播放。(　　)

**三、录入题(共计 10 分)**

中国梦是国家的梦、民族的梦，归根到底是人民的梦。 中国人民是伟大的人民，素来有着深沉厚重的精神追求，具有伟大的梦想精神，即使近代以来饱尝屈辱和磨难，也绝不会自甘沉沦，而是始终怀揣民族复兴的梦想，追求光明美好的未来。 人民是中国梦的主体，是中国梦的创造者和享有者。 中国梦不是镜中花、水中月，不是空洞的口号，其最深沉的根基在中国人民心中，必须紧紧依靠人民来实现，必须不断为人民造福。 实现中华民族伟大复兴，不是哪一个人、哪一部分人的梦想，而是全体中国人民共同的追求；中国梦的实现，不是成就哪一个人、哪一部分人，而是造福全体人民。 中国梦的深厚源泉在于人民，根本归宿也在人民，只有同中国人民对美好生活的向往结合起来才能取得成功。

**四、操作题(共计 65 分)**

（一）Windows 操作部分（共计 10 分，每题 2 分）

1. 在考生文件夹下创建“KS”文件夹。
2. 将考生文件夹下“BOOT”文件夹中的“TOTAL. xlsx”文件移动到考生文件夹下的“DOWN”文件夹中，
3. 取消考生文件夹下“BOOT”文件夹中的“MM. txt”文件隐藏属性。
4. 在考生文件夹下“DOWN”文件夹中新建 JK. docx 文件。
5. 在考生文件夹下创建“画图”软件的快捷方式。

（二）Word 操作部分（共计 20 分，每题 2 分）

打开考生文件夹下的“TEST. docx”文件，完成下列操作后原名保存在考生文件夹下。

1. 标题文字设置为：黑体、三号、红色、居中，正文文字设置为：首行缩进 2 字符。

2. 第一段文字设置为：应用于段落的 1 磅粗绿色边框。

3. 第二段段前、段后间距各为 10 磅，行间距 1.5 倍。

4. 在第三段插入图片“1. JPG”，调整图片高 × 宽为 3cm × 6cm，水平居中并“紧密型环绕”。

5. 添加页眉文字“第一座核电站”，字体为楷体、右对齐，页脚为 1/1 格式页码，居中对齐。

6. 将第一、二段文字设置为两栏，栏宽相等，加分隔线。

7. 在文末尾插入 5 行 6 列的表格，第一行设置为浅绿色底纹。

8. 将表格外框设置为双实线、1.5 磅、蓝色，内框设置为单实线、1 磅、红色。

9. 在表格下方插入艺术字“中国第一座核电站”，字体为：黑体、36 号，形状为正三角形，居中放置。

10. 设置页面纸型 A4，左右页边距 3cm，上下页边距 4cm。

（三）Excel 操作部分（共计 15 分，每题 3 分）

打开考生文件夹下的“TEST. xlsx”文件，完成以下操作并保存。

1. 在 Sheet1 中将 A1:J1 合并单元格，设置标题为宋体、22 号、加粗，并设置表格边线、内外线都为黑色单实线。

2. 利用函数计算每个学生的总分、平均分，平均分保留 1 位小数。

3. 利用统计表中的“姓名”“平均分”字段，建立三维簇状柱形图：以姓名为横坐标，平均分为纵坐标，图表标题为“学生成绩统计表”。

4. 复制 A1:J7 到 Sheet2、Sheet3 中，在 Sheet2 中筛选出平均分低于 80 的女生。

5. 在 Sheet3 中，按性别进行分类，统计汇总出男女生英语平均成绩。

（四）网络操作部分（共计 10 分，每题 5 分）

1. 登录 163 邮箱（邮箱用户名：test，密码：test），给 wjx024@163. com 邮箱发一封主题为“中国梦”的邮件。并将考生文件夹下的“The Chinese Dream. docx”文件以附件的形式一并发送。

2. 请打开地址为 https://www. baidu. com 的网页，搜索“花”图片，下载一个“花”图片保存到考生文件夹下。

（五）PPT 幻灯片操作部分（共计 10 分，每题 2 分）

请打开考生文件夹下的“PP. pptx”幻灯片文件，按下列要求进行操作并保存。

1. 在第一张幻灯片中添加标题为：水，副标题为：人类的生命之源。

2. 将图片“water. jpg”设置为第一张幻灯片背景效果。

3. 设置第一张幻灯片的切换效果为：随机线条。

4. 设置第二张幻灯片的图片动画效果为：垂直百叶窗。

5. 设置幻灯片自动循环播放。

# 参考文献


[1] 黄波，赵东辉. 计算机应用基础实训指导[M]. 北京：北京邮电大学出版社，2014.

[2] 周南岳. 计算机应用基础[M]. 北京：高等教育出版社，2016.